ÉLÉMENTS

DE

BOTANIQUE AGRICOLE

PARIS. — IMPRIMERIE EMILE MARTINET, RUE MIGNON, 2.

ÉLÉMENTS

DE

BOTANIQUE AGRICOLE

A L'USAGE DES ÉCOLES D'AGRICULTURE, DES ÉCOLES NORMALES
ET DE L'ENSEIGNEMENT AGRICOLE DÉPARTEMENTAL

PAR

E. SCHRIBAUX
Diplômé de l'enseignement supérieur
de l'agriculture,
en mission d'études agricoles
à l'étranger.

J. NANOT
Répétiteur à l'Institut national
agronomique,
Professeur suppléant à l'École
d'arboriculture de la ville de Paris.

avec 260 figures intercalées dans le texte

ET UNE CARTE GÉOGRAPHIQUE BOTANIQUE AGRICOLE

PARIS
LIBRAIRIE J.-B. BAILLIÈRE ET FILS
Rue Hautefeuille, 19, près le boulevard Saint-Germain
1882

Avis au relieur.

Page 126. Planches I et II. Coupes transversales.
Page 313. Carte de France.

A M. Eugène TISSERAND

Directeur de l'agriculture au ministère de l'agriculture
Conseiller d'État en service extraordinaire
Ancien directeur-fondateur de l'Institut national agronomique

Hommage de respect et de reconnaissance
de ses anciens élèves.

E. SCHRIBAUX et J. NANOT.

PRÉFACE

Ce n'est qu'en étudiant la nature que l'on parvient à s'en rendre maître.

BACON

Ce livre est destiné aux élèves des écoles d'agriculture et des écoles normales, à tous ceux enfin qui, ayant déjà les premières connaissances scientifiques, désirent des notions plus complètes de botanique pour les appliquer à une exploitation rationnelle du sol.

La création des chaires départementales, celle d'écoles pratiques d'agriculture, l'enseignement agricole bientôt obligatoire jusque dans les écoles primaires, témoignent de la ferme volonté du gouvernement d'assurer à la science agricole un progrès considérable sur toute l'étendue de la France. Nous avons eu pour but d'aider à la diffusion de notions aussi essentielles pour la prospérité de notre pays.

Anciens élèves de l'École supérieure, nous avons désiré faire œuvre utile en exposant les recherches de nos maîtres et en groupant les faits acquis.

Dans l'*introduction*, nous avons pris la plante à l'état embryonnaire, c'est-à-dire lorsqu'elle est encore renfermée sous l'enveloppe de la graine. Nous avons examiné les parties essentielles qui constituent cette graine, dans quel milieu il convient de la placer pour que son germe se développe en une plante parfaite, l'influence exercée sur son développement par les agents extérieurs, les phénomènes chimiques qui se produisent pendant son développement, les soins qu'il faut donner à la jeune plante pour faciliter son accroissement et enfin quels sont les organes constitutifs de la plantule.

La *première partie* de notre ouvrage suit la plante pendant son existence, examine de quelle façon elle s'entretient et s'accroît, en un mot passe en revue les fonctions de nutrition. Ces fonctions, nous les avons successivement étudiées et définies, en leur donnant la classification suivante : Absorption, mouvement de l'eau et transpiration, respiration, assimilation, translocation, accroissement, emmagasinage.

Nous plaçant au point de vue plus particulier de la botanique agricole, nous avons donné une place assez large au phénomène de l'absorption (cette question qui a fait un si grand pas, grâce aux remarquables découvertes de notre savant professeur, M. Schlœsing), en étudiant les aliments végétaux, la forme sous laquelle la plante les absorbe, les milieux auxquels elle les emprunte, l'épuisement de ces milieux et enfin, parmi ces aliments, ceux qu'elle préfère.

Pour nous rendre compte de la façon dont les différents organes de la plante exécutent leurs fonctions, il nous a fallu étudier d'abord ces organes et leur structure. Nous avons donc passé en revue les divers éléments anatomiques qui constituent chacun d'eux, le groupement de ces divers éléments dans chaque organe. Nous avons pris successivement la racine, la tige et la feuille, en examinant leur forme extérieure, leur structure intime et le mécanisme au moyen duquel s'exécutent ces importantes fonctions de la nutrition.

Dans cette étude des organes et de leur fonctionnement, nous nous sommes constamment attachés à expliquer les pratiques agricoles qui nous ont paru la conséquence de ces phénomènes, et, dans un chapitre entier consacré au greffage, au bouturage, au marcottage et à la transplantation, nous avons décrit ces procédés qui rentrent dans l'ordre purement horticole. Enfin cette première partie se termine par un exposé succinct des organes dérivés et des bourgeons.

Dans la *deuxième partie*, nous avons traité de la conservation de l'espèce, c'est-à-dire des fonctions de la reproduction ; ces fonctions sont remplies par les fleurs et les fruits.

Nous avons examiné tour à tour les différentes parties constitutives de la fleur, le rôle particulier de chacune d'elles, et, à la suite du phénomène de la fécondation, la transformation finale en fruits et en graines.

Nous avons tenu à donner un certain développement à l'étude des fruits et notamment à la question importante de leur conservation, qui intéresse à un si haut degré les horticulteurs.

Au sujet de la graine nous n'avons pas négligé non plus les procédés si intéressants qui concernent sa récolte et sa conservation. Dans un chapitre annexe nous avons traité l'importante question de la stratification et des semis.

Quelques pages ont été consacrées à l'herborisation et à la description des instruments les plus utilement employés; nous n'avons pas manqué de signaler, à ce propos, la si intéressante étude de M. Boitel sur les plantes qui font la base des magnifiques prairies des Vosges.

Cette deuxième et dernière partie se termine par un aperçu général sur la végétation des différentes zones du globe, suivi d'une étude sur la répartition des végétaux dans les régions agricoles de la France.

Puisse ce livre faire naître chez beaucoup le goût de l'étude de la nature et en faire mieux apprécier les applications.

Nous devons rendre hommage aux savants éminents qui ont été nos professeurs, qui nous ont, avec bienveillance, initié à leurs travaux, à l'enseignement desquels nous avons largement puisé et dont nous nous sommes efforcés de résumer les leçons avec clarté et précision. Nous voulons parler de MM. E. Prillieux, Schlœsing, Tassy, Du Breuil.

Qu'il nous soit également permis d'offrir ici nos plus vifs remerciements à notre excellent Directeur, M. Risler, dont les encouragements toujours si paternels, si bienveillants, n'ont pas peu contribué à nous fortifier dans la tâche que nous avions entreprise.

Nous devons témoigner tout particulièrement notre reconnaissance à M. J. Vesque, chef du laboratoire de physiologie végétale, dont les travaux et les conseils ont été si largement mis à profit dans ce livre. Nous ne saurions dire combien M. Vesque a été pour nous un guide affectueux et un conseiller éclairé.

Si clairement écrit qu'on le suppose, un ouvrage scientifique n'est complètement accessible que s'il est accompagné de figures. Nous en avons emprunté au livre classique de M. Duchartre (1), à MM. Le Maout et Decaisne.

Avec les conseils éclairés de M. Vesque, nous en avons fait dessiner quatre-vingts nouvelles.

M. Gustave Heuzé, inspecteur général de l'agriculture, a bien voulu nous autoriser à reproduire sa carte de la géographie botanique agricole de la France et le texte qui l'accompagne.

En terminant, nous sollicitons l'indulgence pour notre œuvre, reportant sur nos maîtres le mérite des notions utiles que le lecteur y puisera.

E. SCHRIBAUX ET J. NANOT,

Anciens élèves de l'Institut national agronomique.

25 janvier 1882.

(1) Duchartre, *Éléments de botanique*.

TABLE DES MATIÈRES

DEUXIÈME PARTIE

FONCTIONS DE REPRODUCTION

FIN DE LA TABLE DES MATIÈRES.

BOTANIQUE AGRICOLE

NOTIONS PRÉLIMINAIRES

Caractères distinctifs des corps des trois règnes. — Les nombreux corps répandus à la surface du globe peuvent être rangés en deux catégories : les corps *inertes* ou minéraux, tels que l'air, l'eau, les pierres, etc., et les corps *vivants*, c'est-à-dire les corps qui se nourrissent et se reproduisent. Ces derniers se divisent eux-mêmes en deux classes : les *végétaux* et les *animaux*. Ainsi il y a trois règnes dans la nature : le règne *minéral*, le règne *végétal* et le règne *animal*.

Linné définit un animal un être qui se nourrit, se reproduit et qui est doué de mouvements volontaires et de sensibilité.

Le végétal ou la plante se nourrit et se reproduit aussi bien que l'animal ; mais il est dépourvu de mouvement et de sensibilité. Nous verrons dans la suite ce que les définitions précédentes peuvent avoir de trop absolu, et nous y apporterons des restrictions à mesure que l'occasion s'en présentera.

Les différences que nous venons de signaler entre les végétaux et les animaux peuvent être vérifiées dans la grande généralité des circonstances ; il n'en est plus de même, lorsqu'on fait l'étude des organismes inférieurs, de ces infiniment petits dont l'existence nous a été révélée grâce à l'emploi d'instruments grossissants d'une grande puissance.

Les animaux et les végétaux semblent se confondre à la limite des deux règnes et se relier entre eux par un groupe d'êtres dont on ne saurait préciser la nature.

Relations entre les trois règnes. — Avant de quitter ces généralités, il nous semble intéressant de signaler les étroites relations qui existent entre tous les êtres de la création, minéraux, végétaux et animaux.

Le végétal fabrique avec des minéraux les matières organiques qui servent à nourrir l'animal : il est ainsi l'intermédiaire, le trait d'union entre les corps inertes et les êtres les plus perfectionnés de la nature. Les animaux à leur tour, après avoir utilisé les substances végétales, les transforment en eau, en acide carbonique, en ammoniaque, etc., restituant ainsi au règne minéral ce que les végétaux lui ont emprunté. Les trois règnes de la nature forment donc une chaîne sans fin, un cercle éternel où la matière circule, se métamorphose sans *jamais se détruire*, passant successivement du minéral au végétal, puis à l'animal, pour revenir à son point de départ. Ce principe de l'indestructibilité de la matière, Lavoisier l'a formulé au siècle dernier : *rien ne se perd, rien ne se crée,* ce qui signifie que rien ne vient de rien; depuis on l'a étendu à une chose invisible, non matérielle, la force qui se manifeste à nous sous forme de mouvement, de chaleur et de lumière. Dans la science, les mots création et destruction n'ont qu'un sens relatif; ils signifient organisation, composition, décomposition.

Ces deux notions, indestructibilité de la matière et de la force, sont la base de toute expérimentation, seule voie où l'on doive s'engager pour faire progresser les sciences naturelles.

Définition de la botanique. — La botanique (du grec βοτάνη, herbe, plante) est la partie des sciences naturelles qui a pour objet l'étude du règne végétal.

Les plantes sont composées d'*organes* ou instruments qui travaillent dans un sens déterminé, et exécutent un certain nombre d'actes appelés *fonctions.*

Division de la botanique. — La partie de la botanique qui s'occupe de la structure, c'est-à-dire de la manière dont les organes sont construits, s'appelle *anatomie* (du grec ἀνά, distributivement; et τομή, section); l'étude du jeu des organes, de la manière dont ils travaillent, porte le nom de *physiologie* (du grec φύσις, nature, et λόγος, discours).

INTRODUCTION

CHAPITRE PREMIER

GRAINE

§ **1. Ses diverses parties.** — Les animaux et les végétaux descendent d'un germe produit par des êtres vivants semblables à celui auquel le germe donnera naissance. Le germe de la plante ou *embryon* se trouve dans une graine.

Si l'on examine une graine avec attention, un pépin de pomme ou un haricot par exemple, on y trouve : 1° (fig. 1) une enveloppe protectrice, coriace et résistante, appelée *tégument* (du latin *tegere*, couvrir) ; 2° une *amande*. L'amande elle-même est composée de deux masses *m,m'* symétriques, épaisses, planes en dedans, convexes en dehors, qui s'appliquent l'une contre l'autre par leur côté plan, et sont connues sous le nom de *cotylédons* (du grec κοτυληδών, creux, cavité); elles embrassent un petit corps presque cylindrique, dont l'extrémité libre, pointue, la plus voisine du tégument, représente une petite racine ; aussi la nomme-t-on *radicule*. A la suite de la radicule est une petite tige, c'est la *tigelle*. Enfin, l'extrémité est un bourgeon qui engendrera la partie supérieure de la tige à partir du niveau des cotylédons : on

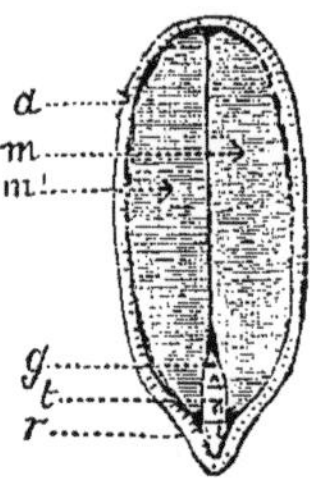

Fig. 1. — Pépin de pomme, coupe longitudinale. — *a*, tégument; *m*, *m'*, cotylédons; *r*, radicule *t*, tigelle; *g*, gemmule.

l'appelle *gemmule* (diminutif de *gemma*, bourgeon). Cette petite plante en miniature, formée par les cotylédons, la radicule, la tigelle et la gemmule, porte le nom d'embryon (du grec ἔμβρυων, de ἐν, dans, et βρυὼν, qui croît).

§ 2. **Division des plantes en trois embranchements.** — Les cotylédons sont en quelque sorte les premières feuilles de la plante, et bien souvent on les désigne sous le nom de *feuilles séminales ;* leur nombre ou leur absence ont fait diviser les végétaux en plusieurs embranchements :

1° Les plantes *dicotylédones* (du grec δίς, deux, et κοτυληδὼν, cotylédon), dont l'embryon est pourvu de deux cotylédons, exemples : le poirier, le pommier et en général les arbres de nos climats ;

2° Les plantes *monocotylédones* (du grec μόνος, seul, et κοτυληδὼν, cotylédon), dont l'embryon n'est muni que d'un seul cotylédon, exemple : les palmiers, les graminées, etc. ;

3° Les plantes *acotylédones* (du grec α, privatif, et κοτυληδὼν, cotylédon) qui ont un embryon dépourvu de cotylédons, exemple : les fougères, les mousses, les lichens, les champignons, etc. A ces trois divisions correspondent des différences de structure que nous signalerons en temps opportun.

Le nombre des végétaux qui forment chaque embranchement est tellement considérable, qu'on a vite reconnu la nécessité de les ranger méthodiquement, d'après leurs affinités respectives, et d'établir des groupes d'importance secondaire subordonnés les uns aux autres.

Les embranchements se partagent en *familles*, celles-ci en *genres*, et les genres en *espèces*.

Nous allons prendre deux plantes bien connues, et nous indiquerons la place qu'elles occupent dans les classifications végétales.

La primevère officinale (*Primula officinalis*), appelée vulgairement coucou, fait partie de l'embranchement des *dicotylédones ;* elle appartient à la famille des *primulacées*, au genre *primevère* (*Primula*) et à l'espèce *officinale* (*officinalis*).

Le paturin des prés (*Poa pratensis*) est une plante *monocotylédone* de la famille des *graminées;* elle appartient au genre *paturin* (*Poa*) et à l'espèce des *prés* (*pratensis*).

CHAPITRE II

GERMINATION

La petite plante qui forme l'embryon est endormie : nous pouvons la réveiller en plaçant la graine dans des conditions favorables.

On donne le nom de *germination* à la série des phénomènes que présente une graine vivante, placée dans des conditions spéciales, depuis le moment où elle commence à absorber de l'eau jusqu'à celui où la jeune-plante vit à ses propres dépens.

On désigne parfois la graine sous le nom d'*œuf végétal* à cause de son analogie avec l'œuf d'un animal, avec celui d'une poule, par exemple. La graine éclôt comme l'œuf; dans l'exemple que nous avons choisi, au lieu d'un poussin elle nous donnera un pommier. Le tableau suivant, dû à M. Boussingault, indique la similitude de composition qui existe entre un œuf et une graine :

ŒUF.	GRAINE.
Albumine.	Albumine.
Matières grasses.	Matières grasses.
Sucre de lait, glucose?	Amidon, dextrine, pouvant donner du glucose.
Soufre, phosphore, entrant dans les composés organiques.	Soufre, phosphore, entrant dans des composés organiques.
Phosphate de chaux.	Phosphate de chaux.
Eau en forte proportion : de 65 à 90 pour 100.	Eau en faible proportion : de 12 à 20 pour 100.
	Cellulose.

L'œuf trop vieux ne donne pas de poussin, la graine âgée

ne germe plus : cependant elle conserve sa vitalité bien plus longtemps que l'œuf auquel nous la comparons. On a pu faire germer du blé conservé dans des silos datant des Romains, ayant au moins quinze cents ans, ainsi que des haricots de l'herbier de Tournefort récoltés depuis un siècle environ; ce sont là de rares exceptions; en thèse générale, il est préférable de semer les graines dans l'année qui suit leur récolte (la graine de panais de deux ans, par exemple, ne germe que rarement). On a prétendu que le blé trouvé dans les pyramides d'Égypte, et désigné sous le nom de *blé des momies*, était doué d'une remarquable fécondité; des expériences précises ont démontré la fausseté de ces assertions.

A. Influences essentielles.

§ 1. **Conditions nécessaires à la germination.** — Pour faire germer notre pépin nous le plaçons à une faible profondeur dans une terre divisée, chaude et humide; il trouve ainsi réunis trois agents indispensables : de l'oxygène fourni par l'air, de l'humidité et de la chaleur.

1° *Influence de l'air.* — La graine respire, c'est-à-dire qu'elle absorbe de l'oxygène et dégage de l'acide carbonique et de l'eau. Le carbone de l'acide carbonique et l'hydrogène de l'eau ont été enlevés à sa propre substance, dont le poids va ainsi en diminuant. Cette respiration est une véritable combustion produisant de la chaleur; elle n'est pas sensible dans une graine isolée qui se met trop rapidement en équilibre de température avec le milieu qui l'entoure, mais on peut l'observer très facilement dans un germoir de brasseur où les graines sont réunies en très grand nombre. Faute d'oxygène les graines sont rapidement asphyxiées, mais il arrive que placées dans un sol où l'air ne pénètre pas en quantité suffisante, elles restent dans un état de vie latente jusqu'à ce qu'elles rencontrent des conditions favorables à leur développement. C'est ainsi qu'on peut expliquer la présence sur les talus de chemins de fer et dans les forêts nouvellement défrichées, d'espèces végétales inconnues dans la contrée. Il y a environ quinze ans on trouva dans le sol remué du vieux Paris des graines du jonc des crapauds (*Juncus bufonius*), qui avaient conservé leur faculté germinative. Elles dataient évidemment d'une époque où le sol de Paris était encore marécageux et non recouvert d'habitations humaines.

2° *Influence de l'humidité.* — L'humidité agit de trois manières : 1° elle ramollit le tégument de la graine et le prépare à se rompre, pour livrer passage à la jeune plante; 2° elle humecte et gonfle l'amande, qui déchire le tégument; 3° elle dissout et fait circuler les matières alimentaires déposées dans la graine pour subvenir aux premiers besoins de la plantule. L'épaisseur et la résistance des téguments sont parfois considérables; on vient en aide à la nature en cassant les noyaux que l'on veut semer, ou simplement en diminuant leur épaisseur par le frottement sur une pierre de grès. On accélère encore la rupture des téguments en laissant pendant quelque temps les graines dans de l'eau ordinaire ou mieux dans du purin additionné d'eau.

Si l'humidité est indispensable à la germination, elle peut devenir une cause d'altération lorsqu'elle est excessive; la graine plongée dans l'eau ne reçoit plus d'oxygène et meurt asphyxiée exactement comme un animal qui se noie; de plus, elle abandonne à l'eau une partie de sa substance, et si l'eau, qui est alors une véritable infusion reste stagnante, il s'y développe de petits organismes microscopiques qui s'attaquent à la graine et la détruisent; on dit que la graine pourrit.

3° *Influence de la chaleur.* — Nous avons vu, bien rapidement il est vrai, que chaleur et force sont deux choses équivalentes. La température nécessaire pour produire le mouvement vital varie avec les diverses graines; il en est qui germent, fleurissent même dans la neige; on a pu faire germer du blé sur un bloc de glace; le mélèze germe à + 1 degré, le maïs à + 9 degrés; dans nos climats, on accélère la germination de bien des graines exigeantes au point de vue de la chaleur (melons, courges, etc.) en les semant sur des couches, qui sont de véritables fourneaux, ayant du fumier pour combustible. Dans la grande culture, on ne saurait tenir compte de l'augmentation de température due aux fumures même les plus copieuses; en effet, la quantité de carbone qu'elles renferment est extrêmement faible, si on la compare à la masse de terre à échauffer. Une chaleur excessive, en enlevant de l'humidité à la graine, empêche la germination de se produire : dans les pays chauds, pendant la canicule, les graines restent endormies aussi bien que par un froid rigoureux. Au delà de certaines limites, la température n'a pas seulement pour effet d'empêcher ou de suspendre le développement de l'embryon; elle peut le détruire complètement. En Angleterre, les blés de semence destinés à l'exportation sont souvent desséchés à l'étuve pour en faciliter la conservation pendant le transport; cette pratique détruit presque toujours la faculté germinative d'un certain nombre de graines portées à une température trop élevée. Les graines sèches résistent bien mieux à des températures extrêmes que les graines riches en eau; il est certain par exemple que les blés durs des pays chauds placés dans les mêmes conditions que les blés anglais dont nous venons de parler, ne seraient point altérés. Les agriculteurs savent parfaitement que les froids les plus rigoureux ne sont pas les plus funestes aux semailles et à toutes les plantes en général, mais bien ceux qui succèdent à une période d'humidité prolongée.

B. Influences secondaires.

4° *Action de la lumière.* — On répète à tort que la lumière est défavorable à la germination : si l'on enterre les graines, ce n'est pas du tout dans le but de les soustraire à la lumière, mais afin qu'elles trouvent dans le sol une humidité convenable. Les jardiniers qui, par des arrosages fréquents, maintiennent dans le sol une humidité suffisante, enterrent leurs graines à une moindre profondeur que les cultivateurs, parce que ces derniers sont obligés de laisser à la terre le soin de procurer à la plante l'eau qui lui est indispensable; plus la plante a besoin d'eau, plus ils l'enfoncent; toutefois ils doivent songer que la tigelle se fait difficilement jour au travers d'une couche de terre trop épaisse et que sa croissance se trouve ainsi retardée. Les grains de blé enterrés trop profondément développent de nouvelles racines sur la tigelle lorsqu'ils arrivent à la surface du sol, et toute la partie inférieure se détruit; par ce fait seul d'un enfouissement trop profond, il y a donc retard dans la germination, perte d'une partie de la substance de la graine, et parfois asphyxie complète.

5° *Influence du sol.* — Le sol joue par lui-même dans les phénomènes de la germination un rôle tout à fait secondaire; son action doit être attribuée non à sa composition chimique puisque la plantule ne lui enlève pas de matières nutritives, mais seulement à ses propriétés physiques, à sa perméabilité, à la facilité avec laquelle il retient l'eau pour la céder ensuite à la graine; les graines germent aussi bien sur des éponges imbibées d'eau ou sur du papier humide que dans un sol quelconque.

6° *Action du chlore, du brome et de l'iode.* — Ces trois substances accélèrent la germination; des graines de cresson alénois, soumises à leur influence, germent en cinq ou six heures, alors que dans les conditions ordinaires, il leur faut environ trente-six heures. Dans les jardins botaniques, on rend quelquefois à de vieilles graines leur faculté germinative en les plongeant pendant quelques heures dans de l'eau renfermant environ trois gouttes de solution chlorée pour 100 grammes de liquide.

7° *Influence de la chaux, du sulfate de soude, du sulfate de cuivre, de l'acide arsénieux.* — Pour détruire les germes des champignons qui engendrent le *charbon* et la *carie*, les agriculteurs humectent les graines des céréales avec de l'eau tenant en dissolution une des substances précédentes. C'est l'opération connue sous les noms de *chaulage* et de *sulfatage*. La chaux, que Mathieu de Dombasle recommande d'employer concurremment avec le sulfate de soude, hâte la germination des céréales; le sulfate de cuivre paraît être sans influence à cet égard; quant aux substances renfermant de l'arsenic, outre qu'elles sont dangereuses à manier, elles ont, d'après M. Chatin, le grave inconvénient d'agir plus énergiquement sur les graines que sur les spores des champignons.

8° *Action de l'eau salée.* — L'eau salée altère rapidement a faculté germinative des graines. A Montpellier, on a pu constater qu'après trois semaines d'immersion, six sur dix ne pouvaient plus germer; après trois mois un dixième seulement avait résisté. Dans les Landes, les graines de pin maritime (*Pinus maritima*) semées dans le voisinage de la mer sont détruites par l'eau salée que soulèvent les vents venus de l'Océan. Nous verrons plus loin comment on a pu vaincre cette difficulté.

§ 2. **Phénomènes chimiques de la germination.** — La plantule, trop délicate pour chercher sa nourriture dans l'atmosphère et dans le sol, la trouve toute préparée dans les cotylédons, qui sont de véritables magasins de réserve; c'est très souvent à l'état d'amidon qu'on la rencontre : mais sous cette forme solide elle ne peut se déplacer. Un ferment soluble, la diastase, analogue à celui de la salive, transforme cet amidon d'abord en dextrine, puis en une matière soluble, la glucose, qui peut être transportée dans les diverses parties de la plante. Ce phénomène de transformation de l'amidon en matière sucrée ou glucose est bien connu de tous : il est la base de plusieurs opérations industrielles dont la fabrication de la bière est la plus importante; l'orge germée renferme de la glucose, qui se transforme en alcool sous l'influence de la levûre de bière. Il est probable que la cellulose et le sucre cristallisable se comportent comme l'amidon pendant la germination.

Dans les graines riches en huile, dans le colza par exemple, de l'oxygène est fixé sans passer à l'état d'acide carbonique; il se produit une véritable saponification et les acides gras sont absorbés en plus grande proportion que la glycérine.

Que deviennent les matières azotées, le gluten du grain de blé par exemple, pendant la germination? On admet qu'elles se transforment en asparagine, substance dont nous parlerons plus tard lorsque nous aborderons l'étude de l'assimilation dans les feuilles.

§ 3. **Soins à donner aux jeunes plantes.** — Les jeunes plantes sont délicates; on les prépare progressivement à résister aux influences atmosphériques en les abritant pendant leur jeune âge. Dans les jardins on emploie à cet effet des cloches, des paillassons, etc. Dans les forêts on a toujours soin de laisser un certain nombre de pieds de réserve dans les coupes d'ensemencement; ils ne sont abattus que progressivement, et la coupe définitive n'en est effectuée qu'à l'époque où les jeunes peuplements sont devenus suffisamment robustes.

Ce qui précède justifie les pratiques suivies par les cultivateurs. Le sol est ameubli pour absorber l'air et l'eau et faire écouler celle-ci dans les couches profondes lorsqu'elle est en excès. Les paillis dont on le recouvre, retardent l'évaporation à la surface, empêchent les pluies battantes de délayer la terre qui, se desséchant ensuite, formerait une croûte imperméable.

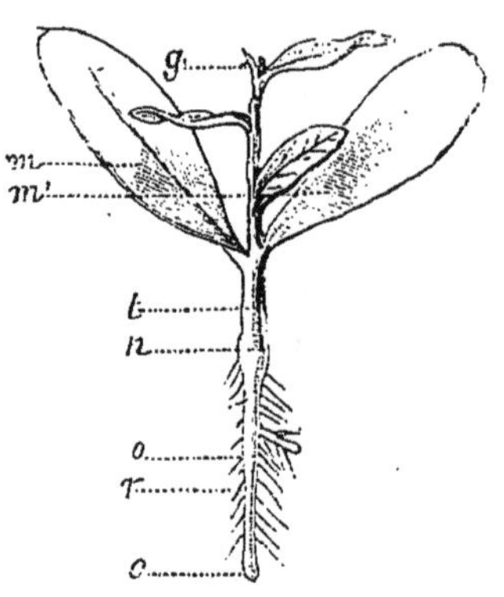

Fig. 2. — Jeune plante après la germination. — *r*, racine; *o*, poils; *c*, coiffe protectrice ou pilorhize; *n*, collet; *t*, axe hypocotylé (hypocotylé, du grec ὑπό, sous, et κοτυληδὼν, cotylédon) : *m m'*, feuilles séminales fournies par l'épanouissement des cotylédons; *g*, gemmule qui se développe pour fournir la partie de l'axe située au-dessus des cotylédons.

§ 4. **Développement de l'embryon.**—Pendant la germination aucun organe nouveau n'apparaît dans la jeune plante, mais les diverses parties de l'embryon deviennent en se développant plus distinctes les unes des autres (fig. 2); on y remarque une partie centrale ou *axe* formée par la radicule et la tigelle munie de son bourgeon terminal ou gemmule, puis une partie latérale ou appendiculaire, composée des cotylédons. La racine s'enfonce dans le sol, quelle que soit la position occupée par la graine; quant à la tige, elle s'élève généralement dans l'atmosphère.

Suivant les espèces, les cotylédons s'épanouissent dans l'atmosphère (cotylédons épigés, de ἐπί, sur; et γῆ, terre) ou restent cachés dans le sol (cotylédons hypogés, de ὑπό, sous; et γῆ, terre). Lorsque les cotylédons sont épuisés, la jeune plante alors pourvue de matière verte s'approvisionne dans le sol et dans l'atmosphère.

On appelle *collet* le plan d'union de la tige et de la racine; parfois il forme un renflement très accentué, mais bien souvent aussi il est difficile de préciser sa situation.

Nous savons que, pendant la germination, la graine se comporte comme l'œuf de poule; la plantule, de même que le poussin, sont destructeurs d'aliments; le poussin restera destructeur toute sa vie; il simplifiera la composition de ses aliments; de l'amidon, du sucre, etc., formés de carbone, d'hydrogène et d'oxygène, il fera de l'acide carbonique, de l'eau. La jeune plante, au contraire depuis le jour où elle sera pourvue de matière verte, jusqu'à la fin de sa vie, organisera avec des aliments simples des matériaux de nature complexe.

PREMIERE PARTIE

FONCTIONS DE NUTRITION

Les fonctions des végétaux sont de deux sortes : 1° les fonctions de nutrition ; 2° les fonctions de reproduction.

1° Les *fonctions de nutrition* permettent à chaque individu de subvenir à son existence, à sa conservation. Elles sont exécutées par divers organes qui sont : la racine, la tige et les feuilles.

2° Les *fonctions de reproduction* concourent à la conservation de l'espèce; elles sont remplies par les fleurs et les fruits.

La *nutrition* est la propriété que possèdent tous les corps vivants d'*augmenter* leur masse à l'aide de matériaux puisés à l'extérieur et de subir simultanément une *diminution* incessante, en cédant au milieu ambiant des produits résultant de leur décomposition.

Les fonctions de nutrition comprennent : 1° l'absorption; 2° le mouvement de l'eau et la transpiration; 3° la respiration; 4° l'assimilation; 5° la translocation; 6° l'accroissement; 7° l'emmagasinage. Ces fonctions amplifient les dimensions de la plante; la respiration seule est une fonction de destruction.

CHAPITRE PREMIER

ALIMENTS VÉGÉTAUX

§ 1. **Absorption.** — L'absorption est un phénomène par lequel les matières de l'extérieur pénètrent dans le tissu de la plante. De ces matières, les unes sont nécessaires, les autres sont indifférentes ou même nuisibles.

Définition d'un aliment végétal. — On donne le nom d'aliment à toute substance qui, introduite dans le végétal, répare ses pertes et subvient à son accroissement.

Composition chimique des végétaux. — Quelles sont les matières qui servent d'aliments aux plantes ?

Rappelons-nous le principe de Lavoisier : rien ne se perd, rien ne se crée; cherchons ce que la plante renferme, faisons son analyse, en un mot, et nous connaîtrons de cette façon les matériaux qu'elle organise. Nous pouvons, dans cette analyse, procéder de deux manières : 1° rechercher les corps simples : carbone, hydrogène, azote, oxygène, etc., qui entrent dans la composition du végétal, c'est-à-dire faire une analyse élémentaire; 2° rechercher les principes immédiats : amidon, sucre, gluten, etc., résultant de la combinaison de corps élémentaires dans des proportions définies. L'analyse immédiate présente de grandes difficultés à cause de la multiplicité des produits qu'on rencontre dans les plantes. Nous verrons d'ailleurs que ces principes immédiats, qui sont, pour la plupart, des corps organisés, ne pénètrent guère sous cette forme dans la plante, c'est pourquoi nous allons donner la préférence à une analyse élémentaire.

En employant un procédé d'analyse moins primitif que celui auquel nous avons donné la préférence, nous aurions pu constater que l'oxygène de l'eau et de l'acide carbonique dégagé est emprunté seulement en partie à l'air environnant et que l'autre partie provient de la plante.

Quand une bûche brûle dans un foyer, elle dégage de la vapeur d'eau et un gaz semblable à celui qui s'échappe des vins mousseux : c'est de l'acide carbonique ; or l'acide carbonique est formé de carbone et d'oxygène ; l'eau, d'hydrogène et d'oxygène.

Nous savons déjà qu'une plante renferme de l'hydrogène, du carbone et de l'oxygène ; le carbone est même si abondant, que, dans le cas d'une combustion incomplète, il constitue ce résidu que nous désignons ordinairement sous le nom de charbon. Si au lieu d'une bûche de bois nous avions brûlé des grains de blé par exemple, nous aurions senti facilement une odeur piquante de cuir brûlé, due à un gaz, l'ammoniaque, formé d'azote et d'hydrogène. Ainsi nous trouvons déjà dans la plante du carbone, de l'hydrogène, de l'oxygène et de l'azote.

La bûche entièrement brûlée laisse comme résidu des cendres qui renferment toujours : du chlore, du phosphore, du soufre, du potassium et du calcium. Ainsi *neuf corps simples* seulement sont indispensables. Le sodium, le fer, le magnésium, le silicium, bien qu'ils ne soient pas nécessaires, se trouvent dans presque toutes les cendres végétales ; nous verrons dans la suite comment on peut expliquer leur présence. Le brome et l'iode ne sont guère abondants que dans les plantes marines, d'où l'industrie les extrait quelquefois.

A quelles sources, sous quelles formes les végétaux puisent-ils leurs aliments ? Quelles sont les réactions par lesquelles ces matières s'unissent, se synthétisent ? Telles sont les deux questions que nous nous proposons de résoudre. Nous dirons immédiatement que la dernière est encore bien obscure ; c'est d'ailleurs la moins intéressante, du moins au point de vue pratique. Il est curieux de savoir comment les plantes travaillent ; il est nécessaire de connaître ce qui peut les nourrir, afin de leur fournir les aliments dont elles ont besoin.

Milieux où la plante puise ses aliments. — Les plantes empruntent leur nourriture à deux milieux différents : l'atmosphère et le sol ; de l'atmosphère elles retirent du carbone, de l'hydrogène, de l'oxygène, de l'azote sous forme d'ammoniaque et d'acide carbonique, qui l'un et l'autre sont à l'état gazeux. Or le carbone, l'hydrogène, l'oxygène et l'azote étant les corps essentiels de la plante, un grand chimiste a pu dire avec raison : *la plante est un gaz condensé.* Que des gaz en se combinant forment des corps solides, il n'y a en cela rien qui étonne les chimistes; avec de l'acide chlorhydrique par exemple et de l'ammoniaque, corps l'un et l'autre gazeux, on obtient du sel ammoniac solide.

La plante est immobile; c'est l'atmosphère qui se déplace pour lui apporter les aliments que nous avons indiqués.

Le sol fournit de l'azote sous forme de nitrate, de l'eau, du soufre, du phosphore, du potassium et du calcium.

Eléments fournis exclusivement par l'atmosphère ou à la fois par le sol et l'atmosphère.

CARBONE. — Le carbone se trouve être le corps essentiel de tout végétal, il entre ordinairement pour 50 pour 100 dans le poids de la matière sèche.

M. Boussingault a trouvé qu'un hectare de terre cultivée absorbe en moyenne 10700 kilogrammes de carbone dans une période de cinq ans. On peut dire que la vigueur d'une plante se mesure à la proportion de carbone qu'elle assimile.

On a remarqué depuis longtemps déjà que l'air d'une chambre vicié par l'acide carbonique devient respirable lorsqu'on y place des plantes à l'action de la lumière. L'acide carbonique est décomposé, le carbone s'unit à la plante qui, augmente de poids, et l'oxygène se dégage. Le volume de l'oxygène qui s'échappe dans l'atmosphère est sensiblement égal à celui de l'acide absorbé : ce qui prouve que tout l'oxygène de l'acide est rejeté, puisqu'on sait qu'un certain volume d'acide carbonique renferme un même volume d'oxygène.

L'acide carbonique est puisé exclusivement dans l'atmosphère. — On plante une graine de composition connue dans un sol stérile, c'est-à-dire dans du sable qu'on a eu soin de chauffer au rouge, afin de brûler les matières qui pourraient contenir du carbone; pourvu que le sol soit humide, la plante germe et se développe; par l'analyse on constate que son poids en carbone a augmenté. Au sable ou au gravier, qui forme le sol dans notre expérience, on ajoute, pour que la végétation soit plus active et fournisse une plante de plus grandes dimensions, des aliments de composition connue : du phosphate de chaux, du chlorure de potassium et du nitrate d'ammoniaque. Ces aliments ne doivent pas renfermer *trace* de carbone, corps dont on recherche l'influence.

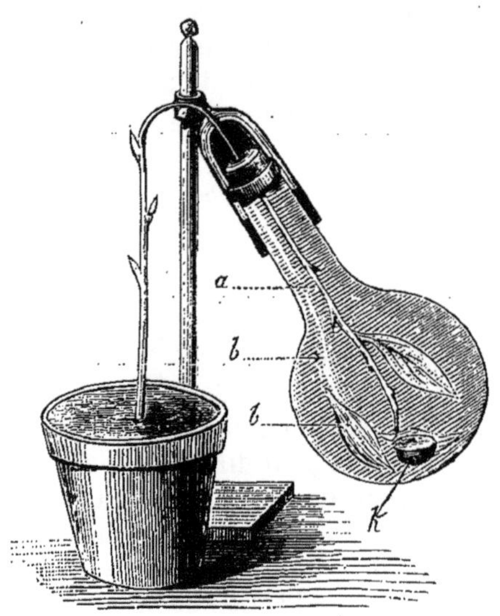

FIG. 3. — Rameau enfermé dans un ballon. — *a*, ballon; *b*, feuille tombée; *k*, eau de chaux.

C'est grâce à des cultures dans des sols stériles que dans ces derniers temps l'on a pu facilement rechercher à quelles sources les plantes s'alimentent. Dans un grand nombre de cas, lorsque les recherches ne portent pas sur l'absorption des éléments de l'eau, celle-ci est substituée au sol dont l'analyse est toujours longue et compliquée.

L'acide carbonique est nécessaire aux plantes. — On engage un rameau dans un ballon (fig. 3), la tubulure est exactement fermée afin d'empêcher l'air extérieur d'apporter de l'acide carbonique. Si le ballon renferme de l'eau de chaux, capable d'absorber l'acide carbonique de l'air emprisonné, les feuilles tombent, ce qui indique un état de souffrance; dans le cas où le ballon ne contient pas de chaux, le rameau continue à vivre, mais il conserve un poids constant, l'acide carbonique absorbé le jour étant rejeté pendant la nuit.

Un excès d'acide carbonique peut tuer la plante; la proportion la plus favorable est de un douzième environ du volume de l'air.

Hydrogène. — L'hydrogène se trouve en petite quantité dans les plantes; il provient de l'eau et de l'ammoniaque, puisées dans le sol et dans l'atmosphère. La vapeur d'eau de l'atmosphère pénètre probablement dans la plante en même temps que l'acide carbonique auquel elle est toujours mélangée.

Oxygène. — L'oxygène existe également en proportion assez faible dans les matières végétales. Il est introduit directement dans les plantes par la respiration; il y pénètre aussi sous forme d'eau, d'acide carbonique et de sels oxygénés.

Azote. — L'azote qui dans l'air fait l'office d'un gaz inerte, diminuant l'action comburante de l'oxygène, se rencontre toujours dans les substances douées d'une puissante vitalité : le protoplasma dans les plantes, le sang chez les animaux. Les matières organiques qui en contiennent sont appelées albuminoïdes (albumine, fibrine, caséine, gluten) à cause de leur analogie avec le blanc d'œuf ou albumine; on les désigne aussi quelquefois sous le nom de matières protéiques (1) parce qu'elles se décomposent et changent de forme avec une extrême facilité.

On a prétendu que les plantes pouvaient absorber directement l'azote de l'air. Des expériences très précises, exécutées en France, et répétées en Angleterre, ont démontré l'inexactitude de cette assertion. Si de l'azote est emprunté à

(1) De Protée, dieu de la mer, qui prenait toutes sortes de formes pour échapper à ceux qui voulaient le contraindre à prédire l'avenir.

l'atmosphère, c'est exclusivement sous forme d'ammoniaque et de nitrate d'ammoniaque.

L'ammoniaque vient de la mer; l'acide nitrique provient de la combinaison de l'azote de l'air avec l'oxygène sous l'influence des étincelles électriques (éclairs). Cet acide, qui est très énergique, rencontre l'ammoniaque de l'air, se combine avec elle et forme une poussière que balayent la pluie et la neige. Dans nos régions il s'en forme relativement peu, excepté pendant les orages; dans les pays chauds, sous les tropiques, patrie des orages et des tempêtes, il s'en produit en bien plus grande quantité. M. Boussingault, qui habita ces contrées pendant longtemps, déclare qu'une oreille sensible entend même avec un ciel pur et tranquille le bruit des étincelles électriques. Les vents qui viennent de la mer nous apportent cet élément fertilisant, dont l'heureuse influence se fait si bien sentir sur les récoltes mouillées par une pluie d'orage.

C'est le terreau, l'humus (matières noires produites par la décomposition incomplète des matières organiques animales ou végétales) contenus dans le sol qui fournissent le plus d'azote aux plantes; ils se décomposent en donnant de l'ammoniaque. De petits êtres, qu'il est difficile d'apercevoir, même avec les plus puissants microscopes, digèrent cette ammoniaque pour en faire de l'acide nitrique, lequel se combine aux bases du sol, et forme des nitrates absorbés directement par les plantes.

Éléments puisés exclusivement dans le sol.

1° *Matières indispensables.* — POTASSIUM. — Le potassium, uni à l'oxygène et à l'hydrogène pour former de la potasse, joue un grand rôle dans la nutrition. Le sarrasin, par exemple, auquel on donne tous les aliments nécessaires, à l'exclusion de la potasse, n'augmente pas de poids, et finit par mourir; il se comporte comme s'il absorbait de l'eau pure. On attribue ce fait à ce que la matière verte, en l'absence du potassium, ne peut transformer les éléments minéraux en matière vivante. La potasse se rencontre dans toutes les plantes : aussi l'a-t-on appelée, avec raison, alcali végétal.

Il y a quelque temps, presque toute la potasse du commerce venait de la Russie et des Vosges, où les bois, difficiles à exploiter, étaient brûlés pour en obtenir des cendres riches en potasse. Ce sont les sols granitiques et les sols argileux qui en renferment le plus.

Calcium. — Le calcium, sous forme de chaux, joue dans la nutrition un rôle imparfaitement connu. La chaux sert de support à l'acide sulfurique, à l'acide phosphorique, et de véhicule pour les introduire dans les plantes; elle neutralise l'acide oxalique qui se trouve dans les végétaux en notable quantité, et qui, à l'état libre, serait un poison (1).

D'après Bœhm, elle jouerait dans la transformation des matières organiques en substances constitutives du corps de la plante un rôle non moins important que dans la transformation des cartilages en os chez les animaux.

Phosphore. — L'association constante du phosphore et des matières albuminoïdes, sa présence en notable quantité dans les graines démontre son importance, tout aussi bien que la présence constante des sels de potasse dans les orga-

(1) La chaux sert principalement à changer la consistance du sol, à accélérer la décomposition des matières organiques; elle empêche aussi l'argile de tomber en ruine sous l'action des pluies torrentielles, c'est-à-dire de se séparer en sable très fin et en matières colloïdales (matières analogues à la colle, douées comme elle de propriétés adhésives) pour former une espèce de bouillie qui, en se desséchant, laisse une croûte imperméable à la surface du sol.

Si les eaux de certains fleuves et rivières (Garonne, Loire, Durance, etc.) ne sont presque jamais limpides, c'est précisément parce qu'elles ne renferment pas assez de chaux pour coaguler les matières colloïdales, et les forcer à se déposer. Marseille, à la date de quelques années, était alimentée par de l'eau trouble venant de la Durance. Pour la clarifier, on établit d'abord des bassins de repos, mais le trouble persista; ils furent remplacés par un étang creusé dans un sol calcaire; dès lors l'eau devint aussi belle qu'on pouvait le désirer, et le dépôt abondant qu'elle laissait n'aurait pas tardé à combler l'étang si l'on n'y avait pris garde.

Dans les pays granitiques, les eaux d'irrigation produisent de bien meilleurs effets, lorsqu'en tête du canal d'amener, on fait arriver un filet liquide ayant traversé un trou de chaux. Cette dernière force les matières argileuses, tenues en suspension par l'eau, à se déposer sur le sol.

nes qui forment du sucre et de l'amidon. Lorsque le phosphore est en trop grande quantité dans le sol, ce qui est assez rare d'ailleurs, l'amidon s'accumule dans certaines parties des plantes sans pouvoir être utilisé.

SOUFRE. — Le soufre, comme le phosphore, est un élément constitutif de l'albumine et des autres matières azotées, matières qui, en se décomposant, dégagent une odeur d'œufs pourris due à du soufre qui s'est combiné avec de l'hydrogène et de l'azote pour produire de l'acide sulfhydrique et du sulfhydrate d'ammoniaque. Le soufre est absorbé par les plantes sous forme de sulfates solubles ; en excès il détermine comme le phosphore une accumulation d'amidon qui reste sans emploi.

CHLORE. — Ce corps, combiné avec le sodium, se trouve apporté dans le sol par les vents, qui, sur la mer, ont enlevé mécaniquement de l'eau salée. La quantité de sel entraîné sous cette forme est plus considérable qu'on ne pourrait le supposer. A Caen, ville proche de la Manche, comme on sait, M. Isidore Pierre a calculé qu'un hectare en reçoit annuellement 37,5 kilogrammes. Cette proportion va diminuant à mesure qu'on s'éloigne de la mer. Dans le sel, le chlore est le seul élément utile.

2° *Matières accessoires.* — SODIUM, voy. CHLORE.

IODE et BROME. — On ne sait si ces corps ont dans les plantes marines, où on les rencontre, la valeur de véritables éléments nutritifs.

SILICIUM. — Le silicium existe dans les plantes à l'état de silice. Voici une expérience qui prouve nettement le peu d'importance de cette matière : on cultiva du maïs dans un sol qui en était dépourvu, il fleurit et fructifia d'une manière normale. Tandis que les cendres des plantes élevées dans un sol ordinaire contiennent de 18 à 23 pour 100 de silice, celles des pieds dont nous venons de parler, en contenaient seulement quelques dixièmes. C'est la silice qui forme à la surface de la tige creuse de la prêle d'hiver un encroûtement transparent couvert de mamelons tellement durs qu'ils peuvent rayer les métaux. Dans certains endroits, où cette plante est abondante, on l'emploie pour écurer les vases de cuivre.

Lorsqu'elle est sèche, on passe dans la longueur de la tige creuse un fil de fer qui la soutient, puis on s'en sert pour polir le bois et les métaux. La silice se rencontre également dans les tiges ou chaumes des céréales; on admettait, il y a quelque temps, que la verse de ces dernières était due à une proportion insuffisante de cette matière dans les nœuds.

Des expériences directes ont prouvé au contraire que les chaumes les plus riches en silice sont les moins résistants. On savait déjà par l'analyse que les feuilles de céréales renferment de cinq ou six fois plus de silice que les nœuds, ce qui permettait de préjuger qu'elle n'augmente nullement la solidité des chaumes.

FER. — Pendant longtemps on a cru, et beaucoup de personnes pensent encore que le fer est indispensable à la formation de la matière verte des végétaux; celle-ci jouant, comme nous le verrons plus tard, un rôle physiologique d'une importance capitale, on comprendra facilement que les botanistes aient considéré le fer comme une substance très importante.

Eusèbe Gris, en imprégnant des feuilles jaunes d'une solution de sulfate de fer (vitriol vert), les vit au bout de quelques jours reprendre leur couleur verte; la matière verte étant aussi indispensable aux plantes que le sang chez l'homme et les animaux, il conclut, par analogie, que le fer n'était pas moins nécessaire à la guérison de la chlorose végétale qu'à celle de la chlorose humaine, et que le fer donne la couleur verte aux plantes comme il augmente la couleur rouge du sang de l'homme et rend la santé aux anémiques.

Il est bien facile d'expliquer le verdissement dû au vitriol vert. La feuille renferme du tannin qui, en s'unissant au fer, forme du tannate de fer de couleur verte. Le résultat d'Eusèbe Gris est d'ordre chimique et nullement d'ordre physiologique : il a *teint* ses plantes purement et simplement. Une étoffe imbibée du tannin contenu dans les feuilles et recouverte de sulfate de fer, se colorerait en vert aussi bien qu'une feuille jaune (1).

(1) La réaction bien connue du tannin de la noix de galle qui forme

Tous les jours, dans les laboratoires, on voit des plantes d'un fort beau vert, élevées dans des dissolutions salines ne contenant pas trace de fer.

Quand on badigeonne un arbre chlorotique avec une dissolution ferrugineuse, il est logique de penser que le fer ainsi introduit à profusion déterminera une guérison radicale. L'année qui suit l'opération l'arbre est au moins aussi languissant que par le passé; la médication auquel on l'a soumis précédemment est donc d'une efficacité bien contestable; nous ajouterons que les arbres souffrent de la chlorose aussi bien dans les sols riches en fer que dans ceux qui n'en renferment qu'une faible quantité.

AUTRES MATIÈRES MINÉRALES CONTENUES DANS LES PLANTES. — A titre de curiosité seulement, nous mentionnerons la présence du *cuivre* dans le bois de l'oranger, dans les feuilles de tilleul, de chêne, de hêtre, de platane, etc., celle du *zinc* dans les plantes qui vivent sur un sol contenant ce métal. On trouve de l'*aluminium* dans les lycopodiacées, et du *lithium* dans la betterave.

Théorie de l'humus. — Théorie minérale.

Il n'y a pas bien longtemps encore, que les matières renfermées dans les cendres des végétaux étaient considérées comme de véritables résidus, et l'on croyait généralement que l'humus seul peut nourrir les plantes. A cause du rôle important qu'on faisait jouer anciennement à ce corps, cette théorie de la nutrition a reçu le nom de *théorie de l'humus*; la théorie moderne est appelée *théorie minérale*.

Les matières minérales, disait-on, se déposent dans la plante comme dans la chaudière d'une machine à vapeur, et une preuve qu'elles ne sont pas nécessaires, c'est que les plantes de même espèce en renferment des proportions varia-

de l'encre avec les sels de fer, nous oblige à dire que parmi les tannins, les uns donnent avec les sels de fer une couleur bleue plus ou moins foncée qui paraît noire, tandis que les autres donnent une couleur verte. Celui des feuilles appartient à cette dernière catégorie.

bles. Ce dernier argument est facile à réfuter : est-ce que toutes les pommes de terre sont également riches en fécule, les betteraves en sucre, les blés en gluten et le tabac en nicotine? Cependant personne ne songe à discuter le rôle important de l'amidon, du sucre, du gluten et de la nicotine dans les plantes que nous avons choisies comme exemples. Nous ajouterons que les variations dans la richesse des plantes en matières minérales s'observent surtout dans les tiges, les racines et les feuilles, tandis que les graines ont à cet égard une composition presque constante. Le sol nourricier est-il trop pauvre en matières minérales utilisables? immédiatement, la plante proportionne le nombre de ses graines à la provision minérale disponible. Nous verrons dans ces variations qui affectent la matière minérale dans une même espèce, une sage mesure de la nature. Si les plantes ne jouissaient pas de cette sorte d'élasticité, elles ne pourraient vivre qu'en peu d'endroits, et leur dissémination à la surface du globe serait presque impossible.

Dès le siècle dernier, Duhamel cultiva un chêne dans de l'eau ordinaire, c'est-à-dire ne renfermant que des matières minérales; l'arbre vécut pendant huit ans ; à sa mort il avait 0^{m},50 de haut et 0^{m},005 de diamètre. Il existerait probablement encore, si on ne l'avait laissé mourir de soif. Les Allemands démontrent d'une manière saisissante le rôle important de telle ou telle substance minérale. Ils disposent en cercles concentriques une série de vases renfermant une dissolution saline neutre; on fait varier seulement la proportion de la matière minérale dissoute dont on veut étudier l'influence. Les vases du centre étant plus riches en matières minérales, les plantes qu'on y sème atteignent de plus grandes dimensions; l'ensemble forme alors une pyramide du plus bel effet.

Est-ce à dire que l'humus auquel Mathieu de Dombasle et beaucoup d'autres agronomes éminents attribuaient une si grande influence agisse simplement par les matières minérales résultant de sa décomposition ? A cet égard on ne saurait être affirmatif; quelques savants admettent que l'humus prépare, digère en quelque sorte les matières minérales utiles à la plante; l'humus est surtout précieux à cause de ses propriétés physiques :

1° Il donne, comme on dit en agriculture, du *corps* aux terres trop légères, c'est à-dire qu'il les rend plus compactes; il ameublit au contraire les terres fortes telles que l'argile. Il semble qu'il y ait là une contradiction; c'est chose bien singulière en effet, de voir une même matière agir tantôt comme une colle, tantôt d'une manière tout à fait opposée. Revenons un peu en arrière; nous avons vu que l'argile renferme une matière collante; en s'unissant à celle de l'humus, elle perd ses propriétés *adhésives*, c'est là une propriété signalée par Graham, qui a fait des matières colloïdes une étude spéciale.

2° L'humus absorbe beaucoup d'eau qu'il cède ensuite aux plantes (il en retient 190 pour 100, tandis que l'argile pure est saturée quand elle en renferme 70 pour 100 et le sable siliceux 25 pour 100). C'est grâce à cette dernière propriété que le fumier de ferme, qui produit de l'humus, est supérieur aux autres engrais.

La plus grande préoccupation des forestiers, c'est de faire que les feuilles mortes restent le plus longtemps possible à l'état d'humus, afin d'absorber l'eau si nécessaire pour faire face à l'active évaporation des arbres. Quand ils font des coupes (nous parlons ici de l'exploitation en futaie, la seule rationnelle au point de vue des conditions naturelles), ils ne négligent jamais de réserver un nombre suffisant de pieds qui maintiennent le sol *couvert*, empêchent ainsi le vent d'enlever les feuilles humides, et le soleil de les frapper directement, ce qui activerait leur décomposition. Les habitants des campagnes critiquent aigrement la défense qui leur est faite d'enlever les feuilles mortes dans les bois; l'administration forestière ferait preuve au contraire d'une indulgence coupable, si elle les y autorisait; le rendement d'une forêt pourrait par ce seul fait diminuer de 20 à 25 pour 100.

On pourrait croire que le petit cultivateur qui ramasse les feuilles mortes en tire grand profit; c'est une erreur : la feuille morte ne renferme presque plus de matières nutritives; la tige et les branches l'ont épuisée avant de la laisser tomber à terre, et le plus qu'on puisse lui demander, c'est de servir de réservoir à l'eau de pluie pour l'abandonner ensuite, et non de céder aux plantes des matières alimentaires. Dans les montagnes, où le sol se ravine facilement, dans les Alpes par exemple, l'humus des feuilles mortes empêche la formation des torrents; il prévient les inondations, et régularise le débit des cours d'eau; de là, l'intérêt qui s'attache à cette importante question du reboisement des montagnes.

3° L'humus, qu'on appelle aussi terreau, est encore précieux par la coloration noire qu'il donne à la terre; celle-ci absorbe plus de chaleur, et fournit une végétation plus luxuriante.

En résumé, c'est aux matières minérales seulement que la plante semble s'adresser pour se procurer des aliments; cependant quelques espèces parasites dépourvues de matière verte, telles que la cuscute, les orobanches, les champignons, se nourrissent de matières organisées.

Épuisement des milieux où la plante s'alimente.

1° *Atmosphère.* — Devons-nous craindre que la provision d'acide carbonique, d'eau et d'ammoniaque contenue dans l'atmosphère s'épuise avec le temps? nous ne le croyons pas. La proportion de ces corps vient-elle à subir des variations, la mer rétablit l'équilibre rompu. Elle joue à cet égard un rôle comparable à celui du volant des machines à vapeur. Il est facile de se rendre compte de ce qui se passe : on sait qu'un gaz en présence d'un liquide, l'acide carbonique par exemple en présence de l'eau, s'y dissout dans certaines proportions : l'atmosphère gazeuse s'enrichit-elle en acide carbonique, une nouvelle quantité se dissout dans l'eau jusqu'à ce qu'il se produise un état d'équilibre correspondant; inversement, si la quantité de gaz vient à diminuer, et c'est le cas qui nous occupe, le liquide rend à l'atmosphère une partie du gaz en dissolution. Donc, du côté de l'atmosphère qui nourrit partiellement et gratuitement nos plantes, nous pouvons être sans inquiétude.

2° *Sol.* — Le sol contrairement à l'atmosphère finit par s'épuiser, c'est un véritable créancier pour le cultivateur; s'il lui prête une partie de ses économies, c'est-à-dire de l'azote, de la potasse, de l'acide phosphorique, sous forme de blé, de foin, etc., il est bien naturel de lui restituer ces matières sous forme de fumier ou d'engrais de diverses natures. Cette dette payée, il pourra être aussi généreux que par le passé, puisqu'il est aussi riche. Le sol cultivé qui ne reçoit pas d'engrais ou qui en reçoit trop peu, s'appauvrit bien vite et devient moins fécond. Sa libéralité va sans cesse en diminuant, et un jour arrive où il ne produira plus rien. A ce moment, le sol n'est pas complètement dépourvu de phosphore, de potassium et autres éléments utiles, mais il en possède trop peu pour que les plantes parviennent à les lui arracher.

Il est bien difficile d'indiquer exactement quelles sont les proportions d'éléments que le sol doit renfermer au minimum pour nourrir telle ou telle plante : c'est par des analyses très nombreuses de sols placés dans les conditions les plus diverses que la science pourra donner à la pratique des nombres suffisamment précis. Nous conclurons en disant que, pour conserver au sol sa fertilité première, il faut obéir rigoureusement à la *loi de restitution*.

Les dominantes.

Toutes les plantes n'ont pas les mêmes exigences; l'une absorbe beaucoup de potasse, une autre réclame une plus grande quantité de phosphates, une troisième préfère les engrais azotés. On appelle *dominante* d'une plante, la matière pour laquelle cette plante manifeste une certaine prédilection.

L'azote est la dominante des céréales, et des pommes de terre; l'acide phosphorique est la dominante des betteraves; la potasse celle des légumineuses. A ces exemples, empruntés aux plantes agricoles de peu de durée, nous pouvons en joindre d'autres s'appliquant aux arbres : le châtaignier (*Castanea*), le chêne liège (*Quercus suber*), le chêne occidental, le pin maritime (*Pinus maritima*), le pin laricio (*Pinus laricio*), sont des espèces préférentes calcifuges; le cormier (*Sorbus*) est, au contraire, une espèce préférente calcicole. On voit, par ce qui précède, que les plantes sont pour le sol des agents analyseurs, permettant par leur abondance et leur vigueur de préjuger sa composition chimique; elles dénotent aussi son degré d'humidité et même la valeur de l'eau qui l'imprègne ou l'inonde.

Les rhinanthes, les petites fétuques, les plantains, les centaurées, la flouve odorante (*Anthroxantum odoratum*) abondent dans les prairies sèches. C'est dans les prairies humides qu'on trouve la ficaire (*Ficaria*), la renoncule flammette (*Ranunculus flammula*) (1).

Nous allons encore citer quelques exemples empruntés aux plantes spontanées. Des prêles indiquent par leur présence un sol siliceux et humide; le cresson, un sol calcaire et humide; le tussilage pas-d'âne (*Tussilago farfara*) croît dans les sols argileux; l'orobanche rouge (*Orobanche rubens*) caractérise une région trappéenne et basaltique. Les mineurs recherchent des gîtes de zinc où végète la violette calaminaire; les cultivateurs du pays de Caux sont assurés que leurs champs ont besoin d'amendements calcaires lorsque la petite oseille (*Rumex acetosella*) y prospère; l'élyme (*Elymus*) et le roseau des sables ne se rencontrent que sur les plages sablonneuses. Les eaux non aérées se couvrent de conferves; les eaux acides qui sortent des forêts et des tourbières sont peuplées de carex, de joncs et de salicaires. L'abondance des patiences dénote une eau de qualité moyenne. Les eaux d'excellente qualité nourrissent le cresson de fontaine (*Nasturtium officinale*), le cresson de cheval, le myosotis des marais (*Myosotis palustris*), la fétuque flottante.

Les marchands d'engrais ont habilement profité de la découverte des dominantes; ils ont préparé des engrais pour telle ou telle plante. L'idée en soi est excellente; mais il faut bien remarquer qu'avec ces engrais, on admet que tous les sols se trouvent dans les mêmes conditions, présentent la

(1) Plante appelée aussi *petite douve* à cause de la propriété qu'on lui attribue d'infester les moutons des douves ou distomes que ces animaux hébergent dans leur foie. Si les moutons, qui paissent dans des prés humides, sont souvent atteints de pourriture, c'est dans les petits mollusques avalés qu'il faut en chercher le germe.

même composition chimique. Le mieux est de faire l'analyse chimique du sol, ou encore d'en charger les plantes à dominantes connues, puis de faire soi-même ses mélanges qui pourront être alors rationnellement choisis.

Nous compléterons ce qui a trait à l'absorption, lorsque nous ferons l'étude spéciale des organes qui en sont le siège. Il en sera de même pour les fonctions suivantes, dont nous donnons seulement la définition.

§ 2. **Mouvement de l'eau et transpiration.** — Les matières absorbées par les plantes sont charriées dans leur intérieur par un courant liquide, provoqué surtout par l'évaporation insensible qui a son siège à la surface des végétaux, et à laquelle on a donné le nom de *transpiration.*

§ 3. **Respiration.** — La respiration des plantes comme celle des animaux consiste dans une continuelle absorption d'oxygène et dans un dégagement correspondant d'acide carbonique. Le carbone, qui sert à former l'acide carbonique exhalé, est emprunté à la substance de la plante, de sorte que par la respiration, elle diminue de poids; mais par cette combustion les plantes augmentent de chaleur. Tous les organes vivants respirent, l'énergie de cette fonction est subordonnée à celle avec laquelle ces organes s'accroissent ou accumulent des matériaux nutritifs.

Nous avons déjà vu, en parlant des aliments, que les plantes, sous l'influence de la lumière, absorbent de l'acide carbonique, dégagent de l'oxygène et augmentent de poids. Ces deux actions contraires, absorption d'oxygène et dégagement d'acide carbonique d'une part, absorption d'acide carbonique et dégagement d'oxygène d'autre part, s'exerçant en même temps pendant le jour, il est bien naturel que de prime abord nous n'observions que la résultante de ces deux phénomènes simultanés; leur différence est généralement en faveur de l'assimilation du carbone comme l'indique l'augmentation de poids accusée par la plante qui s'accroît.

Une étude superficielle de la respiration avait fait admettre que, pendant la nuit seulement, les plantes respirent à la manière des animaux (respiration nocturne), tandis que pendant le jour il se produit un phénomène inverse (respiration diurne). Rien de plus facile que de démêler ces deux fonctions, qui se superposent et masquent les faits tels qu'ils se passent. Engageons un rameau couvert de feuilles dans un ballon bien fermé; au fond nous avons versé quelques gouttes de potasse qui absorbera l'acide carbonique à mesure qu'il se produira. Au commencement de l'expérience, l'air du ballon présente la même composition que celui de l'atmosphère, sauf l'acide carbonique que la potasse a enlevé. En laissant la plante dans cet état pendant quelque temps, on peut constater, par l'analyse chimique, que presque tout l'oxygène a disparu pour former de l'acide carbonique retenu par la potasse. La respiration des végétaux n'est donc pas une fonction intermittente ; elle peut être plus ou moins active, mais toujours elle s'exerce dans une plante vivante.

Lorsqu'un organe vivant est placé dans un milieu privé d'oxygène, il en enlève aux substances qu'il tient emmagasinées, telles que le sucre, l'amidon, pour donner naissance à de l'alcool. Le végétal dans cette circonstance est à lui-même son propre ferment. On constate très bien ce mode de respiration qu'on a appelé *intra-cellulaire*, en plaçant des grains de raisin ou des feuilles de rhubarbe (plante très riche en sucre) dans un flacon ne renfermant que de l'azote.

Le cultivateur observe parfois un phénomène identique dans des arbres tout entiers. C'est ainsi qu'on a trouvé en Normandie des racines de pommier dégageant une odeur vineuse de marc de cidre, odeur due à l'alcool qu'elles avaient fabriqué. Il y a quelques années, on vit tous les vernis du Japon (*Ailantus glandulosa*) plantés sur les boulevards de Vienne (Autriche) mourir au commencement du printemps; au lieu de recouvrir la terre, où l'arbre se nourrit, d'une plaque de fonte laissant pénétrer l'air, on avait pavé ou bitumé toute la chaussée; dès lors, les racines qui ne pouvaient plus respirer, avaient fabriqué de l'alcool qui pour elles est un poison.

Conséquences pratiques. — Des faits qui précèdent, nous tirerons deux enseignements :

1° Éviter toutes les causes (tassement du sol, enfouissemet trop profond des racines, arrosages excessifs) qui s'opposent au facile accès de l'air jusqu'aux racines;

2° Les plantes dégageant de l'acide carbonique pendant la nuit, les bannir impitoyablement de toute chambre à coucher, de crainte d'en asphyxier les habitants.

§ 4. **Assimilation.** — L'assimilation est un phénomène par lequel les matières inertes puisées à l'extérieur, telles que l'acide carbonique, l'ammoniaque, etc., peuvent s'organiser, en un mot, devenir vivantes.

§ 5. **Translocation.** — Les matériaux fabriqués de toutes pièces par les plantes ne s'accumulent pas dans les organes qui leur ont donné naissance : ils sont dirigés dans le végétal tout entier après avoir été dissous par des ferments spéciaux. A ce transport particulier, sous une forme soluble, des matières en quelque sorte digérées, nous donnerons le nom de *translocation.*

§ 6. **Accroissement.** — Les produits de l'assimilation charriés à pied d'œuvre servent le plus souvent à amplifier le volume de la plante. Ce phénomène par lequel les plantes s'agrandissent porte le nom d'*accroissement.*

§ 7. **Emmagasinage.** — La plante travaille non seulement pour ses besoins présents; elle possède des réserves, des magasins où elle accumule des aliments destinés à faire face à ses exigences ultérieures. L'amidon dans les tubercules de pomme de terre, dans les graines des céréales, dans le pépin de pomme que nous avons vu germer; l'huile contenue dans les graines de colza, le sucre dans la betterave, sont des aliments de réserve.

Maintenant nous savons comment la plante travaille; il nous reste à examiner la structure des instruments qu'elle met en jeu. Nous étudierons ses organes depuis leur naissance jusqu'à leur mort, et nous tâcherons de préciser la part d'action prise par chacun d'eux dans les fonctions de nutrition ue nous avons précédemment étudiées, et dans d'autres on moins importantes que nous rencontrerons plus tard; ous voulons parler des fonctions de reproduction.

CHAPITRE II

ÉLÉMENTS ANATOMIQUES DES PLANTES

§ 1. **Cellule.** — Les jeunes végétaux se composent, à l'origine, d'un certain nombre de petits éléments vivants presque identiques entre eux, et jouissant d'une sorte d'individualité. On leur donne le nom de *cellules* (*cellula*, diminutif de *cella*, loge, petite loge). Réunies en masse, les cellules constituent le *tissu cellulaire*.

Structure d'une cellule. — Les cellules vivantes sont formées de trois parties : 1° d'une couche externe, solide, élastique, composée d'une matière appelée *cellulose;* 2° d'une couche moyenne molle, hyaline : c'est le *protoplasma* (du grec πρῶτος, premier, et πλάσμα, ouvrage façonné); 3° d'un contenu liquide appelé *suc cellulaire.*

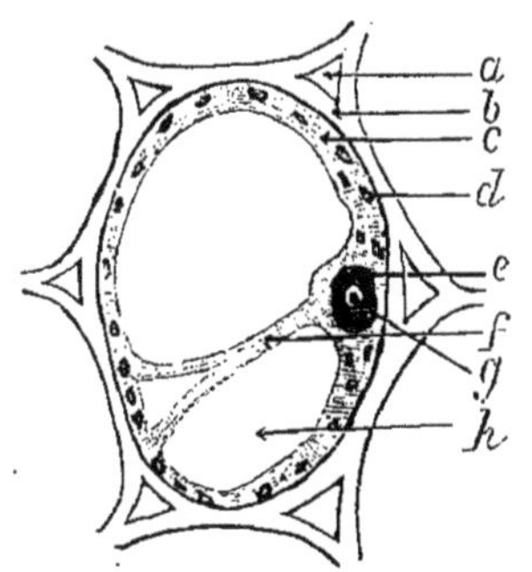

FIG. 4. — Cellule. — *a*, méat intercellulaire; *b*, membrane cellulaire; *c*, protoplasma; *d*, grain de chlorophylle; *e*, nucléus ou noyau cellulaire; *f*, filament protoplasmique; *g*, nucléole; *h*, vacuole contenant le suc cellulaire.

La cellule (fig. 4) que nous venons de décrire est déjà un peu âgée; si nous l'avions observée à son origine, nous l'aurions vue formée exclusivement de protoplasma, qui bientôt se différencie, s'épaissit à sa surface pour sécréter la *membrane cellulaire,* puis rejette à l'intérieur une certaine quantité de liquide; en résumé, c'est du protoplasma que procèdent toutes les cellules et partant, le végétal entier; on peut dire que le protoplasma est à la cellule, telle que nous l'avons envisagée, ce qu'est la chrysalide par rapport à l'insecte parfait.

Protoplasma. — Le protoplasma, matière génératrice par excellence, présente, comme on peut le deviner, une composition très complexe, puisqu'il est l'origine de toute matière végétale; traité par l'iode, il se colore en jaune. Cette réaction prouve qu'il renferme des matières azotées.

Il semble former avec l'eau une composition définie : quand la cellule devient très aqueuse, l'eau se précipite dans la cavité centrale laissée par le protoplasma, qui dès lors tapisse seulement la membrane cellulaire, au lieu de la remplir complètement; des rubans protoplasmiques jetés d'une rive à l'autre de la cellule, circonscrivent les *vacuoles* remplies de suc cellulaire. Le protoplasma est doué de mouvement : on le voit entraîner tantôt dans un sens, tantôt dans un autre les petits granules qu'il tient en suspension.

Noyau cellulaire. Son rôle dans la multiplication des cellules. — Sur un point de la paroi cellulaire, on aperçoit une masse lenticulaire noyée dans le protoplasma. Cette petite lentille a reçu le nom de *nucléus*, ou *noyau cellulaire.* On distingue dans son épaisseur un petit corps ou granule appelé *nucléole.* C'est du point d'attache du nucléus que les filaments protoplasmiques rayonnent dans la cellule. Le noyau est du protoplasma condensé ; il paraît jouer un rôle important dans la multiplication des cellules; quand l'une d'elles se divise, on le voit, en effet, se fractionner d'abord en deux parties, que sépare bientôt une cloison médiane. Les noyaux des deux cellules filles se comportent comme celui de la cellule mère, et ainsi de suite jusqu'à la formation d'un nombre convenable de cellules filles.

Dans un végétal, on rencontre des cellules qui se vident et meurent au bout d'un certain temps : telles sont celles du liège et de la moelle de sureau.

Action de divers agents sur le protoplasma. — Divers agents peuvent endormir le protoplasma : je citerai le chloroforme (employé en médecine pour provoquer également l'anesthésie), l'acide phénique et le sulfure de carbone ; la plante, placée dans une atmosphère qui contient ces substances à l'état de vapeurs, cesse d'assimiler ; elle continue de respirer, mais cette fonction est plus ou moins entravée. Le froid et la chaleur produisent le même effet lorsqu'ils atteignent un degré déterminé (sommeil des plantes pendant l'hiver dans les régions froides et tempérées, pendant la saison la plus chaude sous les tropiques).

Une température excessive, diverses substances chimiques, peuvent tuer complètement le protoplasma. L'acide sulfureux dégagé par la houille pyriteuse, détruit ou fait languir les plantes voisines des usines. Le sulfate d'ammoniaque, employé comme engrais, est un poison pour la plante; il tue les parties végétales avec lesquelles il se trouve en contact immédiat; aussi, ne doit-on l'appliquer qu'après l'avoir réduit en poudre impalpable, soit avant l'ensemencement, soit à une époque où la végétation étant active, les plantes atteintes se rétablissent promptement. Si l'emploi du sulfate d'ammoniaque, que nous signalons comme un poison, produit en définitive de bons effets, c'est qu'au bout de peu de temps, il se transforme en nitrate dont la plante se nourrit.

Le protoplasma mort perd la faculté de se mouvoir; il abandonne aux liquides environnants les matières colorantes auxquelles il est parfois combiné. Qu'on jette, par exemple, une tranche de betterave rouge vivante, dans de l'eau froide, celle-ci restera limpide; la liqueur deviendrait rouge, si l'on avait préalablement tué les cellules, soit en les plaçant dans de l'alcool ou de l'eau bouillante, soit en les soumettant à la gelée.

Les feuilles vertes présentent souvent à leur surface, des taches de couleurs diverses qu'on nomme des *panachures*. Les panachures ou *macules* à contours parfaitement délimités dans une feuille saine, s'étendent dans une feuille morte comme une tache d'huile sur une feuille de papier.

Pour bien étudier les propriétés du protoplasma, on s'adresse à des plantes inférieures, aux algues, qui forment ces petites peaux vertes communes dans les fossés humides.

Membrane cellulaire. Son épaississement. — La membrane mince qui constitue les parois des cellules naissantes se consolide par suite de la nutrition. Ainsi, les tissus des bois sont mous, herbacés à l'origine; mais à mesure que la végétation fait des progrès, ils s'épaississent, augmentent de résistance, en un mot, ils passent à l'état *ligneux*. L'épaississement de la membrane cellulaire s'effectue au détriment de la cavité intérieure (fig. 5) qui se réduit au point de disparaître presque complètement, comme cela a lieu dans les cellules *scléreuses* (du grec σκληρος, dur) ou cellules *pierreuses* qui rendent certaines poires si désagréables à manger (1).

FIG. 5. — Cellules à parois épaissies, dites scléreuses. — p'', canalicules correspondant aux ponctuations.

Quand la cellule est entourée de vides ou *méats*, elle peut envoyer des pointes, des ramifications dans ces vides environnants (fig. 6).

L'épaississement ne porte pas sur toute l'étendue de la membrane cellulaire : il est certaines parties qui restent minces pendant toute la durée de la plante ; elles permettent ainsi aux liquides intérieurs de cheminer plus facilement d'une cellule à l'autre ; les parties minces de deux cellules contiguës se *correspondent* toujours exactement.

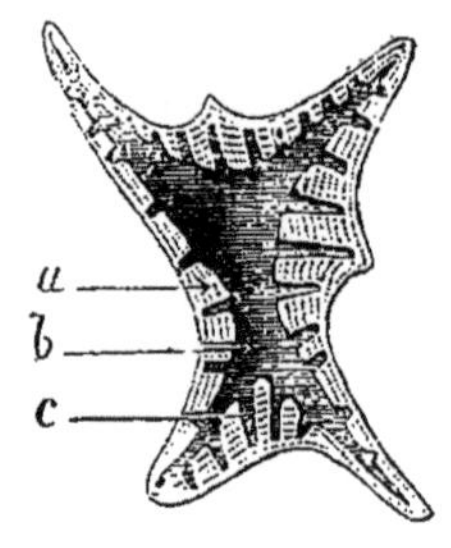

FIG. 6. — Cellule scléreuse ramifiée — *a*, lignes indiquant les couches superposées de la membrane cellulaire ; *b*, cavité intérieure de la cellule ; *c*, canalicule.

Marques des cellules. — Les points où la membrane cellulaire ne s'est pas épaissie, apparaissent à l'extérieur sous des formes diverses appelées *ponctuations*, lesquelles ont fait donner des noms particuliers aux cellules qui les portent ; on appelle cellules *ponctuées* celles qui sont semées de petits points ; en s'allongeant, ces marques donnent des cellules *rayées*. Dans les cellules *réticulées* (fig. 7), les parties épaisses

(1) Les darwinistes qui font descendre le poirier de l'amandier admettent que c'est par atavisme, c'est-à-dire par un retour vers le type primitif que les poires peuvent devenir pierreuses.

constituent un réseau dont les parties minces sont les mailles. Les cellules *annelées* et les cellules *spiralées* sont celles

Fig. 7. — Cellules à ponctuations réticulées.

dont les épaississements se réduisent à des anneaux ou à des spires en nombre variable (fig. 11).

Méats intercellulaires. — Assez souvent, plusieurs cellules contiguës ne se touchent pas par tous les points de leur surface extérieure, et laissent entre elles de petits espaces vides irréguliers, appelés *méats intercellulaires.* Ces méats, remplis d'air, communiquent avec l'atmosphère extérieure par l'intermédiaire de petites bouches que dans la suite nous apprendrons à connaître sous le nom de stomates (fig. 26).

Multiplication des cellules. — Les divers modes suivant lesquels les cellules se multiplient sont trop nombreux pour que nous les signalions ici ; nous dirons simplement que le mode de multiplication *par division,* indiqué lorsque nous avons parlé du noyau cellulaire, est de beaucoup le plus fréquent.

La membrane cellulaire s'accroît par intussusception. — La membrane cellulaire s'accroît, non par une simple apposition de matière, soit à l'intérieur, soit à l'extérieur de la cellule, mais par un dépôt entre les deux parois interne et externe ; en effet, la membrane épaissie laisse voir au microscope une série de couches alternativement riches ou pauvres en eau. Si les matériaux d'épaississement venaient s'appliquer sur la membrane existante, on trouverait des couches internes ou externes, tantôt riches, tantôt pauvres en eau, toujours, elles sont pauvres d'eau : les dépôts successifs doivent donc s'effectuer dans l'épaisseur du tissu de la membrane, c'est-à-dire par intussusception (de *intus,* au dedans, et *suscipere,* prendre).

Formes des cellules. Tissu parenchymateux. — Les cellules s'accroissent surtout en superficie pendant leur jeune âge; quelques-unes cependant conservent à peu près leur forme initiale, ne s'allongeant pas sensiblement dans un sens plus que dans l'autre; seulement, par les pressions mutuelles qu'elles exercent les unes sur les autres en s'accroissant, on les voit prendre la forme de tables, de moellons, de cubes, de prismes hexagonaux, etc. L'ensemble des cellules de cette nature porte le nom de *tissu cellulaire* et plus souvent celui de *tissu parenchymateux*. La moelle des arbres, la chair des fruits, les feuilles presque en entier nous en fournissent des exemples.

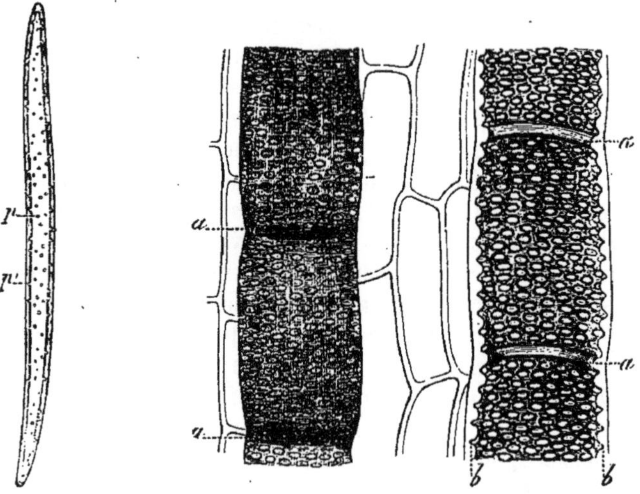

FIG. 8. — Fibre. — *p*, *p'*, ponctuations.

FIG. 9. — Coupe longitudinale de vaisseaux ponctués — Celui de gauche montre en *a*, *a*, la trace des cloisons cellulaires séparatrices résorbées ; celui de droite présente en *a*, *a*, deux bourrelets, restes de deux cloisons horizontales.

§ 2. **Fibres**. — Les cellules qui s'allongent dans un sens, à tel point qu'un de leurs diamètres peut devenir 100 fois plus grand que l'autre, ressemblent à des fuseaux. Elles prennent le nom de *fibres* (fig. 8), et le tissu qui résulte de leur union est nommé *tissu fibreux* ou *prosenchymateux*. Le bois de nos arbres en est un exemple.

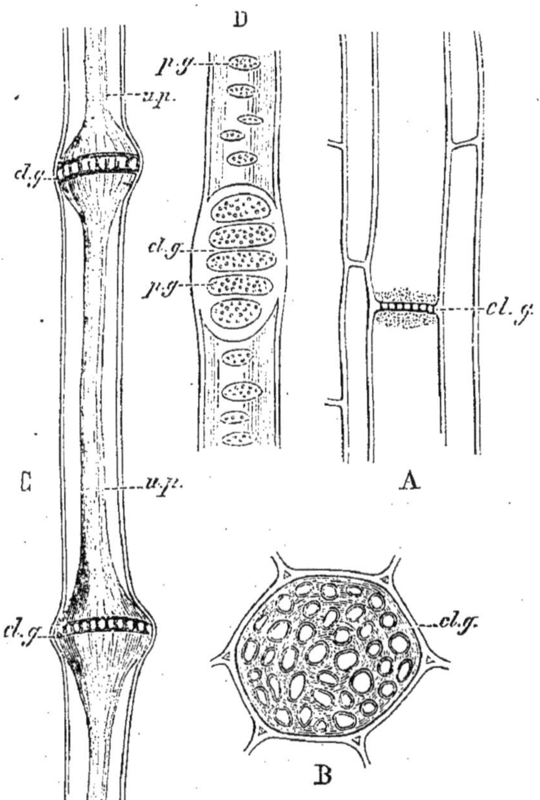

FIG. 10. — A, coupe longitudinale de deux cellules grillagées; *cl. g*, cloison en forme de crible perpendiculaire à l'axe de la cellule; B, cloison *cl. g*, vue en dessous; C, cellule grillagée entière après la contraction du protoplasma *u. p*, déterminé par un agent chimique; D, coupe longitudinale d'une cloison oblique montrant une série de cribles *p. g*, inclinés sur l'horizon.

§ 3. **Vaisseaux.** — Les vaisseaux sont des canaux ou des tubes (fig. 9) plus ou moins allongés, provenant d'une file de cellules dont les cloisons séparatrices se sont résorbées. Quelquefois, la résorption des cloisons étant incomplète, on aperçoit alors sur le pourtour du vaisseau des rétrécissements qui témoignent nettement de son origine (fig. 9). Les mousses, les lichens et les champignons formés exclusivement de cellules sont appelés *plantes cellulaires;* les *plantes vasculaires* sont celles qui renferment à la fois des cellules et des vaisseaux.

§ 4. **Cellules grillagées.** — Dans l'écorce, les vaisseaux prennent généralement le nom de *tubes cribreux* ou *cellules grillagées* (fig. 10). Ils offrent ce caractère particulier que les cloisons des cellules qui leur ont donné naissance, ne se résorbent qu'en certains points, et ressemblent ainsi à autant de cribles.

La cloison peut être perpendiculaire ou oblique à l'axe longitudinal du vaisseau. Dans le premier cas, il n'existe qu'un seul crible; dans le second, ils sont en nombre d'autant plus considérable que le diaphragme est plus incliné à l'horizon.

Marques des fibres et des vaisseaux. — On comprendra facilement que les ponctuations des cellules se retrouvent

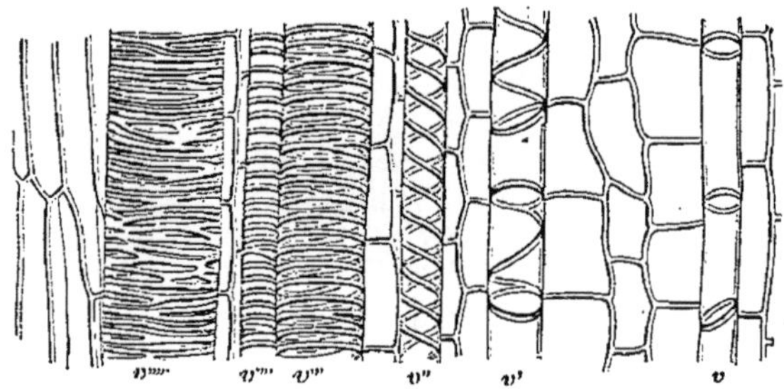

FIG. 11. — Coupe longitudinale d'une portion de tige. — v, vaisseau annelé; v', vaisseau spiro-annelé; v'', v''', v'''', vaisseaux spiraux ou trachées; v''''', vaisseau réticulé.

sur les fibres et les vaisseaux qui en dérivent. Nous ajouterons seulement, pour compléter les indications précédentes, que les vaisseaux annelés et spiralés (fig. 11) confinent toujours à la moelle; on les connaît généralement sous le nom de *trachées*. Il existe aussi des vaisseaux qu'on appelle *scalariformes*. Leur nom vient des ponctuations linéaires qu'ils portent, lesquelles sont disposées en échelons ou en escaliers.

On trouve dans les fibres des conifères des ponctuations dites *aréolées*. Elles apparaissent en plan sous la forme de deux cercles concentriques; la figure 12 donne facilement raison de cet aspect particulier.

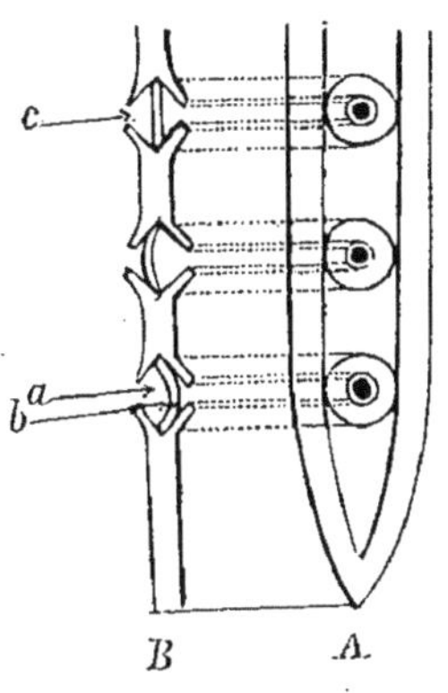

FIG. 12. — Fibre de conifère à ponctuations aréolées. — A, fibre vue de face; B, coupe de la paroi; *b*, paroi mince qui a pris une position concave; *c*, paroi mince dans sa position naturelle.

Une telle disposition semble destinée à empêcher la membrane mince de se rompre sous l'action des pressions intérieures. Quand ces dernières sont très énergiques, elles ont pour effet de faire prendre à la membrane une position concave ou convexe, suivant le sens de la pression la plus forte.

§ 5. **Vaisseaux laticifères.** — L'écorce de beaucoup de végétaux renferme parfois, avec les cellules grillagées, des vaisseaux qui se différencient par la nature de leur contenu : ils charrient un liquide laiteux appelé *latex*, ce qui leur a valu le nom de *laticifères*.

Les laticifères sont rarement formés d'un tube simple (fig. 13), quelques-uns sont ramifiés (fig. 14); le plus souvent, ils s'abouchent les uns dans les autres, s'anastomosent, et constituent ainsi un réseau à mailles plus ou moins rapprochées (fig. 15).

Latex. — Le latex s'échappe en abondance d'un pissenlit, d'une laitue, d'une euphorbe qu'on vient de blesser. Dans les plantes citées précédemment, il est opaque, blanc, et présente l'apparence du lait. Il est plus rarement coloré, et alors en jaune vif comme dans la chélidoine, ou en verdâtre comme dans la pervenche.

Au point de vue physique, le latex est formé, ainsi que le sang et le lait, par un liquide tenant en suspension des globules qui lui donnent sa couleur et son opacité. Ses propriétés physiques et chimiques donnent à quelques végétaux laiteux un grand intérêt pour les arts, l'industrie et la médecine.

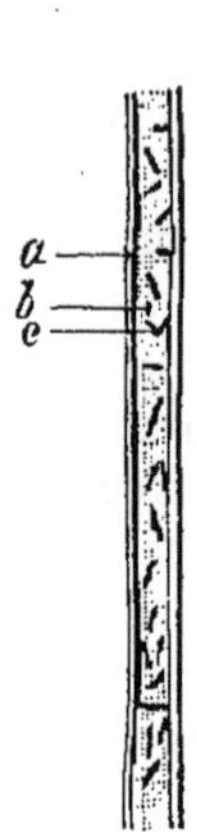

Fig. 13. — Vaisseau laticifère simple. — a, paroi très épaisse ; b, liquide intérieur; c, bâtonnet tenu en suspension.

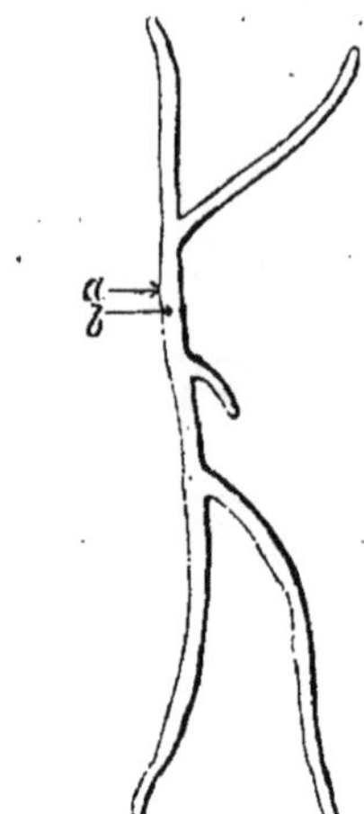

Fig. 14. — Vaisseau laticifère ramifié.

Le caoutchouc, dont on fait aujourd'hui un si grand usage, provient du latex d'un grand nombre d'arbres des pays chauds. Les plus importants sont l'hévée de la Guyane, l'hévée du Brésil, divers figuiers et quelques euphorbes. La gutta-percha, qui enveloppe et isole les câbles métalliques des télégraphes sous-marins, nous vient d'un arbre de la Malaisie, l'*Isonandra gutta;* la belle couleur jaune désignée sous le nom de gomme-gutte se tire d'un arbre de l'Inde. Le latex des arbres à la vache est une précieuse ressource alimentaire pour les habitants du nord de l'Amérique méridionale.

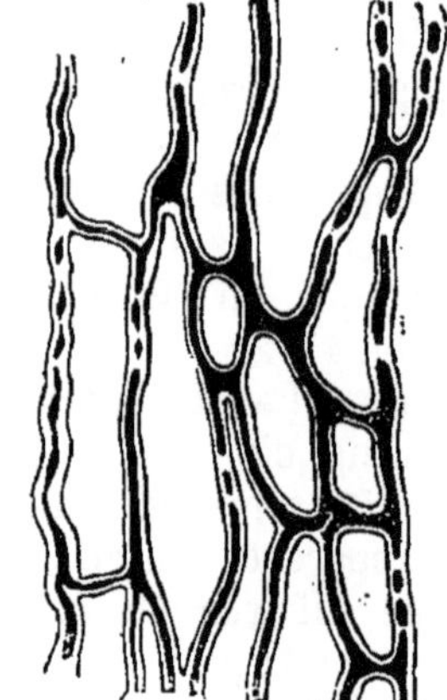

Fig. 15. — Vaisseau laticifère anastomosé.

L'opium, qui est une source de richesse pour l'Inde anglaise, et une cause de dégradation morale pour les Chinois qui le fument, s'obtient en faisant des entailles peu profondes à l'aide d'instruments spéciaux dans les fruits encore verts du pavot somnifère; il s'en écoule du latex qui se concrète à l'air.

Les naturels des pays chauds empoisonnent leurs flèches, à l'aide du latex de diverses plantes imparfaitement connues des Européens.

Rôle physiologique du latex dans les plantes. — Le rôle du latex dans les plantes n'est pas bien connu; peut-être, intervient-il pour une part importante dans la nutrition des plantes qui en contiennent.

Récemment M. Bouchut, avec le concours de M. Würtz, a trouvé dans le latex d'un arbre de Madère, le papayer, un ferment analogue à la pepsine de l'estomac et capable de dissoudre jusqu'à 100 fois son poids de fibrine sèche; il lui a donné le nom de papaïne.

Les habitants des contrées où pousse le papayer emploient son latex pour rendre plus digestibles les viandes destinées à la consommation.

§ 6. **Composition chimique de la membrane cellulaire.** — A leur naissance, les parois cellulaires sont constituées par une matière organique nommée *cellulose* (le papier est de la cellulose presque pure). Cette substance est formée de 12 équivalents de carbone, 10 équivalents d'hydrogène et 10 équivalents d'oxygène ($C^{12}H^{10}O^{10}$). Elle est blanche, diaphane, insoluble dans l'alcool et dans l'éther; elle est soluble dans le réactif de Schweizer qu'on prépare aisément en agitant à l'air pendant quelque temps de la tournure de cuivre dans de l'ammoniaque. Toutefois, cette dissolution de la cellulose ne se produit que si elle n'est pas imprégnée de matières gommeuses. On reconnaît facilement la cellulose au microscope : traitée par l'iode et l'acide sulfurique, elle se colore en bleu; c'est là une réaction caractéristique.

Lignification. — La cellulose de la paroi cellulaire initiale se modifie à mesure qu'elle avance en âge, ce qui permet de distinguer la moelle du bois, et le bois de l'écorce. A sa substance, viennent se mêler de la silice, des matières azotées, des pectates, etc., qu'on désigne en général sous le nom de *matières incrustantes*. Elles donnent aux plantes une consistance dite *ligneuse*.

Les substances azotées se trouvent en faible proportion dans les cellules lignifiées; cependant, elles existent en quantité suffisante pour nourrir des champignons, et attirer une foule d'insectes qui font tomber nos bois en décomposition. Cette altération est prévenue en injectant les bois de diverses matières : pyrolignite de fer, sulfate de cuivre, chlorure de zinc, etc., à l'aide des procédés dont la découverte est due à M. Boucherie; nous sortirions du cadre que nous nous sommes tracé, si nous insistions sur ces pratiques industrielles; nous rappellerons seulement que si plusieurs essences de bois, telles que le charme, le hêtre, s'injectent facilement, il en est d'autres qui opposent une résistance insurmontable; nous voulons parler du robinier faux-acacia, du saule, du peuplier. Cette difficulté est le résultat d'un fait anatomique que l'on observe dans les vaisseaux de ces plantes: au lieu de former de longs canaux à parois minces pendant toute la vie de l'arbre, ils s'obstruent en certains points à une époque où ils ne renferment plus que de l'air. Ces cellules intra-vasculaires portent le nom de *thylles*. Ce sont des expansions, non des vaisseaux, mais des cellules qui leur sont contiguës; éprouvant peu de résistance du côté de ces derniers, elles y envoient des prolongements comme elles en développent parfois dans des méats intercellulaires. Les thylles apparaissent chez les végétaux ligneux de notre région, à la fin de l'été ou au commencement de l'automne; on en voit se former près de la section des branches taillées, à la limite du bois mort et de celui qui continue à vivre; ils favorisent ainsi la guérison des lésions subies par les végétaux.

La lignification n'est pas la seule modification éprouvée par les cellules en voie d'accroissement; d'autres, telles que la cuticularisation, la subérisation et la gélification, agissent encore plus profondément sur elles, et masquent également la réaction caractéristique de la cellulose.

Cuticularisation et subérisation. — Ces deux phénomènes

ont pour effet de doter les plantes de tissus protecteurs élastiques, peu ou pas perméables à l'eau, capables de résister aux agents atmosphériques, et même à des agents chimiques d'une grande énergie, tels que les acides minéraux et les alcalis.

Les cellules cuticularisées sont celles de l'épiderme ou couche superficielle des organes; l'épaississement dont elles sont le siège ne s'étend qu'aux parties directement en contact avec l'atmosphère.

La subérisation agit sur toute l'étendue de la membrane cellulaire. Les propriétés du liège ou suber sont assez connues de tous, pour qu'il nous semble inutile d'insister davantage sur ce sujet.

Gélification. — La gélification transforme en une sorte de gelée la totalité ou une partie seulement de la paroi des cellules parenchymateuses; la gomme est un produit de gélification. C'est à un ramollissement du même ordre, qu'il faut attribuer le changement de consistance éprouvé par la substance des fruits charnus à l'époque de leur maturité. Les cellules complètement gélifiées disparaissent; celles dont la transformation est peu avancée restent en place, conservent leur forme, et réunies en grand nombre, comme dans l'écorce des mauves, elles constituent un tissu d'apparence spéciale appelé *collenchyme* (de κόλλα, colle, et ἔγχυμα, chose injectée).

§ 7. **Contenu des cellules.** — Les matières renfermées dans les cellules sont extrêmement nombreuses; nous étudierons simplement celles qui sont les plus répandues, et qui jouent à l'égard de l'homme et de la plante un rôle important à connaître.

Pour en faciliter l'étude, nous les diviserons en trois classes: 1° les matières solides organiques; 2° les matières solides minérales; 3° les matières dissoutes dans le suc cellulaire ou seulement demi-liquides.

1° *Substances organiques solides contenues dans les cellules.*

CHLOROPHYLLE. — La chlorophylle (de χλωρὸς, vert, et φύλλον, feuille) est la matière verte des plantes. C'est elle qui sous l'influence de la lumière transforme en matière organique les substances minérales puisées dans le sol et dans l'atmosphère. On donne quelquefois à cette propriété de la chlorophylle le nom de *fonction chlorophyllienne.*

La chlorophylle ayant été comparée au sang des animaux, on a voulu y chercher du fer; jusqu'alors, on n'en a pas encore découvert.

Les plantes *parasites* (*orobanche, cuscuta*, etc.), qui se nourrissent de matières organisées, n'ont pas besoin de chlorophylle; toutes les autres en possèdent, ordinairement sous forme de grains (voy. fig. 4), accumulés surtout dans les feuilles et dans l'écorce des jeunes rameaux; dans les feuilles rouges de certaines variétés de noisetier, de hêtre, etc., elle est simplement dissimulée par la matière colorante.

La chlorophylle est moins altérable qu'on pourrait le croire. Récemment, M. Guignet en a extrait des tourbes de la Somme une certaine quantité dont les propriétés n'étaient pas modifiées.

Formation des grains de chlorophylle. — La chlorophylle dérive du protoplasma. Celui-ci se festonne d'abord légèrement. Les entailles devenant plus profondes, le protoplasma se fractionne en grains de forme polygonale, lesquels servent de support à la matière verte. En enlevant celle-ci avec de l'alcool, il reste un grain incolore de protoplasma que l'iode colore nettement en jaune, ce qui indique sa nature albuminoïde.

La chlorophylle est composée de deux matières colorantes : l'une, vert-bleuâtre, appelée *cyanophylle* (de κύανος, bleu, et φύλλον, feuille), l'autre jaune, à laquelle on a donné le nom d'*étioline;* on les sépare en traitant des feuilles vertes successivement par de l'alcool et de la benzine. Les deux liquides de densités différentes se séparent par le repos : en dessous, l'alcool coloré en jaune, en dessus, la benzine colorée en vert.

Action de la lumière sur la chlorophylle. Étiolement. — La chlorophylle ne peut se développer dans les plantes que sous l'influence de la lumière. A l'obscurité il n'y a que la matière jaune qui prenne naissance; les plantes ainsi décolorées par le défaut de lumière sont dites *étiolées;* la forme de leurs organes se modifie profondément : les tiges atteignent de grandes dimensions, et restent molles par suite du faible développement des éléments ligneux; les feuilles, dans les dicotylédones, sont réduites à l'état rudimentaire, elles s'allongent au contraire dans les monocotylédones en restant très étroites. Les pousses émises par les pommes de terre placées dans les caves obscures, offrent un exemple bien connu du phénomène de l'étiolement.

C'est par l'étiolement, que les jardiniers obtiennent des salades, des cardons, etc., plus tendres et plus succulents que ceux qui restent colorés en vert.

Verdissement. — La quantité de lumière nécessaire au verdissement des plantes étiolées et à la décomposition de l'acide carbonique varie considérablement avec les espèces végétales : les unes, telles que certaines mousses, certaines fougères, vivent sous le couvert des forêts et dans les anfractuosités des rochers, tandis que d'autres, placées dans nos appartements, restent souffreteuses faute d'un éclairement suffisant. Il faut moins de lumière pour verdir une plante que pour déterminer la décomposition de l'acide carbonique.

Une lumière intense retarde le verdissement des plantes étiolées; elle peut même amener la destruction de la chlorophylle.

La température, sans jouer dans le phénomène que nous venons d'examiner, un rôle aussi important que la lumière, est cependant indispensable. Elle doit, comme la lumière, être comprise entre certaines limites; trop basse, elle altère la matière bleue de la chlorophylle, dans les végétaux à feuilles persistantes, dans le petit houx, par exemple, elle brunit; la feuille qui n'a pas trop souffert reprend sa couleur primitive quand la température augmente.

Mouvements de la chlorophylle. — Les feuilles vertes pâlissent lorsqu'elles sont frappées par le soleil; les grains de chlorophylle se déplacent sous l'influence d'une lumière intense et vont s'appliquer uniquement contre les parois latérales des cellules. Cette situation est celle qu'ils occupent pendant la nuit et dans les organes coupés et flétris.

Rayons lumineux actifs. — La lumière blanche, on le sait, se compose de rayons rouges, orangés, jaunes, verts, bleus, indigo, violets. Quels sont les plus favorables au verdissement des plantes et aux phénomènes chimiques et mécaniques dont la chlorophylle est le siège? Prenons des écrans diversement colorés, et derrière chacun d'eux plaçons une plante étiolée; au bout d'un certain temps, on constate que la plante éclairée par des rayons jaunes est celle qui verdit le mieux. Les rayons les moins réfrangibles, c'est-à-dire les rayons rouges, orangés, jaunes, verts, déterminent la décomposition de l'acide carbonique; ils jouent, par conséquent, un rôle chimique. Les rayons bleus, indigo, violets produisent le mouvement de la chlorophylle: qu'on applique une plaque de verre bleu sur une feuille verte fortement éclairée, tout se passera comme si le verre était incolore: les grains de chlorophylle fuiront la lumière. En remplaçant la plaque de verre bleu par du verre rouge, la zone recouverte conserve une couleur intense tranchant avec celle des parties qui sont directement éclairées. Les rayons les plus réfrangibles déterminent non seulement les mouvements de la chlorophylle, mais encore ceux qu'on observe dans des organes tout entiers; ils font infléchir vers la lumière les tiges des plantes placées dans les appartements. Ces dernières prendraient une mauvaise direction, si l'on ne changeait de temps en temps la position des vases qui les contiennent. Dans les serres bien comprises, la lumière pénètre de tous côtés pour éviter cet inconvénient.

Emploi de la chlorophylle pour colorer les conserves de légumes. — Depuis quelque temps, on s'efforce d'utiliser la chlorophylle extraite de diverses plantes pour colorer en vert les légumes conservés, tels que les pois, les haricots; il est à désirer que les essais tentés dans ce sens réussissent pleinement, afin que les sels de cuivre exclusivement employés aujourd'hui soient complètement rejetés.

Amidon. — On rencontre rarement des plantes dépourvues d'amidon; dans quelques-unes, il s'y trouve parfois accumulé en quantité telle, que l'homme peut l'extraire facilement et le faire servir à son alimentation. On lui applique ordinairement le nom de fécule lorsqu'il provient des racines ou des tiges de certaines plantes : on dit de l'amidon de blé, et de la fécule de pomme de terre.

L'amidon présente sous le microscope l'aspect de grains très petits ayant une configuration variable et jetés sans ordre au milieu des cellules (fig. 16). Pendant la période active de la végétation, il existe dans presque toutes les cellules parenchymateuses; pendant l'hiver, il est consommé par les plantes qui n'empruntent plus d'aliments au dehors.

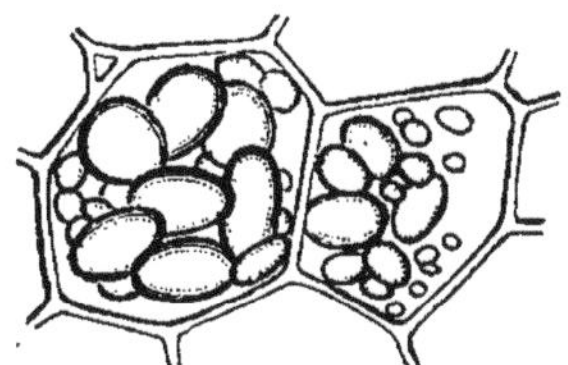

FIG. 16. — Cellules de pommes de terre pleines d'amidons.

FIG. 17. — Grain d'amidon de pomme de terre. — *h*, hile.

Formation des grains d'amidon. — Sous l'influence de la lumière, la chlorophylle donne naissance à de l'amidon. Tantôt, les grains d'amidon apparaissent en un point quelconque de la masse du grain de matière verte, et alors ils restent très petits; tantôt, au contraire, ils naissent exclusivement à sa surface. Dans ce dernier cas, ils ne s'accroissent guère que par le côté touchant à la chlorophylle; ils paraissent alors formés d'une série de couches elliptiques (fig. 17), emboîtées les unes dans les autres et d'autant plus excentriques qu'on se rapproche davantage de la périphérie. Le centre du grain présente une petite tache à laquelle on a donné le nom de ***hile***.

L'amidon organisé dans la matière verte est dissous par un ferment analogue à la diastase, puis transporté sous cette forme soluble dans les diverses parties de la plante. Là, il peut servir à l'accroissement du végétal; très souvent aussi, il est simplement emmagasiné et constitue une matière de réserve. Pour repasser de l'état liquide à l'état solide, l'amidon rencontre dans les cellules dépourvues de matière verte une substance albuminoïde comme la chlorophylle, à laquelle on a donné le nom de *matière amylogène*. La matière amylogène se comporte exactement comme la chlorophylle pour reproduire les grains d'amidon ; elle travaille à l'obscurité aussi bien qu'à la lumière ; mais elle ne peut agir que sur des matériaux déjà élaborés ; ceux-ci ne sont pas organisés, ils changent simplement d'état ; les grains s'accolent parfois entre eux, et donnent naissance à des *grains composés*.

La matière amylogène se transforme en chlorophylle sous l'influence de la lumière. Tous les jours, nous observons cette modification dans les pommes de terre qui ne sont pas conservées dans des caves ou des silos ; il faut y prendre garde, car la matière verte ainsi produite donne naissance à un alcaloïde, la *solanine*, qui est un poison énergique, du moins pour l'homme.

Accroissement des grains d'amidon. — D'après la nouvelle théorie de M. Schimper, les grains d'amidon, qui jusqu'ici ont été considérés comme étant des corps amorphes, s'accroissant par intussusception, seraient des cristalloïdes s'accroissant par apposition de nouvelles membranes à leur surface.

« Au début, sa substance est homogène et dense ; elle absorbe » de l'eau, se gonfle, sa tension augmente jusqu'à atteindre la » limite d'élasticité ; alors, la partie centrale étirée se gonfle » en perdant sa réfringence première ; en même temps, les » tensions diminuent, mais bientôt elles redoublent d'inten- » sité, par suite de l'apposition de nouvelles molécules ; la » couche externe, loin de se déchirer tangentiellement, est » tiraillée dans sa région moyenne qui absorbe de l'eau et » constitue une assise pâle comprise entre deux assises » brillantes, et ainsi de suite. Les parties internes en bloc » sont constamment et de plus en plus tiraillées par les par- » ties environnantes ; leur capacité pour l'eau augmente, et » c'est pour cette raison que les parties internes du grain » résistent moins bien au gonflement et aux dissolvants que » les externes.

» La différenciation des grains d'amidon en couches alter- » nativement riches et pauvres en eau, loin de nécessiter

» l'admission de la théorie de l'intussusception est une con» séquence nécessaire de certaines propriétés physiques de » cette matière.

» Les grains d'amidon ne présentent aucun caractère qui » permette de leur attribuer une constitution physique diffé» rente de celle des autres corps inertes; parmi les corps » amorphes aussi bien que parmi les cristaux nous trouvons » des matières gonflables.

» Nous avons vu que les grains d'amidon comprimés se » fendillent dans le sens du rayon, jamais dans le sens trans» versal; jamais on n'a vu cette différence de cohésion dans » un corps amorphe : la disposition irrégulière des molécules » est, en effet, l'essence même de leur nature. Lorsqu'on » écrase un cristal fibreux, il se divise parallèlement à ses » fibres. L'amidon se comporte exactement comme un sphéro» cristal fibreux.

» Ces vues sont tout à fait d'accord avec ses propriétés » optiques dues à la structure cristalline et non, comme on » l'a souvent dit, à la tension de la matière.

» Les grains d'amidon ne diffèrent des sphéro-cristaux or» dinaires que par leur gonflabilité. Ce sont donc de vrais » cristalloïdes qui représentent la forme cristallisée des corps » $C^{12}H^{10}O^{10}$. On peut se demander pourquoi l'amidon cristallise » toujours en sphéro-cristaux, jamais en cristaux simples. » Les facteurs qui déterminent ce mode de cristallisation sont : » la faible solubilité, la faible force de cristallisation et la » viscosité de la solution. Une seule de ces conditions suffi» sant à la formation de ces cristaux, il est difficile de dire » laquelle intervient dans le cas de l'amidon. On ne se trom» perait guère cependant en admettant que toutes les trois » sont remplies. »

Végétaux producteurs de fécule. — Voici les plantes principales qui, dans les diverses contrées du globe, doivent leur valeur à la grande quantité d'amidon qu'elles renferment. Nous citerons pour l'Europe : les céréales, blé, seigle, avoine, orge, le sarrasin ou blé noir, la pomme de terre, les haricots, les pois, les fèves, les lentilles; pour l'Asie centrale, le sarrasin, et pour l'Inde, le riz; en Afrique, on cultive

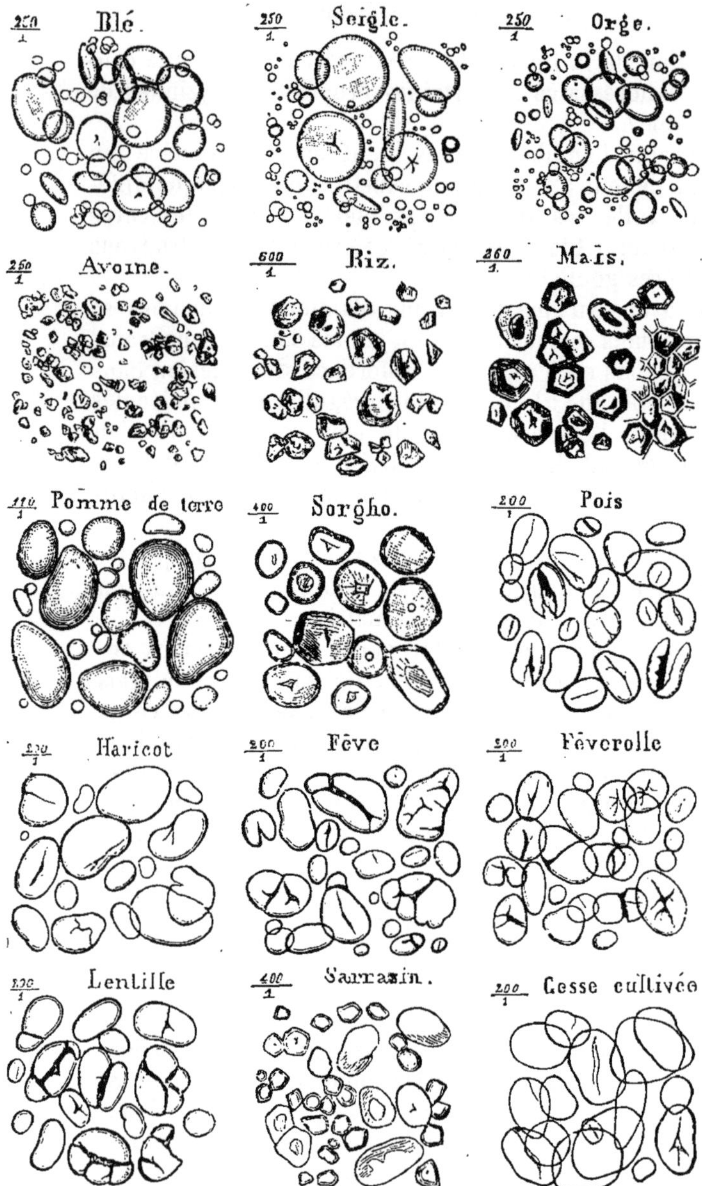

Fig. 18. — Formes des grains d'amidon d'un certain nombre de plantes agricoles

surtout le sorgho, et en Amérique le maïs; le tapioca et le sagou proviennent, le premier, de la racine du manioc, et le second, de la partie centrale de la tige de certains palmiers.

Les pays chauds possèdent aussi des plantes dont les parties souterraines, analogues à la pomme de terre, sont riches en fécule : nous pouvons citer les ignames et les patates.

Les graines de céréales et de légumineuses sont précieuses non seulement à cause de leur richesse en amidon, mais aussi parce qu'elles contiennent des matières azotées qui les rendent bien plus nutritives; le gluten est la matière azotée des céréales, et la légumine, celle des légumineuses. Dans les céréales, le gluten existe dans toute la masse du grain, mais il est surtout localisé au voisinage de la surface.

Formes des grains d'amidon (fig. 18). — La forme des grains d'amidon fournit des indications précieuses pour reconnaître les unes des autres les diverses farines du commerce et surtout leur mélange. Ceux de la pomme de terre sont gros, ovoïdes, formés de couches excentriques faciles à distinguer; ceux des légumineuses sont ellipsoïdes ou réniformes; dans le sens de la plus grande longueur de ces derniers, il se forme par la dessiccation une grande fissure souvent rameuse. Dans la plupart des céréales telles que le blé, le seigle, l'orge, il existe de gros et de petits grains ayant une forme lenticulaire; c'est par des moyens chimiques surtout qu'on les différencie les uns des autres, car, au microscope, ils ne se distinguent que par leurs dimensions relatives assez semblables entre elles.

La farine de la partie externe jaunâtre du maïs est composée de grains polyédriques avec un sommet arrondi. Ceux de la zone centrale colorée en blanc sont également polyédriques avec toutes leur arêtes arrondies.

Les grains du riz sont très petits, polyédriques avec des arêtes vives. Ceux du sarrasin, également très petits et agglomérés, se reconnaissent facilement aux débris noirâtres de l'enveloppe que le blutage n'a pu éliminer en totalité. Enfin, les grains de tapioca et de sagou (fig. 19 et 20) présentent une ou plusieurs faces planes et une très convexe. Ils subissent souvent l'action du feu à l'état de pâte humide, ce qui les fait éclater et les déforme complètement. Dans le commerce, on vend quelquefois sous le nom de tapioca de la fécule qu'on a projetée en flocons sur des plaques métalliques chauffées entre 140 et 150 degrés. Les grains se gonflent brusquement et se soudent entre eux, mais leur forme n'a pas été altérée au point qu'on ne puisse reconnaître leur origine au microscope.

Fig. 19. — Granules de sagou. Fig. 20. — Sagou Tapioca.

Composition chimique de l'amidon. — La composition chimique de l'amidon est identique à celle de la cellulose ($C^{12}H^{10}O^{10}$). D'après M. Trécul, ces deux substances sont formées d'un même principe immédiat sous divers états d'agrégation. En effet, elles ne se différencient guère qu'au point de vue physique : la cellulose jeune, peu agrégée, joue dans l'alimentation le même rôle que l'amidon; l'état moléculaire de la cellulose est la cause unique des actions si variables exercées sur elle par les sucs digestifs.

Inuline. — C'est une matière analogue à l'amidon ayant également pour formule $C^{12}H^{10}O^{10}$. On la rencontre dans le dahlia et le topinambour.

Aleurone. — L'aleurone est une combinaison de matières albuminoïdes avec de l'huile. De même que l'amidon, elle constitue une nourriture mise en réserve par la nature pour servir à la nourriture du jeune embryon végétal lors de la germination. Les grains d'aleurone ne sont connus que depuis peu de temps, parce qu'ils se dissolvent dans l'eau où l'on place les préparations microscopiques ; les graines seules en renferment; bien rarement, l'aleurone et l'amidon existent concurremment dans une même cellule.

Pour apercevoir des grains d'aleurone, on place sous le microscope une tranche de noisette très mince qu'on plonge non pas dans de l'eau, mais dans de l'huile.

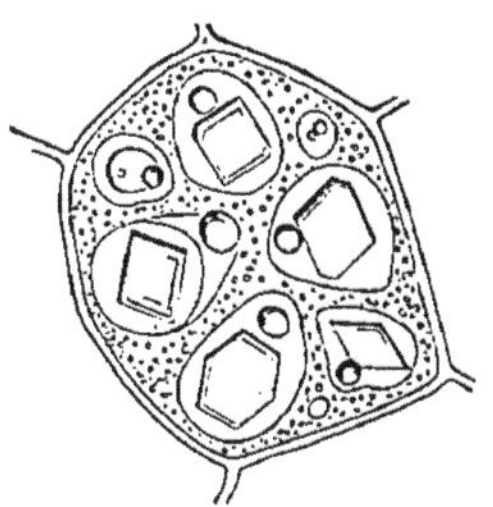

FIG. 21. — Aleurone.

Les grains d'aleurone sont ordinairement formés : 1° d'une masse albuminoïde amorphe ; 2° d'un cristalloïde, c'est-à-dire d'un corps azoté d'apparence cristalline qu'enveloppe une gangue amorphe également azotée ; 3° de petits corps appelés *globoïdes*, composés de phosphate double de chaux et de magnésie.

L'aleurone, comme toutes les matières albuminoïdes, se colore en jaune par l'iode.

2° *Substances minérales solides contenues dans les cellules.*

Les substances minérales solides contenues dans les cellules sont presque toutes à base de chaux ; la silice s'y rencontre aussi fréquemment.

De toutes ces substances, il n'y a que l'oxalate de chaux qui puisse cristalliser dans le suc cellulaire. Les prismes droits, à base rectangulaire, et les prismes obliques, à base rhombe, sont les formes cristallines les plus répandues. Quand ils sont très allongés, on leur donne le nom de *raphides* (fig. 22). Les cristaux sont fréquemment réunis en une masse qui présente à sa surface une foule d'aspérités. Cette particularité les a fait appeler *oursins* à cause de leur ressemblance, assez éloignée d'ailleurs, avec les zoophytes hérissés de pointes qui portent ce nom.

Il semble que les plantes aient craint d'être piquées par les pointes aiguës des oursins ; quand ils sont volumineux, une couche de cellulose les recouvre complètement. Dans quelques espèces, ils se rattachent directement à la paroi cellulaire par des colonnes cellulosiques qui les empêchent de se déplacer. Parfois ils sont libres, mais alors ils sont maintenus à distance des parois par des sortes de baguettes dont l'extrémité libre se termine en boule. L'acide acétique et l'acide chlorhydrique employés successivement nous prouvent qu'on a bien affaire à de l'oxalate de chaux, et non à des phosphates ou à des carbonates. Ces cristaux sont insolubles dans l'acide acétique tandis qu'ils disparaissent rapidement, sans dégagement de gaz, dans l'acide chlorhydrique.

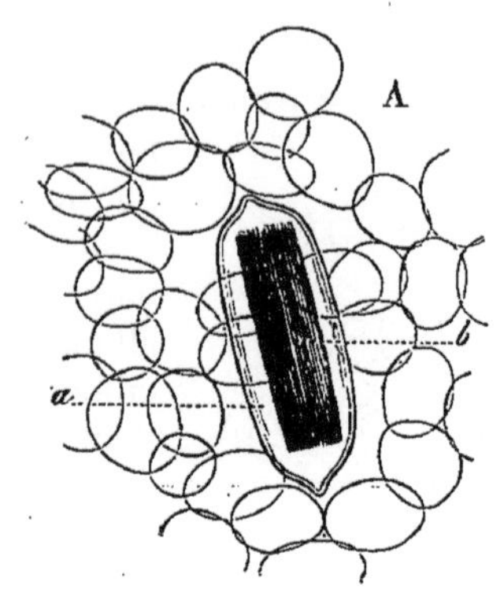

FIG. 22. — *b*, raphide ; *a*, cellule qui le renferme.

Le carbonate de chaux est bien moins répandu dans les plantes que l'oxalate; il s'y trouve parfois sous forme de corps ovoïdes, mamelonnés, appelés *cystolithes* (fig. 23). Ces petits corps sont suspendus au plafond de la cellule par un filament cellulosique, comme un lustre à la voûte d'une salle.

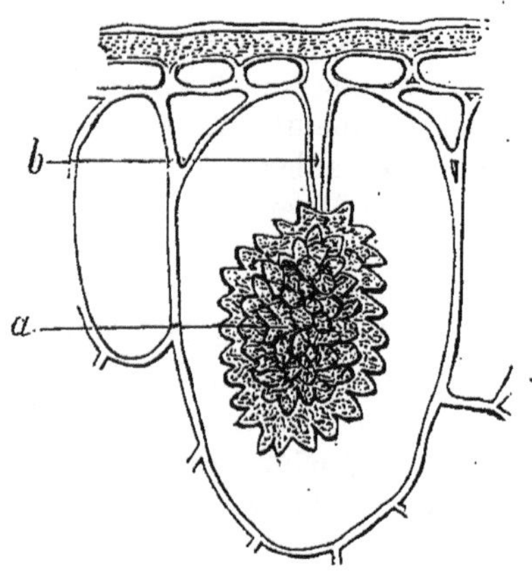

FIG. 23. — Cystolithe du *Ficus elastica* : *a*, masse cystolithique ; *b*, pédicule ou filament suspenseur.

A quoi servent les cristaux? Ils sont tellement disséminés dans les plantes, qu'il est bien difficile de leur assigner un rôle bien déterminé. Il est probable que ce sont des résidus, des produits d'excrétion ou de désassimilation.

Leur forme est subordonnée à la composition de la solution mère où ils prennent naissance; or, cette solution n'étant pas influencée par les circonstances extérieures, on comprendra facilement que leur examen puisse fournir de précieuses indications à la botanique descriptive.

Les matières minérales que nous avons examinées prennent des formes régulières, toujours identiques dans une même espèce; il en est d'autres qui sont amorphes, et parmi ces dernières nous citerons la silice et même, dans certains cas, l'oxalate de chaux lui-même.

3° *Substances liquides ou demi-liquides contenues dans les cellules.*

Sucre. — Les plantes renferment plusieurs sortes de sucres qu'on peut diviser en deux grandes catégories : le *sucre cristallisable* ($C^{12}H^{11}O^{11}$) ou *sucre de canne*, et le sucre non cristallisable ou *glucose* ($C^{12}H^{14}O^{14}$).

Le sucre cristallisable abonde dans la tige de la canne à sucre, dans la betterave, l'érable à sucre, la courge, le melon et autres fruits non acides. Le sucre consommé en Europe provient de la canne à sucre et de la betterave ; en Poméranie, la citrouille remplace la betterave : ce n'est que dans l'Amérique du Nord qu'on trouve l'érable à sucre; il suffit de pratiquer des entailles dans le bois à l'aide d'une tarière pour que la sève sucrée s'en écoule. On commence aux États-Unis à cultiver une grande quantité de sorgho à sucre, et cette culture promet de remplacer pour le continent américain la betterave à sucre qui refuse d'y prospérer.

Le glucose est le sucre le plus répandu; il se rencontre dans tous les fruits acides, tels que raisins, prunes, abricots, pommes, etc.

Les matières sucrées des végétaux dérivent probablement de matières ternaires comme elles, telles que la cellulose, l'amidon, les matières tanniques. On sait que les fruits verts, prunes, pommes, etc., riches en substances tanniques, deviennent sucrés à l'époque de la maturité; la banane verte, gorgée d'amidon, est aussi précieuse à cet égard pour les populations de l'Afrique occidentale que la pomme de terre et les céréales dans les régions tempérées; à la maturité, elle est entièrement sucrée.

TANNIN. — Le tannin est une substance particulière au règne végétal. Il ne se trouve que dans l'intérieur des cellules à l'état de solution. Avec les sels de fer, il donne suivant son origine une couleur verte, noirâtre ou gris verdâtre.

La propriété qu'il possède de former avec les matières animales un composé imputrescible, le fait rechercher pour le tannage des peaux.

Le tannin qui se produit accidentellement dans les excroissances des feuilles et des jeunes branches du chêne et du sumac qui ont été piqués par des insectes nommés *cynips*, ne saurait être employé dans les tanneries, car il ne peut former du cuir résistant à la putréfaction.

Au point de vue physiologique le tannin paraît se transformer en sucre, en amidon ou en matières analogues.

GOMME. — On trouve dans le commerce deux sortes de gommes qui sont les représentants de deux classes de gomme bien distinctes : la *gomme adragante*, qui vient de la Turquie d'Asie et du nord de la Perse, la *gomme arabique*, qui est celle dont on fait le plus fréquemment usage. Cette dernière se tirait autrefois exclusivement de l'Arabie, ce qui lui a valu son nom; le Sénégal en est aujourd'hui le centre de production; aussi la désigne-t-on encore sous le nom de *gomme du Sénégal*. Ce sont de petits arbustes, appartenant presque tous à la famille des Papilionacées, qui exsudent à leur surface la gomme adragante et la gomme arabique.

Dans nos climats, les arbres qui produisent des fruits à noyaux (pêchers, cerisiers, pruniers, abricotiers) fournissent aussi un peu de gomme. Cette matière est un produit de désorganisation des parois cellulaires. La maladie de la gomme ou *gommose* atteint surtout le pêcher; les formes qu'on lui impose, les tailles auxquelles on le soumet, les blessures, le prédisposent à cette altération. On y remédie, soit en enlevant la partie atteinte avec un instrument bien tranchant, soit en pratiquant dans l'écorce de l'arbre des entailles longitudinales, qui aux points malades provoquent la formation d'un tissu cicatriciel.

MUCILAGES. — Les mucilages, comme les gommes, sont des produits de dégradation des parois cellulaires. Les graines de lin, de coing, etc., les racines de guimauve soumises à l'ébullition s'entourent d'un nuage incolore visqueux, auquel on applique le nom de *mucilage;* il donne à ces matières des propriétés émollientes qui les font rechercher dans la préparation des cataplasmes.

HUILES FIXES. — L'huile existe sous forme de gouttelettes flottant à la surface du suc cellulaire qu'elle remplace parfois complètement; on la rencontre aussi dans des canaux formés par des méats au milieu du parenchyme de la moelle et de l'écorce.

Il ne faudrait pas confondre les huiles fixes avec les *huiles essentielles* ou essences. Celles-ci se distinguent en ce qu'elles laissent sur le papier une tache qui disparaît sous l'influence de la chaleur. Plus ou moins odorantes, ces matières liquides prennent naissance dans des organes sécréteurs particuliers, que nous apprendrons à connaître sous le nom de glandes; exemples: l'essence d'orange, de citron, de thym, d'amandes amères.

BEURRES VÉGÉTAUX. — A côté des huiles fixes nous pouvons placer des corps gras appelés *beurres végétaux;* ils existent à l'état liquide dans les cellules vivantes; quand ces dernières meurent, les beurres se solidifient et ne peuvent être extraits que par la chaleur. C'est des épais cotylédons de la graine d'un arbre d'Amérique, le cacaoyer, que l'on tire le beurre aromatique connu sous le nom de cacao, employé à la fabrication du chocolat.

ALCALOÏDES. — Les alcaloïdes sont des matières azotées qui existent à l'état de dissolution dans le suc cellulaire et dans le latex. Leur nom vient de la propriété qu'ils possèdent de former des sels avec les acides.

La plupart sont des poisons violents, qui pris à petite dose constituent de précieux médicaments. Nous citerons la quinine extraite du quinquina, la morphine, du pavot, la nicotine, du tabac, la solanine, des solanées, la strychnine, de la noix vomique, etc.

COULEUR DES PLANTES. — On peut dire qu'il n'y a que trois couleurs : le rouge, le bleu et le jaune. En s'associant dans diverses proportions, elles fournissent les nuances si variées, que l'on observe dans le règne végétal. On les divise en deux catégories : les *couleurs solubles* et les *couleurs insolubles*. Le rouge et le bleu existent le plus souvent à l'état de dissolution; le jaune, au contraire, est presque toujours formé de granules solides.

Les taches plus ou moins étendues jetées çà et là au milieu du tissu des feuilles ou des fleurs portent le nom de *panachures*. Elles sont dues à deux couleurs superposées dans deux cellules différentes, ou plus rarement réunies dans une même cellule.

Il faut nécessairement, quand deux couleurs sont superposées, que celle de la partie supérieure soit soluble et joue vis-à-vis de l'autre, insoluble ou non, le rôle de ces couches transparentes que les peintres désignent sous le nom de *glacis*.

Il est rare que deux matières colorantes solubles se trouvent réunies dans une même plante.

La couleur blanche peut être attribuée à diverses causes : 1° à un état maladif (plantes étiolées); 2° à de l'air situé entre l'épiderme incolore et les cellules sous-jacentes. Cet air joue le rôle de miroir, et donne à la surface une teinte argentée, comme cela s'observe sur les feuilles de certains *bégonias*. Cette couleur disparaît rapidement lorsqu'on enlève l'air à l'aide d'une machine pneumatique : en plaçant un lis blanc dans l'eau, il devient transparent et perd sa coloration, à mesure que l'eau le pénètre et remplace l'air atmosphérique.

Les fleurs sont les organes de la plante les plus remarquables par la diversité et l'éclat de leurs couleurs ; il en est, telles que les pensées, dont la beauté est due au velouté de leur surface. Cette apparence provient du jeu de la lumière sur l'épiderme qui, au lieu de rester lisse, se recouvre d'une foule de petits mamelons (fig. 24) emprisonnant de l'air dans les intervalles qu'ils laissent entre eux : le chatoiement es dû à la même cause.

Si les fleurs se parent des couleurs les plus diverses, les feuilles, au contraire, sont presque toujours colorées en vert. Sur le point de tomber, elles prennent ordinairement un ton jaune bien connu sous le nom de couleur feuille morte. Cette modification est due à ce que la matière verte de la chlorophylle disparaît, laissant la place libre à la matière jaune que nous connaissons sous le nom d'étioline. La teinte automnale des feuilles est parfois extrêmement rouge comme dans la vigne vierge, les viornes, le sumac. Les paysages de l'Amérique du Nord sont remarquables par la teinte rouge des arbres pendant l'arrière-saison. Cette matière qui se développe presque subitement, masque la couleur verte initiale.

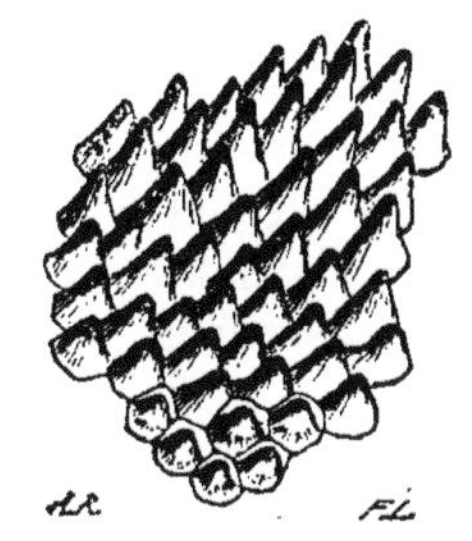
FIG. 23. — Épiderme de pétale de pensée.

Les fleuristes s'ingénient à faire développer ou à modifier telle ou telle couleur dans les fleurs qu'ils cultivent. Ces couleurs n'étant pas simples, il faudrait effectuer l'analyse spectrale de celles que l'on veut associer, afin de prévoir quels résultats on peut espérer de leur union.

La pratique apprend qu'on peut facilement faire étendre la couleur formant tache sur un pétale, et transformer une couleur bleue en rouge ou réciproquement. Dans tous les cas, une matière colorante soluble ne saurait passer à l'état insoluble.

CHAPITRE III

TISSUS FONDAMENTAUX

Nous avons déjà eu l'occasion de dire que les jeunes plantes sont formées d'une masse cellulaire homogène. En se développant, les cellules se différencient de sorte qu'on observe dans une plante adulte : 1° un tissu formé de cellule aplaties qui recouvrent les parties de la plante en rapport avec l'extérieur, c'est le *tissu épidermique;* 2° un tissu composé de fibres et de vaisseaux réunis en paquets appelés *faisceaux fibro-vasculaires;* 3° le tissu initial ou *tissu fondamental* réunissant les deux premiers.

§ 1. **Épiderme.** — L'épiderme (de ἐπί, sur, et δέρμα, peau) joue dans les plantes le même rôle protecteur que la peau chez les animaux. Les cellules qui le constituent sont incolores et aplaties (fig. 25), à contour tantôt polygonal, tantôt sinueux; parfois, elles s'engrènent les unes dans les autres, et acquièrent ainsi par leur union plus de résistance et de solidité.

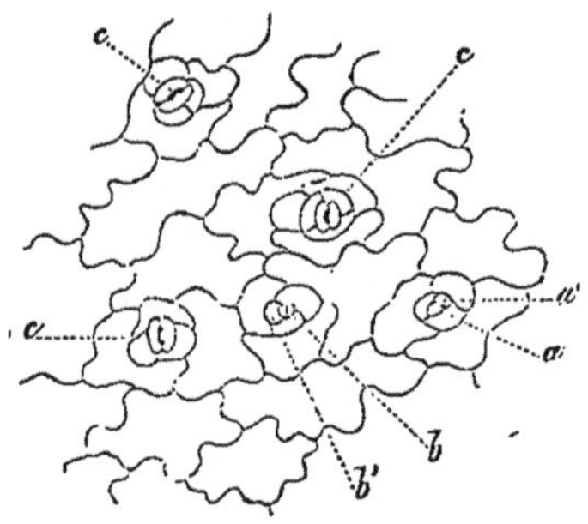

FIG. 25. — Épiderme composé de cellules à contour sinueux. — *c*, stomates.

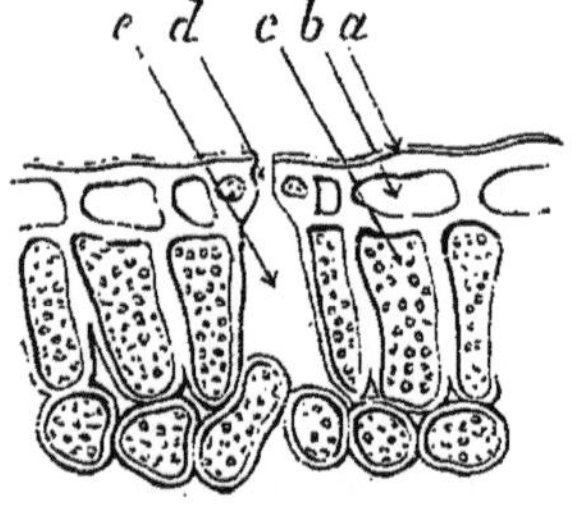

FIG. 26. — Face supérieure d'une coupe transversale de feuille. — *a*, cuticule; *b*, cellule épidermique; *c*, cellule allongée du tissu en palissade; *d*, ostiole ou ouverture d'un stomate; *e*, chambre respiratoire.

Les cellules de l'épiderme, sauf au niveau des *stomates*, sont partout en contact intime; elles vivent généralement peu d'années; dans les plantes de longue durée, elles sont remplacées par d'autres tissus protecteurs plus résistants; ces tissus spéciaux, nous apprendrons à les connaître lorsque nous étudierons la tige et la racine.

Le plus souvent l'épiderme est formé d'une couche unique de cellules.

§ 2. **Cuticule.** — La paroi des cellules épidermiques en

rapport avec l'extérieur est épaissie par une membrane continue (fig. 26), diaphane, très mince, à laquelle on donne le nom de *cuticule* (*cuticula*, diminutif de *cutis*, peau). Presque imputrescible, elle est inattaquable par les agents atmosphériques; cela est tellement vrai qu'on trouve dans certains endroits des dépôts de cuticule appartenant à l'époque houillère; son action protectrice, s'ajoutant à celle des cellules épidermiques, se trouve souvent augmentée par la présence d'un revêtement cireux qui la rend impénétrable à l'eau. La cire est bien visible sur une feuille de chou ou de faux-acacia; elle forme à la surface des prunes et des raisins ce qu'on appelle vulgairement la *pruine* ou la *fleur*. Cette matière devient parfois tellement abondante sur certains palmiers, qu'elle peut être l'objet d'une exploitation industrielle.

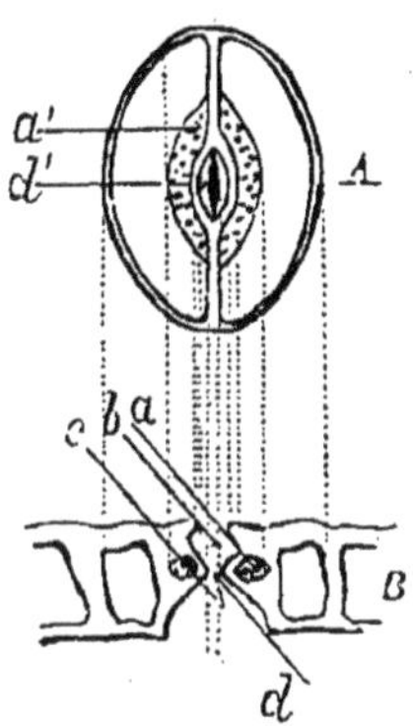

Fig. 27. — A, stomate vu en plan. — *a'*, cellule stomatique contenant des grains de chlorophylle; *d'*, ostiole. — B, coupe verticale du même stomate. — *a*, cellule stomatique; *b*, antichambre; *d*, ostiole; *c*, chambre respiratoire.

Organes dépendant de l'épiderme.

§ 3. **Stomates.** — Les stomates (de στομα, bouche) sont de petits organes formés de deux cellules arquées, symétriques (fig. 27) qui se regardent par leur concavité, et laissent entre elles un vide qui porte le nom d'*ostiole*. Cette petite bouche met en communication les méats intercellulaires du tissu sous-jacent avec l'air extérieur. Le méat correspondant à l'ostiole est appelé *chambre respiratoire*, et les deux cellules qui figurent de petites lèvres autour de l'ostiole, sont désignées sous le nom de *cellules stomatiques*.

Les stomates ne se séparent jamais de l'épiderme quand on enlève celui-ci. Les cellules stomatiques, plus petites que celles de la membrane épidermique, renferment des grains de chlorophylle.

Les stomates n'existent jamais sur les organes entièrement immergés dans l'eau ou cachés dans le sol; ils abondent sur les feuilles et principalement à la surface inférieure. On en compte de 100 à 600 par millimètre carré.

La manière dont se forment les stomates peut fournir de bonnes indications pour trouver à quelle famille appartient la plante que l'on considère. En général, une cellule épidermique, relativement petite, renfermant de la chlorophylle et de l'amidon, donne naissance à une cloison perpendiculaire à la surface de la feuille; les deux cellules ainsi formées s'isolent et laissent entre elles une fente, étroite au milieu, large à ses deux extrémités, et communiquant d'une part avec l'atmosphère, d'autre part avec le méat intercellulaire que nous avons appelé chambre respiratoire.

Les stomates paraissent destinés à faciliter la sortie de la vapeur d'eau. En traitant de la feuille nous verrons que leur structure est défavorable aux échanges des gaz les plus importants pour la plante, de l'acide carbonique par exemple.

§ 4. **Poils.** — La surface de l'épiderme est tantôt parfaitement unie, tantôt au contraire très inégale. Il arrive que

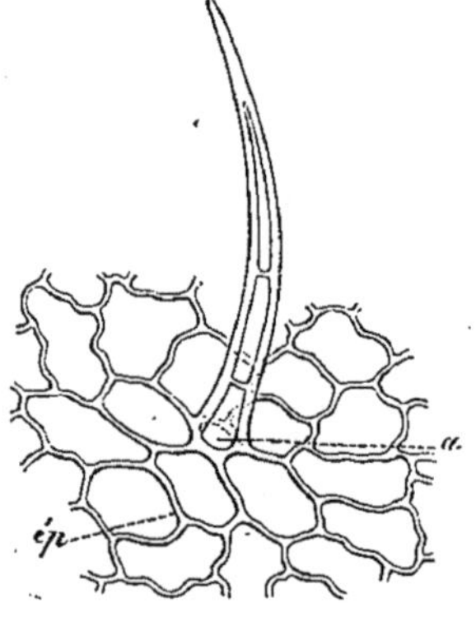

FIG. 28. — Poil simple cloisonné. — *ép*, cellule épidermique; *a*, cellule qui lui sert de base.

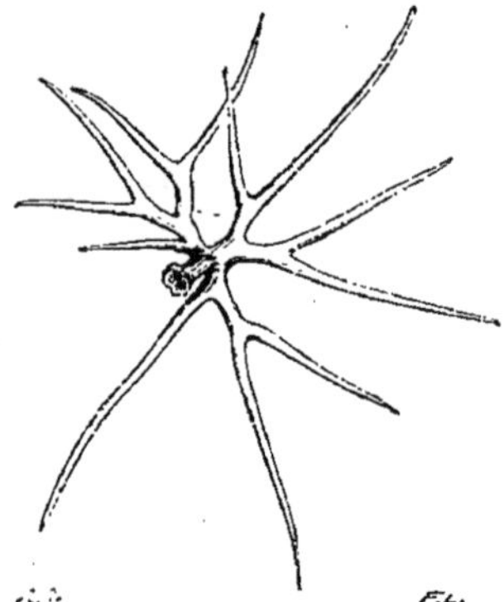

FIG. 29. — Poil de l'*Alyssium saxatile* unicellulé ramifié en forme d'étoile.

de distance en distance, certaines cellules s'élèvent audessus du niveau commun, pour donner naissance à des organes affectant les formes les plus diverses, et connus sous le nom de *poils*. Nous rappelons que ce sont des poils peu élevés qui produisent l'aspect velouté de diverses fleurs.

La cellule épidermique qui a donné naissance à un poil peut rester simple, c'est-à-dire ne présenter qu'une seule cavité; souvent, elle se cloisonne (fig. 28), soit dans le sens de sa largeur seulement, soit à la fois dans le sens de sa longueur et de sa largeur; les cellules nées de ce cloisonnement, se trouvent alors disposées en une ou plusieurs séries; celles du sommet, douées parfois d'une plus grande vitalité que celles de la base, s'allongent perpendiculairement à la direction du poil et rendent ce dernier rameux (fig. 29).

Les poils renferment un liquide coloré ou non qui, le plus souvent, n'est remarquable par aucune propriété; il en est dont les cellules sécrètent un liquide âcre ou odorant qui s'accumule au-dessous de la cuticule. Dans la majorité des plantes poilues, la sécrétion se localise ou à l'extrémité libre du poil qui se renfle

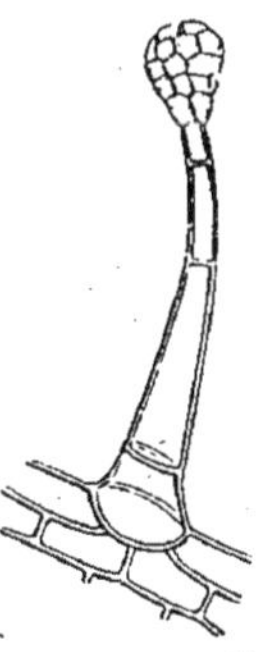

Fig. 30. — Poil glandulifère du *Pelargonium inquinans*.

Fig. 31. — Poil d'ortie. — *b*, partie où se localise la sécrétion; *ab*, support du poil.

en boule (fig. 30), ou à sa partie inférieure dilatée en forme d'ampoule. Dans ce dernier cas, qui est celui de l'ortie (fig.

31), le poil extérieur sert de canal excréteur; il se termine ordinairement par une pointe cassante qui se brise en pénétrant dans les organes, et permet au liquide corrosif de s'écouler dans la plaie.

Nos orties indigènes sont inoffensives lorsqu'on les compare à celles des régions tropicales; les blessures de ces dernières peuvent être mortelles, ou rester très douloureuses pendant des années entières. La lupuline, matière qui donne aux cônes de houblon leurs propriétés toniques et antiseptiques, est sécrétée par des poils.

Les poils sont des organes protecteurs pour la plante; si leurs parois restent minces, ils augmentent la superficie de l'épiderme et favorisent la transpiration; ils la retardent au contraire quand ils sont à parois épaisses, ou que très rapprochés, ils emprisonnent de l'air, qui forme autour de la plante une atmosphère saturée. Dans le caille-lait (*Galium*) ce sont des poils résistants qui tiennent la plante accrochée aux corps voisins.

Les poils, comme tous les organes accessoires, peuvent servir à caractériser les espèces qui en sont pourvues.

§ 5. **Glandes.** — Les parties des poils que nous venons d'examiner, et qui se distinguent d'une manière frappante par leur contenu, sont de véritables glandes. Ces dernières ne dépendent pas nécessairement de l'épiderme (fig. 32); beaucoup se trouvent situées en dessous, et prennent naissance de deux manières différentes :

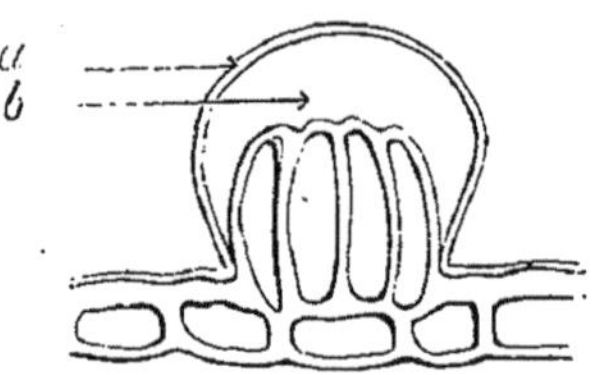

FIG. 32. — Glande située en dessus de l'épiderme. — *a*, cuticule; *b*, cavité où se logent les produits sécrétés.

1° Les cellules voisines de certains méats restent minces et continuent à se multiplier alors que les cellules ordinaires épaississent leurs parois et cessent de se diviser; les méats servent de réservoirs aux produits qu'elles sécrètent. Au lieu de former des cavités closes, les méats donnent quelquefois naissance par leur réunion à des canaux longitudinaux reliés par d'autres ayant la même origine. Les conifères (fig. 33) fournissent un exemple classique de canaux de cette nature;

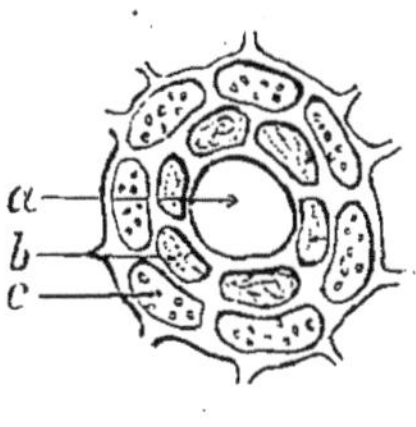

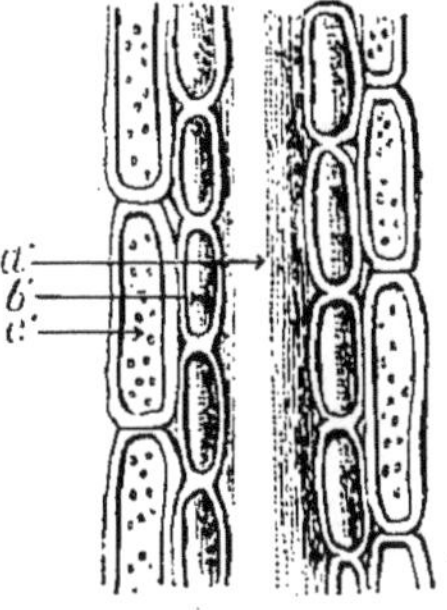

FIG. 33. — *a. a'*, canal résinifère de conifère où viennent s'accumuler les produits de sécrétion des cellules environnantes *b'b'*; *c, c'*, cellules normales.

2° Les cellules sécrétrices se détruisent pour former des réservoirs : telles sont les glandes bien connues de l'écorce d'orange (fig. 34), de citron; on peut citer encore celles de l'écorce et des feuilles de l'*Eucalyptus*, arbre d'Australie planté depuis peu dans les régions marécageuses du midi de la France et de l'Algérie, afin de les assainir.

§ 6. **Poils des plantes carnivores.** — Avant de quitter ce qui a trait aux organes de sécrétion, nous dirons quelques mots des poils glanduleux qui existent chez des plantes fort curieuses, auxquelles Darwin a donné le nom de *plantes carnivores*. Ces poils plus ou moins allongés, terminés en tête, sécrètent dans les cellules du renflement terminal un liquide visqueux qui s'écoule au dehors. Cette sorte de glu, en adhérant aux insectes, les retient prisonniers, puis les digère, de

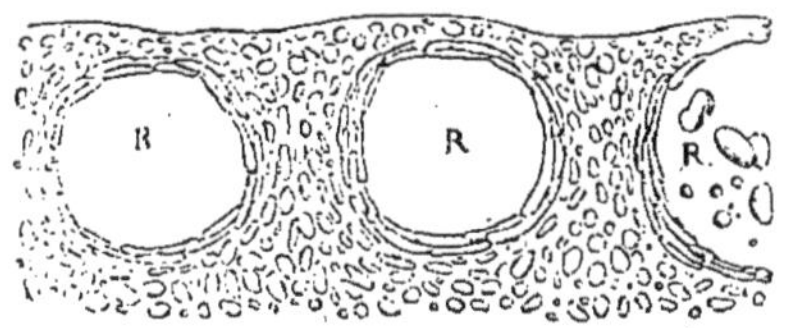

FIG. 34.— Coupe verticale d'une écorce. — R, réservoirs d'huile volatile.

FIG. 35. — Drosera. — Feuille ciliée.

la même manière que la pepsine sécrétée par les glandes de notre estomac digère les matières albuminoïdes. Je citerai comme exemple de plantes carnivores indigènes, le drosera (fig. 35) à feuilles rondes (*Drosera rotundifolia*) et la grassette (*Pinguicula*), qui croissent l'un et l'autre dans les marécages. En Portugal, on cultive le drosophylle lusitanique dans le voisinage des habitations afin de détruire les mouches. Ces poils ou tentacules englués ne suffisent pas toujours pour capturer l'insecte; c'est alors que les feuilles jouent le rôle de pièges perfectionnés; quand l'insecte touche les poils sensibles de la plante, les deux moitiés de la feuille se re-

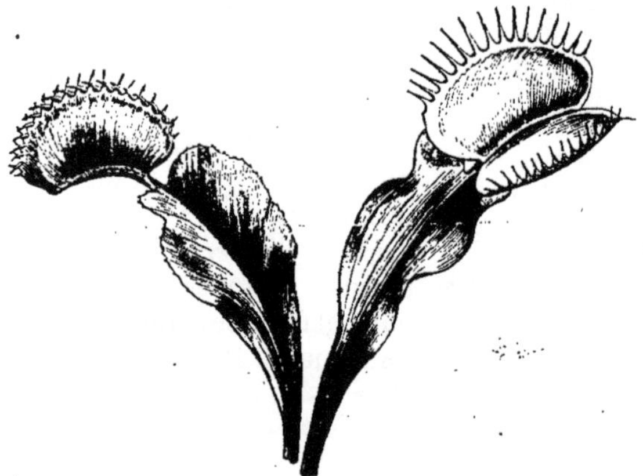

FIG. 36. — Deux feuilles de la gobe-mouche : celle de droite présente son limbe ouvert et étalé ; celui de la feuille gauche s'est fermé à la suite de l'irritation produite par le contact d'un insecte.

plient autour de leur nervure médiane qui joue le rôle d'une charnière et, pendant ce mouvement rapide, l'insecte est pris par les piquants que porte la feuille ; lorsqu'il est digéré, les deux valves de cette dernière reprennent leur position normale en attendant une nouvelle proie. La gobe-mouche (*Diona muscipula*) (fig. 36), qui pousse dans les marécages de l'Amérique du Nord, est une plante carnivore particulièrement curieuse. En Australie, pays remarquable par les formes singulières de ses plantes et de ses animaux, on trouve à l'extrémité d'une feuille de nepenthes (fig. 37) une

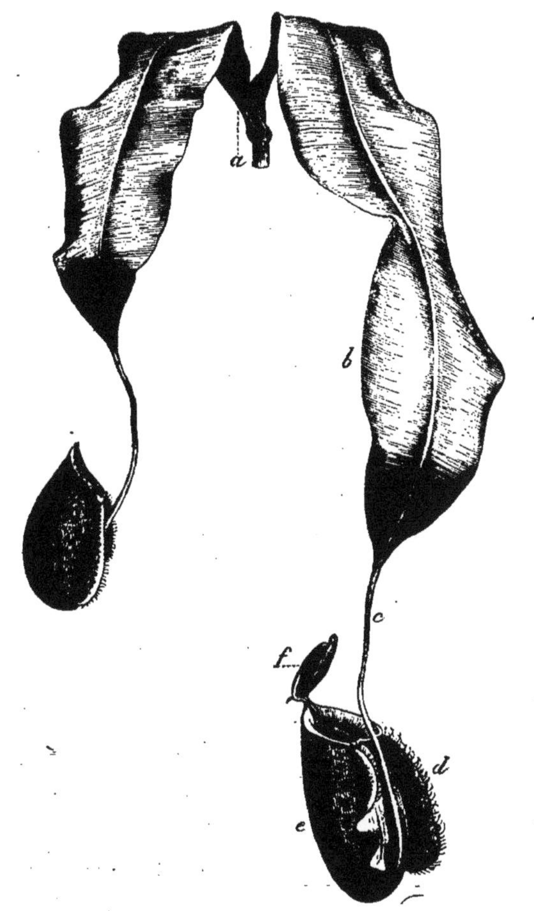

Fig. 37. — Portion de tige de nepenthes. — *d, e*, outre; *f*, opercule.

outre munie d'un opercule. Cette outre est assez grande pour que le liquide légèrement sapide qu'elle renferme puisse apaiser la soif des voyageurs altérés; lorsqu'un petit animal s'y laisse tomber, le couvercle se referme, et la plante commence son travail de digestion.

CHAPITRE IV

STRUCTURE DE LA TIGE ET DE LA RACINE

Les plantes, avant de parvenir à l'état adulte, éprouvent une série de modifications qui portent sur leur forme et sur la composition de leurs tissus; au lieu de mentionner séparément ces états intermédiaires, à mesure que nous aborderons l'étude particulière des divers organes de la plante, il nous a semblé plus rationnel d'en faire l'objet d'un chapitre spécial, afin d'éviter les répétitions, et de faire ressortir plus facilement les analogies et les différences que l'on observe entre les grands embranchements du règne végétal, et aussi entre les divers organes d'une même plante.

L'épiderme, dans une plante très jeune, enveloppe un tissu cellulaire homogène, composé de cellules capables de se diviser un certain nombre de fois. En faisant une coupe transversale d'une tige, on aperçoit bientôt, entre le centre et la circonférence, des groupes cellulaires de forme elliptique disposés en cercle et isolés les uns des autres. Ces groupes, en nombre variable suivant les espèces, représentent la section transversale de cordons qui s'étendent longitudinalement dans la tige. Les cellules qui les composent se distinguent par leurs dimensions relatives : elles sont rectangulaires et disposées en files radiales, mais ce qui les caractérise nettement, c'est la faculté avec laquelle elles se divisent par des cloisons parallèles à leur longueur. Ce tissu cellulaire essentiellement générateur porte le nom de *cambium* (de *cambire*, changer), ses éléments passent progressivement à l'état de fibres et de vaisseaux, pour constituer ces paquets auxquels on donne le nom de *faisceaux fibro-vasculaires*.

§ 1. **Formation des faisceaux fibro-vasculaires primaires.** — *Tige d'un an d'une plante dicotylédone.* — Nous connaissons l'épiderme, il nous reste à faire l'histoire du massif de tissus qu'il enveloppe, c'est-à-dire des faisceaux fibro-vasculaires et du tissu fondamental qui persiste entre les faisceaux et l'épiderme.

Les faisceaux fibro-vasculaires sont ces filaments qu'il est facile d'apercevoir et d'isoler, quand on arrache la tige desséchée du maïs ou mieux encore celle d'un épi de plantain.

Les éléments d'un faisceau fibro-vasculaire, vus sur une coupe transversale (fig. 38), prennent naissance à la fois aux deux extrémités opposées de son grand axe en *f. l.* du faisceau de droite et en *tr* sur le faisceau de gauche. Partant de ces deux foyers comme origines, les tissus s'organisent dans une direction centrifuge pour le foyer interne, dans une direction centripète pour le foyer externe, mais au lieu de se rencontrer, ils s'arrêtent, laissant entre eux une barrière de cambium. La partie du faisceau comprise entre le cambium et le centre de la tige appartient au *bois*, la partie extérieure fait partie de l'*écorce*. En examinant la région occupée par le bois, on y rencontre, en partant de l'intérieur : 1° des trachées déroulables ; 2° des fibres ligneuses à parois épaissies ; 3° du parenchyme ligneux, c'est-à-dire des cellules à parois minces ; 4° au milieu du parenchyme, des vaisseaux rayés et ponctués reconnaissables à leur grand diamètre. On donne à la réunion des vaisseaux spiralés ou trachées le nom d'*étui médullaire*.

La partie corticale du faisceau porte le nom de *liber* (du latin *liber*, livre). Comme les régions ligneuses, elle renferme : 1° des fibres libériennes plus longues, plus épaisses et plus flexibles que celles du bois ; 2° du parenchyme libérien ; 3° des vaisseaux cribreux, c'est-à-dire munis de diaphragmes obliques percés de trous. On comprend parfois les vaisseaux et le parenchyme libériens sous le nom de *liber mou* par opposition à celui de *liber dur* appliqué aux fibres.

Examiné sur une coupe transversale, le tissu fondamental

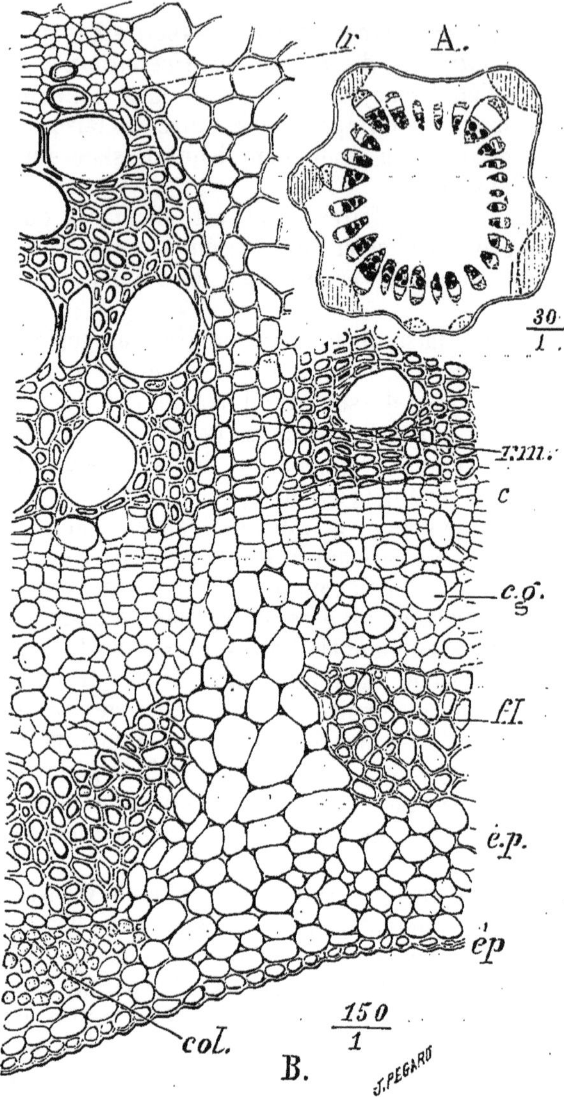

. 38. — A, coupe transversale d'une jeune tige de vigne montrant la disposi-on des faisceaux. — B, deux moitiés de faisceaux séparés par un rayon médul-aire; *ép*, épiderme; *é. p.*, écorce primaire; *col.*, collenchyme; *f. l.*, fibres libé-riennes; *c. g.*, cellule grillagée; *c*, cambium; *r. m.*, rayon médullaire; *tr.*, trachée.

laisse voir de grandes cellules diaphanes pourvues de méats; il se compose : 1° d'un disque intérieur aux faisceaux, c'est la *moelle* ; 2° d'une couronne extérieure aux faisceaux formée d'un tissu plus serré que celui de la moelle; sa couleur verte lui

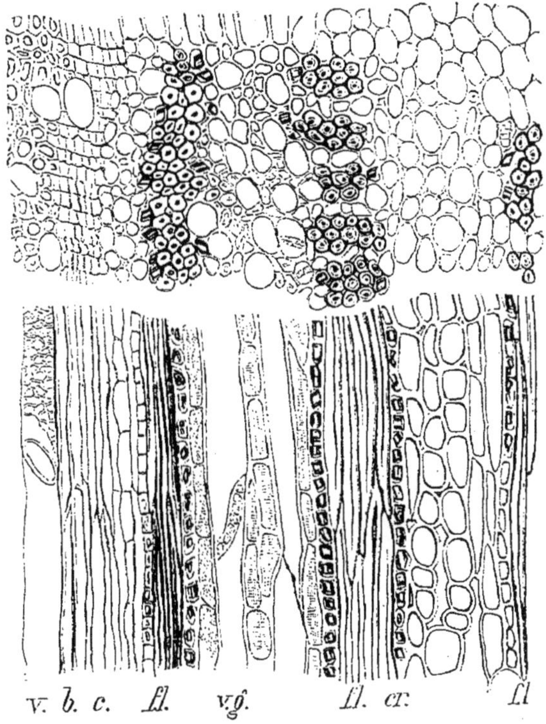

Fig. 39. — Coupe longitudinale et horizontale d'un rameau de saule. — *v.*, vaisseau ; *b.*, bois ; *c.*, cambium ; *fl.*, fibres ; *v. g.*, vaisseau cribreux ; *fl.*, fibres ; *c. r.*, cristaux ; *fl.*, fibres.

a valu le nom d'*enveloppe herbacée* ; 3° de bandes de cellules analogues à des moellons, qui vont du centre à la circonférence en verdissant de plus en plus, et qui figurent les rayons d'une roue, dont les jantes seraient représentées par l'enveloppe herbacée et le moyeu par la moelle : ce sont les *rayons médullaires*.

Une tige annuelle, celle du colza par exemple, reste pendant la courte durée de son existence constituée comme nous venons de le voir. Il n'en est pas de même d'une tige vivace, de celle du chêne par exemple. Celle-ci, à partir du commencement de la deuxième année, donne naissance à de nouvelles formations appelées *secondaires* pour les distinguer des plus anciennes qui représentent les formations *primaires*.

Résumons : une tige d'un an présente en partant de l'intérieur : de la moelle, du bois primaire (trachées, vaisseaux ponctués, fibres et parenchyme), du cambium primaire ou *procambium*, de l'écorce primaire (liber, enveloppe herbacée), des rayons médullaires primaires ou *grands rayons* et enfin un épiderme.

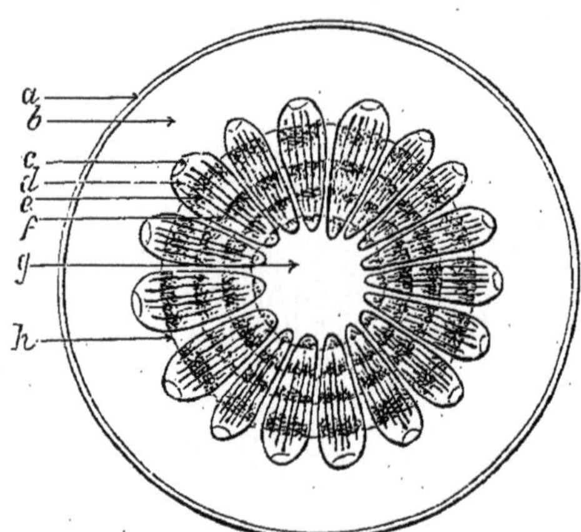

FIG. 40. — Coupe transversale d'une tige dicotylédone, montrant les sections des faisceaux fibro-vasculaires qui la composent. — *a*, épiderme ; *b*, enveloppe herbacée ; *c*, liber primaire; *d*, liber secondaire ; *e*, petit rayon médullaire ; *f*, limite de deux couches annuelles ; *g*, moelle ; *h*, zone cambiale.

§ 2. **Tige vivace d'une plante dicotylédone.**— *Couches annuelles.* — Le cambium ne peut persister dans une tige herbacée qui meurt à la fin de chaque année. Dans les tiges vivaces, le tissu gélatineux qui le constitue reste essentiellement vivant; chaque année il forme du côté du bois des fibres (fig. 39), des vaisseaux et du parenchyme ; les vaisseaux seuls diffèrent de ceux de la première année en ce qu'ils ne sont jamais spiralés; du côté de l'écorce, il naît une couche libérienne identique à celle de l'année précédente. Le cambium conserve sa forme celluleuse au niveau des grands rayons médullaires, de sorte que ces derniers s'étendent sans interruption de la moelle à l'enveloppe herbacée, quel que soit l'âge du végétal (fig. 40).

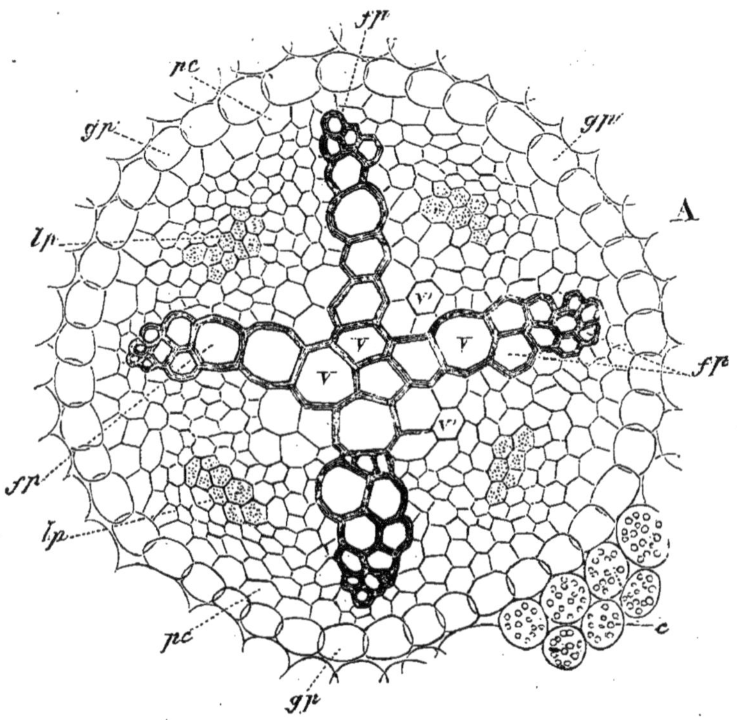

Fig. 41. — Racine âgée d'un an. — Coupe transversale pourvue de quatre faisceaux fibro-vasculaires. — *pe*, bois primaire composé principalement de vaisseaux; *lp*, liber primaire; *pc*, péricambium ou membrane rhizogène; *gp*, gaine protectrice; *c*, couche herbacée.

Si le cambium resserré entre les deux parties, écorce et bois, du faisceau primaire restait indivis pendant l'accroissement ultérieur de la plante, le nombre des rayons médullaires ne varierait plus ; mais chaque année sa masse présente un certain nombre de cellules disposées en files radiales qui conservent leur état parenchymateux et sont l'origine de nouveaux rayons. Ces derniers sont réunis sous la dénomination commune de *petits rayons médullaires ;* ils s'étendent toujours jusqu'à l'écorce ; leur âge, d'après ce que nous venons de voir, est le même que celui de la couche où ils prennent naissance.

§ 3. **Racine d'un an dans une plante dicotylédone.** — Si l'on examine la figure 41 représentant une coupe transversale d'une racine âgée d'un an, on remarque aisément qu'elle se distingue de celle d'une tige de même âge par un certain nombre de caractères : les zones *lp* du liber primaire alternent avec celles du bois *fp* au lieu d'être disposées sur une même ligne radiale. En outre, ses éléments apparaissent d'abord à la partie externe du faisceau et non plus à ses deux extrémités à la fois ; les vaisseaux du bois augmentent de diamètre à mesure qu'ils se rapprochent du centre ; ils se rejoignent dans certaines plantes, de sorte que la racine se trouve dépourvue de moelle.

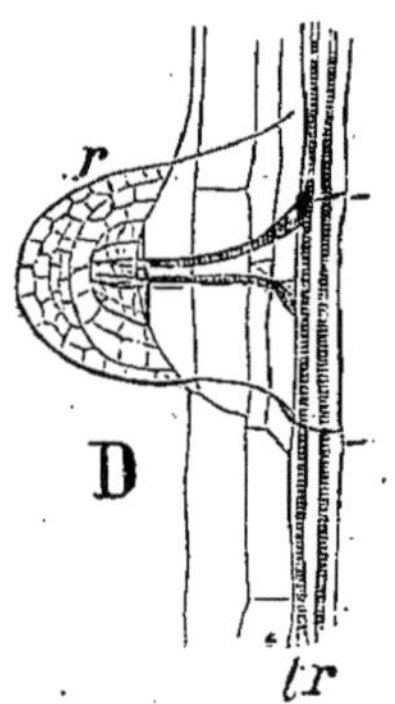

FIG. 42.— Jeune radicelle. — *tr*, trachées ; *r*, pilorhize.

A la périphérie du cylindre central renfermant les faisceaux fibro-vasculaires, il existe une assise cellulaire *pc*, le plus souvent unique, nommée *péricambium* ou *membrane rhizogène.* C'est d'elle que procèdent les nouvelles racines ou racines secondaires. La figure 42 nous montre une jeune racine qui vient de percer l'écorce ; sa pilorhize est représentée par l'amas de cellules *r*.

En comparant les figures 38, A et 41 qui représentent l'une la coupe d'une tige d'un an et l'autre celle d'une racine de même âge, on remarque que les faisceaux fibro-vasculaires passant de la tige à la racine éprouvent une sorte de torsion. Le liber semble avoir tourné d'un quart de tour et le bois d'un demi-tour puisque les vaisseaux les plus grands situés à l'extérieur dans la tige se trouvent occuper le centre de la racine.

§ 4. **Racine de deux ans dans une plante dicotylédone.** — La deuxième année (fig. 41) du cambium apparaît dans les angles que forment les vaisseaux *fp* du bois primaire; il se comporte exactement comme celui de même âge qui existe dans la tige c'est-à-dire, qu'il donne naissance à du bois vers l'intérieur, et à du liber vers l'extérieur. Les couches des années subséquentes obéissent au mode de formation observé à partir de la deuxième année.

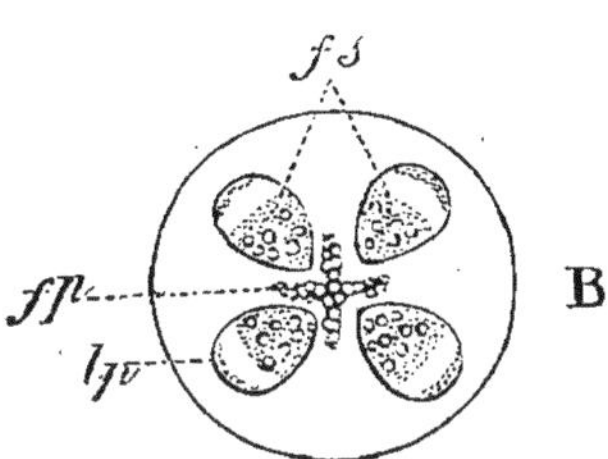

Fig. 43. — Coupe transversale d'une racine avec quatre faisceaux secondaires très développsé. — *fp.*, faisceaux primaires ; *fs*, faisceaux secondaires ; *lp*, liber primaire appliqué sur le liber secondaire.

Au commencement de la deuxième année, le cambium et la membrane rhizogène sont en contact par certains points; plus tard du liber secondaire s'interpose entre ces deux couches au niveau des vaisseaux du bois primaire.

§ 5. **Détermination de l'âge des arbres.** — Nous venons de voir qu'il se forme chaque année un cylindre de bois et un cylindre d'écorce ; le premier recouvre le bois plus âgé, tandis que le second s'applique à l'intérieur de l'écorce déjà constituée.

Il n'est pas possible de compter les cylindres d'écorce pour s'assurer de l'âge de la plante, et cela pour deux raisons : 1° les couches corticales les plus externes, nous l'apprendrons plus tard, disparaissent progressivement; 2° il n'existe pas entre elles de démarcation appréciable, ou si l'on aperçoit des couches distinctes, elles sont rarement annuelles. Dans le bois, il n'en est pas ainsi : le plus âgé se trouve entouré complètement par le bois récemment produit ; de plus, les cylindres emboîtés les uns dans les autres ont des contours parfaitement tranchés, bien qu'ils offrent parfois la même coloration. En voici la cause : le cambium organise du bois à deux époques de l'année, il existe du *bois de printemps* et du *bois d'automne* (fig. 44) ; le premier est riche en vaisseaux; le second, formé alors que le cambium se trouve serré par le manchon cortical, est constitué par un tissu plus dense, renfermant peu ou point de vaisseaux et partout facile à distinguer du bois de printemps. Chacun a pu observer des

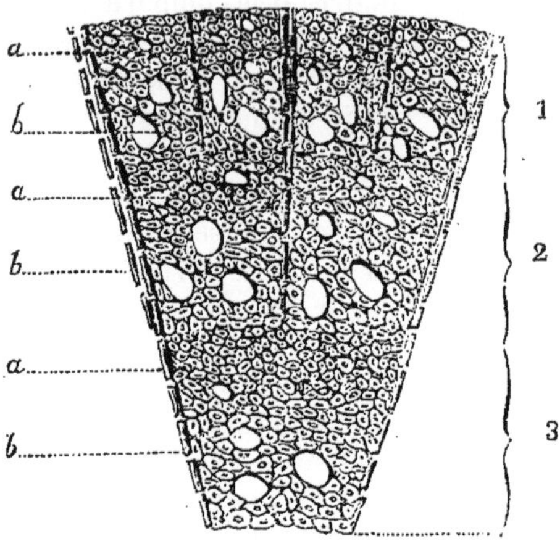

Fig. 44. — Coupe transversale d'une tige. — 1, 2, 3, trois zones annuelles; *a, a, a,* bois d'automne ; *b, b, b,* bois de printemps.

planches de sapin exposées à l'air depuis un certain temps; leur surface, d'abord rendue plane par la scie ou le rabot du menuisier, offre bientôt au regard une série de creux et de saillies. Celles-ci, plus dures, appartiennent à du bois d'automne, et les sillons occupent la place du bois de printemps qui a disparu.

Puisque nous parlons du sapin, nous ajouterons que dans les bois des conifères (sapin, pin, mélèze, etc.) il n'existe pas de vaisseaux, excepté cependant des trachées dans le bois primaire ; on y trouve, par contre, des canaux résinifères qui laissent échapper leur contenu lorsqu'on pratique une incision dans la tige.

Dans nos climats, on reconnaît immédiatement l'âge d'un

arbre dicotylédoné en comptant, lorsqu'il est abattu, le nombre des couches de bois qu'il possède; il n'en est plus de même dans les pays chauds, où, pour quelques espèces, la végétation continue produit annuellement un nombre variable de couches ligneuses.

Chez les conifères, l'âge est indiqué par le nombre des verticilles de rameaux qui existent depuis la base jusqu'au sommet de la tige.

§ 6. **Modifications éprouvées par le tissu protecteur superficiel.** — *Liège.* — Les cellules épidermiques ne peuvent se multiplier; elles forment par leur ensemble un manchon dépourvu d'élasticité, dans lequel le bois et l'écorce se

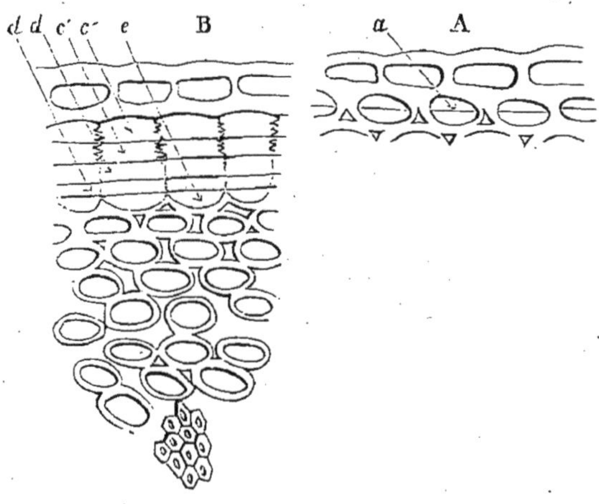

Fig. 45. — Formation du liège sous-épidermique. — En A on voit une cellule mère du liège divisée en deux par une cloison *a*; en B, *c'*, *c'*, liège ; *d*, *d*, cellules génératrices; *c*, cellule fille intérieure de A.

trouvent bientôt à l'étroit; elles cèdent à la pression intérieure qu'exécutent ces dernières, se déchirent et tombent. Avant que cette chute ne s'effectue, la tige organise un nouveau tissu qui la protège avec plus d'efficacité que l'épiderme; ce tissu, qui prend naissance plus ou moins profondément dans l'écorce et quelquefois aussi dans le liber, est le *suber* ou *liège*.

Le liège se compose de cellules rectangulaires disposées en files radiales et dépourvues de méats ; elles sont remarquables par leur élasticité et par la résistance qu'elles présentent aux agents extérieurs ; de bonne heure, elles perdent leur vitalité, et le suc cellulaire s'y trouve remplacé par de l'air.

Que le liège procède de l'enveloppe herbacée ou du liber, il s'accroît presque toujours de la manière suivante : une cellule génératrice en A (fig. 45) se divise en deux parties par une cloison tangentielle, la cellule folle extérieure se subérise tandis que l'autre conserve son activité et se divise à son tour en deux autres cellules, *d*, *d* en B (fig. 45). De ces dernières c'est encore à la plus interne seulement qu'est assigné le rôle d'engendrer de nouvelles cellules subéreuses ; ces divisions successives, répétées un plus ou moins grand nombre de fois, expliquent ainsi aisément la disposition en files radiales du nouveau tissu protecteur.

§ 7. **Périderme.** — Le liège ne se compose pas seulement de cellules rectangulaires, minces et élastiques : on peut voir dans les bouchons de mauvaise qualité, des lames brunes d'un tissu serré, dépourvu d'élasticité, auquel on donne le nom de *périderme* (de περὶ, autour, et δέρμα, derme), lequel est formé de cellules aplaties en table à parois très épaissies. Dans le bouleau (*Betula*), l'épaisseur du périderme l'emporte de beaucoup sur celle du véritable liège composé d'un mince feuillet qui se dessèche et tombe sous forme d'une poussière blanche. L'écorce lisse du hêtre (*Fagus*) est exclusivement formée de périderme.

§ 8. **Faux liège ou Rhytidome** (de ῥύτιδωμα, peau ridée). — Avec des cellules analogues à celles du liège véritable, le faux liège renferme encore des fibres et des vaisseaux isolés du liber. C'est lui qui forme l'écorce crevassée du chêne (*Quercus*), du poirier (*Pyrus*), du pin (*Pinus*), etc. Au lieu de rester localisé dans la partie la plus externe de l'écorce, le périderme apparaît jusque dans le liber, isole ainsi des fibres et des vaisseaux, qui ne reçoivent plus de nourriture et ne tardent pas à mourir. Dans le platane (*Platanus*), les parties mortifiées tombent chaque année en plaques laissant à découvert une écorce entièrement lisse. La vigne (*Vitis*) se dépouille de son écorce par un phénomène analogue. Dans le chêne, le poirier, l'aubépine (*Cratægus*), les feuillets ne se séparent qu'au niveau de quelques lames péridermiques, tandis que d'autres les maintiennent fixées au tissu sous-jacent.

§ 9. **Lenticelles.** — En examinant des rameaux de poirier âgés d'un an et pourvus par conséquent d'un épiderme intact, on y découvre de petites taches arrondies ou elliptiques qu'on désigne sous le nom de *lenticelles* (fig. 46). Elles sont formées de liège qui prend naissance au-dessous des stomates; l'épiderme se déchirant, elles offrent à l'extérieur, comme on l'observe surtout dans quelques variétés de pommes de terre, l'apparence de verrues plus ou moins déformées.

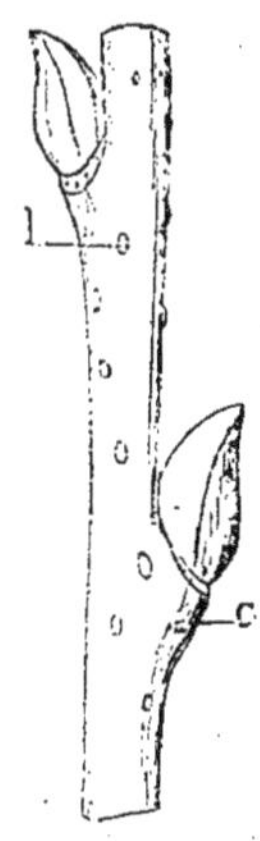

Fig. 46. — Saule : — *l*, lenticelles.

Les arboriculteurs trouvent dans ces productions de bons caractères pour distinguer les nombreuses variétés de poiriers; dans le bouleau, elles forment des lignes brunes transversales.

§ 10. **Tige d'un an dans une plante monocotylédone.** — La tige d'un an d'une plante monocotylédone présente la structure de celle d'une plante dicotylédone de même âge; on y découvre une moelle, des faisceaux fibro-vasculaires, des rayons médullaires, une écorce et un épiderme.

§ 11. **Tige de deux ans dans une plante monocotylédone.**— Les tiges des monocotylédones et des dicotylédones qui se développent parallèlement pendant la première année se différencient et pour toujours dès le commencement de la seconde; dans une monocotylédone, au lieu de s'accroître, les faisceaux fibro-vasculaires primaires perdent bientôt toute leur activité; le peu de cambium qu'ils renferment est entouré complètement de fibres et de vaisseaux. Ainsi *fermés*, les faisceaux fibro-vasculaires ne forment plus aucun élément nouveau, soit fibres, soit vaisseaux; ceux qui existent ne font que s'allonger. Pendant cette deuxième année, il naîtra de nouveaux faisceaux fermés, mais ils seront disposés sans ordre par rapport aux premiers; il en sera de même de ceux des années ultérieures. Jetés sans ordre dans le tissu de la tige, les faisceaux fibro-vasculaires entraînent nécessairement cette répartition irrégulière du tissu fondamental que nous laisse voir la figure 47 et dans laquelle il est bien difficile de reconnaître un petit disque de moelle; quant aux rayons médullaires, ils n'existent pas.

La tige d'une plante monocotylédone, celle d'un palmier, par exemple, présente son maximum de résistance à l'extérieur, tandis que la zone

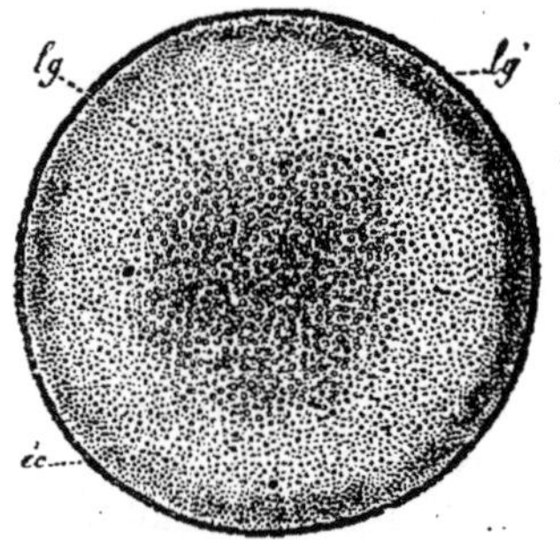

Fig. 47. — Coupe transversale de la tige d'un palmier. — e'c, zone corticale; *lg*, portion intérieure du bois à faisceaux peu serrés; *lg'*, portion périphérique du bois à tissu très dense.

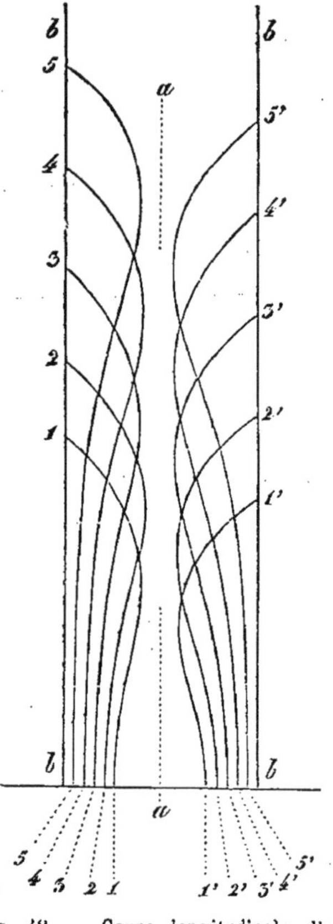

Fig. 48. — Coupe longitudinale d'une plante monocotylédone.— Les lignes 1, 2, 3, etc., indiquent la marche des faisceaux fibro-vasculaires et se terminent à des feuilles de plus en plus récentes en suivant l'ordre des chiffres.

centrale reste molle et devient creuse dans quelques cas. Il nous faut justifier ces faits absolument opposés à ceux que présentent les tiges dicotylédones.

Nous savons que dans les tiges dicotylédones, les faisceaux les plus jeunes sont aussi les plus extérieurs; leur direction est parallèle à l'axe de la tige et ceux de même âge forment un anneau par leur réunion. Dans une plante monocotylédone, le parcours des faisceaux est fort irrégulier; si l'on suit l'un d'eux (fig. 48) à partir du point où il pénètre dans une feuille, on le voit d'abord se courber vers le centre, puis croiser ses aînés dans son parcours, pour se terminer en bas tout à fait contre la paroi extérieure de la tige.

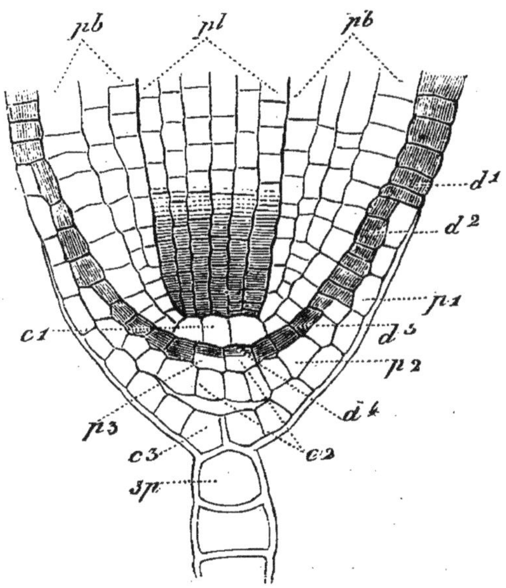

FIG. 49. — Extrémité d'une jeune racine. — d^1, d^2, d^3, 4^1, cellules du dermatogène; *pb*, *pb*, périblème; ***pl***, plérome; p^1, p^2, p^3, cellules formant la pilorhize.

La figure schématique ci-contre nous montre les faisceaux massés au pourtour de la tige. L'examen du faisceau apprend encore que sa structure varie à des niveaux différents : la partie courbe convexe dirigée vers le centre de la tige est riche en bois; la courbe concave, plus étendue, est presque exclusivement formée d'éléments libériens dont le nombre va diminuant progressivement, de sorte qu'à la base de la tige, il est formé simplement de fils déliés, qui augmentent bien peu son diamètre. Nous comprenons maintenant comment les palmiers forment de longues colonnes presque aussi grosses à leur sommet qu'à leur base.

§ 12. **Racine d'une plante monocotylédone.** — La racine d'un palmier d'un an offre le même aspect que celle d'une plante dicotylédone du même âge; cette structure initiale s'observe dans la racine à toutes les époques de son existence.

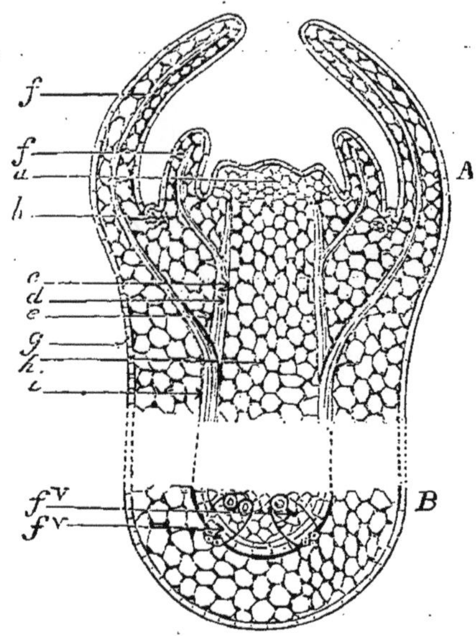

Fig. 50. — A, coupe longitudinale d'un sommet végétatif : *a*, méristème primitif ; *b*, naissance d'un bourgeon ; *f*, faisceaux primaires dont *c* représente le bois ; *d*, le cambium et *e*, le liber ; *h*, moelle ; *g*, épiderme. — B, coupe horizontale de ce sommet, *fv*, *fv*, sections horizontales des jeunes faisceaux fibro-vasculaires.

§ 13. **Point végétatif de la tige et de la racine.** — Les éléments, à la naissance desquels nous venons d'assister, accroissent principalement le diamètre de la plante; ils s'allongent bien pendant un certain temps, mais leur accroissement en longueur est relativement peu important; celui-ci est dû à un tissu spécial situé au sommet des tiges et des racines, et formé d'un amas de cellules riches en protoplasma à parois minces et lisses. Ce tissu cellulaire, auquel on a donné le nom de *méristème primitif*, présente trois couches distinctes (fig. 49) : l'extérieure, appelée *Dermatogène* (de δέρμα, peau, et γίνομαι, je produis) donnera naissance à l'épiderme; la couche moyenne a reçu le nom de *périblème* (de περίβλημα, manteau); c'est elle qui engendrera l'écorce; les cellules internes forment le *plérome* (de πλήρωμα, remplissage), duquel procéderont le bois, la moelle et les rayons médullaires. Les cellules du méristème se multiplient, puis elles se différencient peu à peu pour passer à l'état de vaisseaux, de fibres, etc. (fig. 50), et accroissent ainsi la longueur de l'axe. A mesure qu'il se transforme par sa base, le méristème reproduit de nouvelles cellules à son sommet, auquel on donne le nom de *point végétatif*.

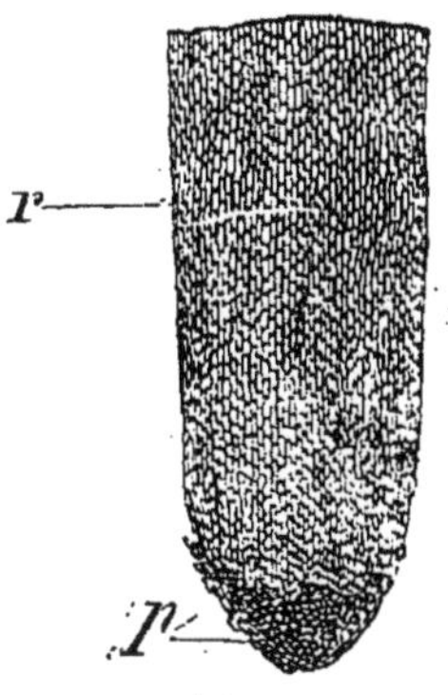

Fig. 51. — Extrémité d'une radicelle. — *r*, *p*, sa coiffe protectrice ou pilorhize.

Dans les racines, le dermatogène et l'épiderme concourent à la formation d'un certain nombre d'assises cellulaires dont l'ensemble constitue une sorte d'étui appelé *pilorhize* (fig. 51 et 52). Cette gaine n'adhère qu'au sommet même de la racine qu'elle doit protéger. Son rôle physiologique la fait désigner encore sous le nom de *coiffe protectrice*.

CHAPITRE V

RACINE

A. Morphologie de la racine.

La racine est la partie du végétal qui croît en sens inverse de la tige. On donne le nom de *collet* au plan idéal qui sépare les deux parties de l'axe, ou comme on dit encore le *système ascendant* du *système descendant*.

§ 1. **Situation des racines.** — Relativement à leur situation, les racines peuvent être divisées ainsi qu'il suit : 1° racines *souterraines;* 2° racines *aquatiques;* 3° racines *aériennes* ou *épiphytes* (de ἐπι, sur, et φυτὸν, plante), 4° racines *endophytes* (de ἐντος, dedans, et φυτὸν, plante).

Les racines souterraines sont de beaucoup les plus nombreuses ; nous pourrions citer comme exemples presque toutes celles de nos plantes indigènes. La plupart des plantes qui vivent dans l'eau ne possèdent pas de racines aquatiques : elles sont fixées au sol qui forme le lit du cours d'eau : ex. : les nénuphars, les potamogétons, la renoncule aquatique; les véritables racines aquatiques flottent dans le liquide et voyagent avec lui; telles sont celles de ces très petites plantes vertes qui couvrent souvent les bords tranquilles des rivières et connues sous le nom de lentilles d'eau ; nous pouvons citer encore comme exemple une plante exotique bien curieuse conservée dans les bassins de nos serres chaudes, la pontederia, qui est pourvue de feuilles renflées à la base en forme de vessies natatoires.

Nous entendons ici par racines aériennes, des racines normales qu'il ne faut pas confondre avec celles que nous étudierons plus tard sous le nom de *racines adventives*. Les racines aériennes adhèrent simplement à l'écorce de certains arbres sans rien lui emprunter de sa substance ; le lierre (fig. 52) et beaucoup d'orchidées des pays chauds en offrent des exemples. Ce qui prouve que l'arbre joue simplement le rôle de support, c'est que, dans les serres de nos contrées qui possèdent ces plantes bizarres, on se contente de les appliquer sur une lame d'écorce qu'on suspend dans l'air.

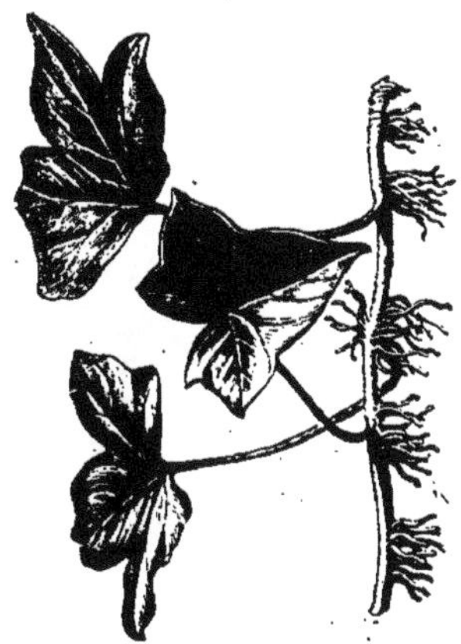

FIG. 52. — Rameau de lierre portant des racines aériennes.

A cause de leur situation superficielle, ces racines ont reçu le nom d'*épiphytes* par opposition à celui d'*endophytes* appliqué à celles des espèces parasites, c'est-à-dire vivant aux dépens de la plante sur laquelle on les trouve. Il faut détruire les plantes à racines endophytes chaque fois qu'on les rencontre; les rhinantes ou crêtes-de-coq qui poussent dans les prairies sèches, les mélampyres dans les champs de blé, les orobanches qui vivent sur le thym-serpolet, le chanvre, etc., la monotrope suce-pin, sont des exemples de plantes parasites causant relativement peu de dommages. Il n'en est pas de même de la cuscute et de ce petit arbuste toujours vert à feuilles épaisses et bien connu sous le nom de *gui*.

§ 2. **Cuscute** (*Cuscuta*). — Le mode de végétation de la cuscute est très singulier. Dans les premiers temps de son existence, elle est pourvue d'une racine qui meurt de bonne heure, mais avant qu'elle disparaisse, la tige grêle filiforme, jaune ou rougeâtre, exécute une série de mouvements circulaires, jusqu'à ce qu'elle rencontre un corps étranger autour duquel elle s'enroule. Si ce corps ne peut la nourrir, elle l'abandonne, se met en quête d'une plante hospitalière et l'étreint de ses nombreuses spirales. Dès ce moment, la racine devient inutile : des groupes circulaires de cellules remplies de protoplasma et situées dans le parenchyme cortical de la cuscute s'allongent notablement, d'un côté vers les faisceaux fibro-vasculaires de la victime, de l'autre vers ceux de la plante parasite (fig. 53). Dès lors, cette dernière s'alimente exclusivement, aux dépens de la plante attaquée, par l'intermédiaire de ces petits organes lenticulaires appelés vulgairement *suçoirs*.

Fig. 53. — Cuscute à suçoir.

En France, il existe plusieurs sortes de cuscutes; une même espèce peut s'attaquer à des plantes différentes : ainsi celle du trèfle vit également sur le thym-serpolet, la bruyère, le genêt; il est donc indispensable, lorsqu'on veut la détruire dans un champ cultivé, de s'assurer que les haies voisines n'en sont pas infestées.

La luzerne (*Medicago*) est attaquée par une espèce spéciale et aussi par celle du trèfle.

On connaît encore la cuscute du lin, la cuscute d'Europe qui vit sur le houblon, le chanvre (*Cannabis*), la pomme de terre, l'ortie (*Urtica*), l'aconit (*Aconitum*), etc.

Dans l'Europe orientale, on trouve fréquemment une espèce de cuscute qui s'attaque au lupin, au saule, au peuplier et à l'érable.

Destruction de la cuscute. — Il faut avoir soin de n'employer comme semence de trèfle que la graine nettoyée à l'aide d'un crible ayant environ 22 mailles pour 7 centimètres carrés; la graine de cuscute plus petite passe presque en totalité à travers le crible.

Il est prudent de brûler les graines qui ont traversé le crible, et de ne pas les donner aux animaux, car elles ne subissent aucune altération dans le tube digestif, et sont ensuite transportées dans les champs avec les engrais

On ne saurait séparer la cuscute par le lavage, car elle tombe au fond de l'eau aussi bien que la graine du trèfle.

Dans les fermes on néglige trop souvent de nettoyer les machines à battre, les tarares qui ont servi à la manipulation des récoltes empoisonnées par la cuscute et par d'autres mauvaises plantes qui se disséminent, et peuvent se propager ensuite dans l'exploitation tout entière.

Aussitôt que la cuscute apparaît dans un champ, il faut pour la détruire recourir immédiatement à des moyens énergiques. S'il s'agit de la luzerne, la couper avec une pelle tranchante un peu au-dessous de la surface du sol, enlever les plantes coupées et les brûler sur un chemin. Après une pluie, on arrose avec du purin dilué et la luzerne repousse débarrassée de la cuscute. On recommande aussi de la saupoudrer, pendant une forte rosée du matin, avec du sulfate de potasse. On arrose également les places infestées soit avec de l'acide sulfurique étendu d'eau (une partie d'acide sulfurique pour 200 à 300 d'eau), soit avec du sulfate de fer; on étend encore sur le sol de la paille hachée imbibée de pétrole, puis on y met le feu.

Ces trois derniers procédés détruisent le trèfle et la luzerne aussi bien que la cuscute, mais celle-ci n'est plus à redouter.

Quand un champ a été attaqué par la cuscute, on doit, pendant trois ou quatre ans au moins, cultiver des plantes impropres à nourrir les quelques pieds qui auraient échappé au moyen de destruction mis en œuvre.

§ 3. **Gui** (*Viscum*). — Nos pères les Gaulois coupaient cette plante sacrée sur les vieux chênes. On pourrait croire que depuis cette époque les exigences du gui (fig. 54) se soient modifiées, car il est très difficile, sinon impossible, d'en trouver un pied sur cet arbre; c'est peut-être à cause de la rareté du fait qu'il était vénéré. Aujourd'hui, il est abondant sur les pommiers, les poiriers, les aubépines, les tilleuls et les peupliers. En Allemagne, dans la Forêt-Noire, les sapins en sont fréquemment couverts. Ce parasite est dangereux, non seulement parce qu'il détourne à son profit de la sève élaborée destinée à l'arbre, mais encore à cause des tumeurs qui se forment au point où il pénètre dans l'écorce, et qui sont l'origine de caries toujours dangereuses.

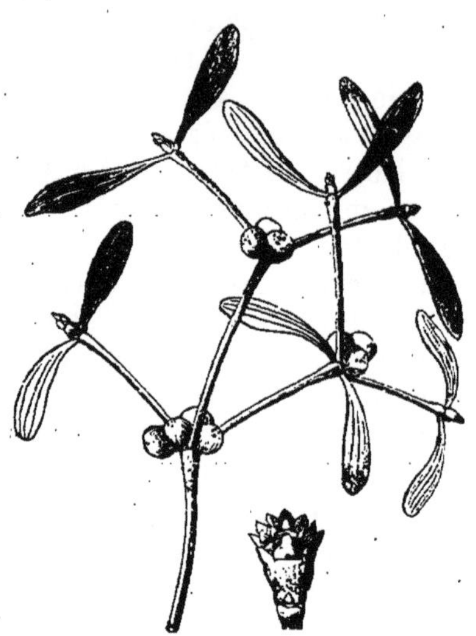

FIG. 54. — Rameau de gui portant des baies.

Le fruit du gui est une baie de couleur blanche ou jaunâtre dont la substance molle sert parfois à fabriquer de la glu à cause de ses propriétés adhésives. Les grives, qui en sont très friandes, viennent essuyer leur bec englué sur l'écorce rugueuse des arbres et y déposent les graines. L'oiseau peut avaler la baie entière, puis rejeter les graines inaltérées et prêtes à germer.

La petite plante âgée de trois ans possède seulement deux feuilles avec des racines situées entre l'écorce et le bois. A partir de cette époque, sa croissance est très rapide : les racines primordiales grandissent, envoient des ramifications, de véritables *coins*, qui pénètrent et s'allongent dans les rayons médullaires à mesure que la tige s'épaissit.

Destruction du gui. — De ce qui précède, il résulte que pour détruire radicalement le gui, il est nécessaire d'enlever l'écorce de l'arbre nourricier pour extirper les racines de l'arbuste qui sont situées dans le cambium. On ne saurait cependant recommander ce moyen extrême; la blessure faite à l'arbre pourrait se couvrir de chancres non moins nuisibles que le gui laissé intact. Il faut se contenter de couper sa tige jusqu'à la limite de la partie vivante de l'écorce, et chaque fois qu'on aperçoit à l'extérieur une nouvelle masse buissonnante, se hâter de répéter l'opération précédente : la plante mutilée perd bientôt sa racine et disparaît.

Les arboriculteurs qui prennent rarement le soin d'enlever le gui des arbres de leurs vergers ne devraient pas s'étonner de les voir mourir à un âge peu avancé, ou rester constamment souffreteux.

Nous mentionnerons également comme racines endophytes celles de beaucoup de champignons ; leur structure diffère beaucoup de celles des plantes supérieures dont nous nous sommes occupés jusqu'alors; on les désigne sous le nom de *mycélium*. Les champignons sont de tous les parasites végétaux les plus dangereux et les plus difficiles à combattre, à cause de leur petite taille, de leur grand nombre, de leur distribution irrégulière dans les tissus des plantes, et surtout à cause des formes si différentes qu'affecte une même espèce aux diverses phases de sa végétation.

§ 4. **Formes des racines.** — Les racines, au point de vue des formes qu'elles revêtent, peuvent être rangées en trois catégories: 1° les racines pivotantes ou traçantes; 2° les racines fibreuses ; 3° les racines tubériformes.

1° *Racines pivotantes.* — Dans les plantes dicotylédones, la radicule conserve toujours des dimensions supérieures à celles des racines qui naissent dans la suite. Quand elle s'enfonce verticalement sous la forme d'un cône renversé, elle représente le *corps* ou *pivot* de la racine, et celle-ci est dite *pivotante* (fig. 55) ; ex. : le chêne, le salsifis, la carotte, la luzerne, etc.

Le pivot ou racine primaire se divise en *racines secondaires*, puis en *radicelles* pourvues elles-mêmes de ramifications plus déliées, dont l'ensemble est désigné sous le nom de *chevelu*.

2° *Racines traçantes.* — Il arrive que dans certaines plantes, les diverses parties de la racine s'enfoncent peu et restent sensiblement parallèles à la surface du sol : on les appelle racines *traçantes*, ex. : le hêtre, le charme, l'épicea et surtout l'acacia. Quelques-unes s'étendent très loin du pied mère et donnent naissance à de nouvelles tiges lorsqu'elles sont mises à découvert : celles du prunellier, de l'aubépine, arbrisseaux qui forment la plupart des buissons et des haies, font le désespoir des cultivateurs.

Enfin, il existe des racines intermédiaires entre les deux précédentes, c'est-à-dire pourvues d'un pivot vertical et de racines secondaires traçantes; on les nomme racines *pivotantes et traçantes*, ex. : le mélèze, le pin sylvestre, le pin maritime. Le pin maritime offre cette particularité que les racines secondaires traçantes émettent à leur tour des pivots verticaux; on comprend facilement le parti qu'on a pu en tirer pour arrêter l'envahissement redoutable des dunes qui, en France, s'étendent principalement depuis l'embouchure de la Gironde jusqu'à celle de l'Adour (1).

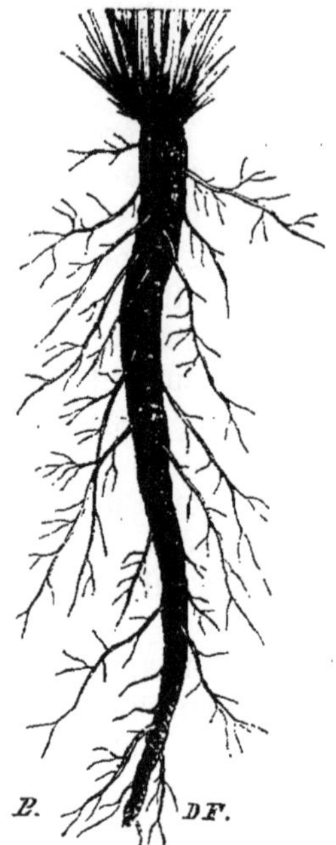

FIG. 55. — Racine pivotante.

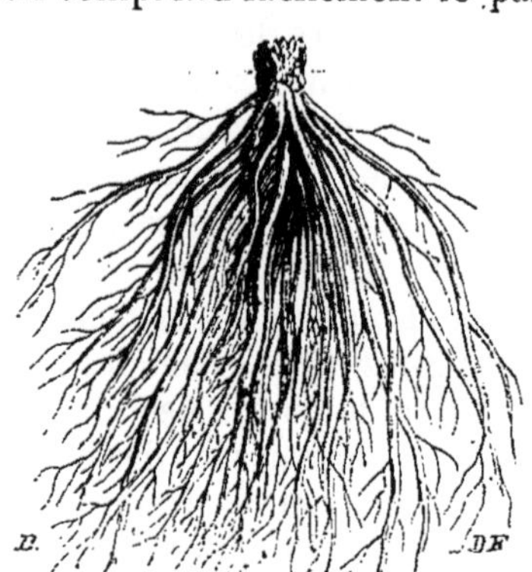

FIG. 56. — Racine fibreuse.

(1) *Fixation des dunes.* — C'est Brémontier qui, à la fin du siècle dernier, proposa de fixer les dunes à l'aide des pins maritimes : les premiers semis effectués sur les dunes les plus avancées dans les terres

3° *Racines fibreuses.* — Les plantes monocotylédones remplacent de bonne heure leur radicule par des racines secondaires qui partent du collet ou des nœuds de la tige (fig. 56). Celles-ci acquièrent de faibles dimensions; nées à la même époque, elles restent sensiblement égales en grosseur : on les nomme racines *fibreuses*; ex. : le blé, le maïs, les palmiers, etc.

réussirent complètement; on répandait la graine de pin après l'avoir mélangée à celle de l'ajonc (*Ulex*), du genêt (*Genista*) et du gourbet, puis le semis était recouvert de branchages; ces dernières plantes se développaient plus rapidement et fournissaient tout à la fois aux jeunes pins un ombrage et un abri.

Au voisinage de la mer, on reconnut bien vite que les vapeurs salines s'opposaient à la germination des graines de conifères, et l'on craignit un instant que l'œuvre de Brémontier fût incomplète. C'est alors qu'on songea à créer des dunes artificielles, appelées dunes littorales, contre lesquelles le vent chargé d'eau salée viendrait se briser. A 150 mètres environ de la ligne des eaux à marée haute, on fixa dans le sol une palissade formée de planches B de $1^m,60$ de longueur, 22 centimètres de largeur et 3 centimètres d'épaisseur, espacées de 2 centimètres, et enfoncées de 50 centimètres (fig. 57). Le vent soufflant du large, lançait le sable contre

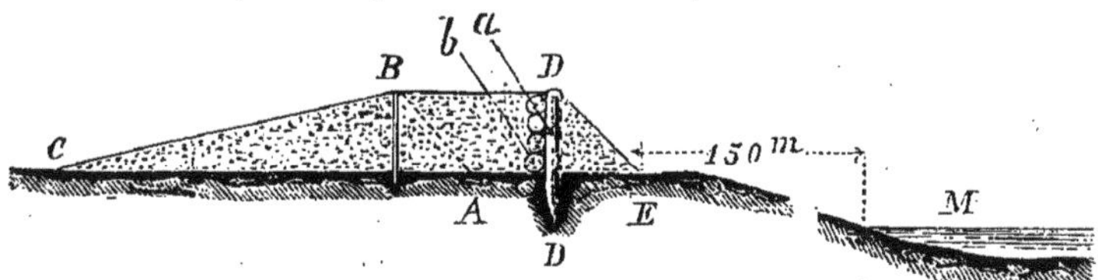

FIG. 57. — Coupe transversale d'une dune littorale établie à 150 mètres de la mer, — *a*, pieu; *b*, bourrée.

la palissade, une faible partie passait dans l'intervalle laissé entre les planches et s'avançait plus ou moins loin ; le sable étant arrivé à la hauteur des planches, on les soulevait de façon à les faire émerger de 70 centimètres.

Il fallait donner du pied à la dune pour qu'elle résistât mieux aux vents : à 2 mètres ou $2^m,50$ en avant de la palissade on fixa des pieux reliés par des bourrées entrelacées jusqu'à une hauteur de 1 mètre ; on les soulevait ensuite quand le sable était arrivé à ce niveau ; la section de la dune qui à l'origine était un triangle devenait un trapèze. Les dunes littorales présentent des pentes tout à fait opposées aux dunes naturelles; c'est le côté tourné vers la mer qui est le plus incliné. Le vent qui ne peut gravir

4° *Racines tubériformes.* On appelle racines *tubériformes* celles qui se renflent comme des tubercules (fig. 58), exemples : le dahlia, la pivoine, les orchis, etc. Il ne faudrait pas les confondre avec les véritables tubercules qui sont des portions de tige renflées.

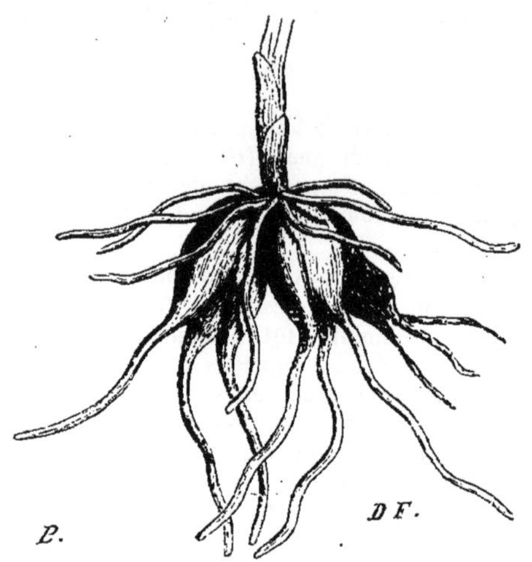

FIG. 58. — Souche à racine tubériforme d'un orchis.

§ 5. **Conséquences pratiques.** — L'agriculteur et le forestier doivent se rappeler, avant de faire un choix des espèces et des essences à cultiver, que les plantes à racines superficielles sont les premières à profiter de l'application des engrais, à ressentir les effets du froid, de la chaleur, de la sécheresse ; ce sont aussi celles qui cèdent le plus facilement aux efforts des vents.

Niveau où les racines épuisent le sol. — Les plantes à raci-

cette pente rapide, affouille le sable; les cavités qu'il forme sont comblées avec des bourrées et des broussailles empruntées aux peuplements voisins. Sur la digue on sème du gourbet qui s'allonge à mesure que la dune s'élève, et émet de longues racines adventives qui soutiennent le sable.

Derrière les dunes littorales, on a pu compléter les semis commencés ; les lettes, ces vallées marécageuses comprises entre les dunes naturelles, se sont desséchées grâce à l'active évaporation des arbres.

nes pivotantes vont puiser, dans les couches profondes du sol, de l'eau et des matières alimentaires; c'est ainsi que dans le Midi, la vigne, certains figuiers prospèrent dans des sols d'une aridité presque absolue.

Les plantes épuisant le sol au niveau de leurs racines, rien n'est plus naturel que de faire succéder, dans un assolement, de la luzerne à du blé, et, s'il s'agit d'essences forestières, d'associer par exemple le chêne au hêtre ou au charme, et le sapin à l'épicea.

Il n'est pas indispensable qu'un sol soit profond pour que les plantes munies de racines pivotantes puissent s'y développer; lorsque la couche végétale recouvre un sous-sol rocailleux et fendillé dans le sens vertical, les racines pénètrent dans les fissures et vont puiser leur nourriture à une grande distance de la surface; il arrive souvent qu'en se développant, les racines se trouvent à l'étroit dans les fentes où elles se sont engagées ; elles désagrègent les roches ou les écartent progressivement; leur puissance d'expansion est considérable : M. Tassy déclare avoir vu en Asie-Mineure des blocs pesant 3000 kilogrammes environ entièrement disjoints par les racines d'un chêne vert.

Plantes améliorantes et plantes épuisantes. — En agriculture, les plantes herbacées à racines pivotantes, luzerne et légumineuses en général, sont désignées sous le nom de *plantes améliorantes*, par opposition à celui de *plantes épuisantes* appliqué aux céréales, aux plantes dont les racines se nourrissent exclusivement à la surface du sol. Les premières utilisent des substances nutritives qui sans elles resteraient sans emploi et constitueraient un capital mort; ce fait explique suffisamment leur valeur agricole ; nous devons ajouter que les légumineuses possèdent en outre la propriété remarquable d'emprunter à l'atmosphère sous forme d'ammoniaque une grande partie de l'azote qui entre dans leur composition.

Queues de renard. — Leur destruction dans les tuyaux de drainage. — Les racines peuvent s'allonger beaucoup dans diverses circonstances. Quand des arbres et même des betteraves se trouvent au voisinage d'une nappe d'eau, leurs racines vont s'y épanouir en une foule de filaments grêles, dont la réunion est désignée sous le nom de *queue de renard*. Les queues de renard sont fort à craindre quand on exécute un drainage, car elles pénètrent dans les tuyaux et les obstruent. Parfois, on est obligé de faire traverser un parc planté d'arbres par un fossé de drainage ; dans ce cas les drains au lieu d'être simplement placés bout à bout, comme cela se pratique ordinairement, sont munis de manchons et parfaitement cimentés. Il arrive qu'on ait seulement à se défendre d'une haie vive ou d'une avenue d'arbres ; on se contente alors d'ouvrir entre les arbres et le fossé de drainage le plus voisin, distant de douze mètres au moins, une tranchée assez profonde (fig. 59) que l'on remplit de pierres ; les racines des arbres s'arrêtent dans l'eau de la tranchée, et si cette eau est stagnante, la queue de renard formée ne tarde pas à pourrir.

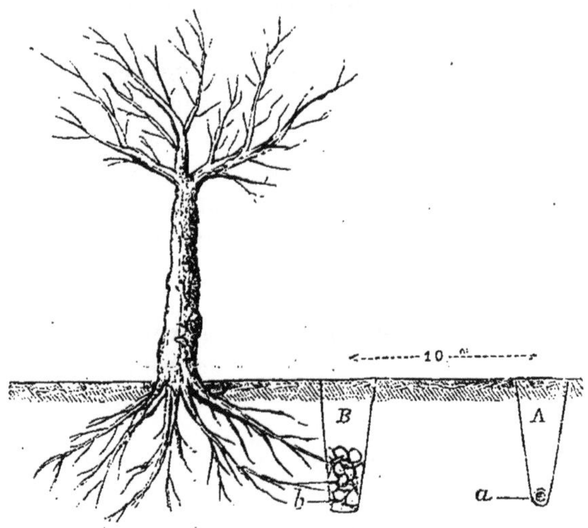

Fig. 59.— A, tranchée des drains : *a*, tuyau de drainage. — B, tranchée défensive : *b*, amas de pierres.

Allongement des racines produit par l'application des nitrates. — Lorsqu'on sème du nitrate sur une culture, les racines pénètrent à une plus grande profondeur. Comment expliquer ce phénomène ? La racine est douée de mouvements, très limités il est vrai ; on peut la considérer comme un animal fouisseur, une taupe par exemple, s'éloignant des obstacles, et se dirigeant du côté où elle trouve quelque nourriture (Darwin).

Les nitrates, nous le savons déjà, sont des aliments qui pénètrent rapidement dans le sous-sol ; les racines les y poursuivent en quelque sorte ; à cette descente des racines correspond un développement parallèle de la partie aérienne ; la végétation devient luxuriante et souffre peu de la sécheresse puisqu'elle trouve dans les profondeurs du sol une humidité suffisante. Ces faits curieux relatifs aux nitrates ont été constatés à Rothamsted par Lawes et Gilbert pendant l'été si sec de 1870. Le rendement d'une parcelle semée en fourrage et fumée avec des nitrates ne présenta qu'un déficit de 200 kilogrammes par hectare sur celui des années moyennes tandis que sur une parcelle voisine, ayant reçu la même quantité d'azote sous forme de sels ammoniacaux, la perte fut de 3000 kilogrammes environ par hectare.

§ 6. **Durée des racines.** — Les racines sont *annuelles*, *bisannuelles* ou *vivaces*. Les racines *annuelles* ne durent qu'une année, ex. : le blé, l'avoine, les haricots, les pois, etc. Les racines *bisannuelles*, telles que celles des betteraves, des carottes, des choux, etc., portent des feuilles la première année ; pendant la seconde, elles fructifient et meurent ensuite. Les plantes bisannuelles fructifient quelquefois, pendant les années humides, dès leur première année ; les graines résultant de cette fructification anticipée sont généralement légères ; il est bon de ne pas les employer comme semence.

Les racines *vivaces* durent plus de deux ans ; la tige qui leur fait suite peut se renouveler chaque année ; c'est le cas par exemple des racines de presque toutes les plantes des montagnes ; protégées par la neige, elles bravent les froids rigoureux qui détruiraient infailliblement leur partie aérienne si elle était également vivace.

Le plus souvent, les racines vivaces ne durent pas plus que les tiges, ex. : le chêne, le bouleau, etc.

§ 7. **Organisation d'une racine adulte.** — *Moelle.* —

En faisant l'histoire du faisceau fibro-vasculaire dans la racine, nous avons vu que le bois primaire peut s'avancer jusqu'au centre de la racine et prendre la place de la moelle; cette circonstance est assez rare. La moelle de la racine est succulente dans la carotte, le navet, le panais, le salsifis, etc.; dans le manioc, elle est également abondante et constitue dans les pays chauds la matière première d'une sorte de galette appelée pain de cassave, et d'une pâte alimentaire connue chez nous sous le nom de tapioca.

Les racines vertes d'une espèce de manioc renferment un violent poison. Des expériences récentes ont prouvé que son action sur l'organisme est moins foudroyante que celle de l'acide prussique auquel on avait le tort de le comparer : torréfiées, ces racines deviennent comestibles.

Bois. — Le bois de la racine est formé d'éléments analogues à ceux de la tige mais plus larges et moins résistants; pour cette raison, on l'emploie peu comme bois d'œuvre; les

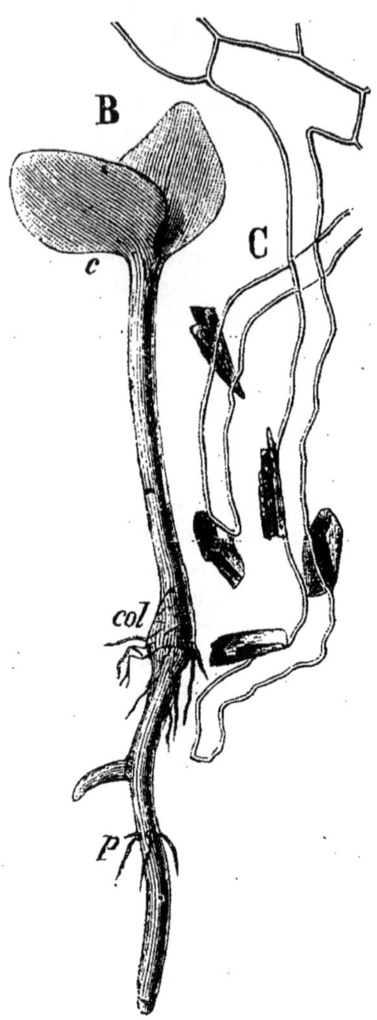

FIG. 60. — B. Plantule de *Campanule:* en *col* et en *p*, poils radicaux ; C, deux poils radicaux fortement grossis et attachés à des molécules terreuses.

fibres y sont enchevêtrées, ce qui rend le bois noueux et riche en veinures; ce dernier caractère fait rechercher pour la tabletterie et l'ébénisterie les racines de buis et celles de bruyère.

Écorce. Poils radicaux. — Le liber est peu développé dans l'écorce de la racine qui est surtout remarquable par la présence de poils épidermiques appelés *suçoirs* ou *poils radicaux,* lesquels sont les véritables organes d'absorption (fig. 60). La disparition de l'épiderme, qui a toujours lieu de très bonne heure, entraîne nécessairement celle des suçoirs, qui restent localisés un peu au-dessus de la pilorhize. Ce sont ces poils qui, adhérant fortement au sol, ramènent un étui terreux autour des jeunes racines qu'on vient d'arracher. Les poils absorbants se développent exclusivement sur les jeunes racines; celles-ci s'éloignant de plus en plus de la tige, il est logique quand on arrose des arbres, ou qu'on veut les faire profiter d'une fumure, de répandre ces matières non au pied, mais à une certaine distance qui peut être délimitée assez exactement, en abaissant sur le sol des perpendiculaires partant des ramifications extrêmes de la tête des arbres.

§ 8. **Accroissement des racines.** — *Conséquences pratiques.* — Marquons un certain nombre de points équidistants sur une jeune racine et laissons-la grandir. Si nous mesurons dans la suite les intervalles compris entre deux points consécutifs, nous verrons que les points situés un peu au-dessus de la pilorhize sont les seuls dont la distance ait augmenté. Cette simple expérience permet d'affirmer que les *racines ne s'accroissent que vers leur extrémité.* La pratique tire parti de cette circonstance: quand les pépiniéristes arrachent les jeunes plants provenant d'un semis, ils ont soin, lors du repiquage, de supprimer l'extrémité du pivot de la racine. Cette mutilation a pour effet de faire développer au-dessus de la section des racines secondaires qui offrent sur le pivot les deux avantages suivants: 1° elles rendent très faciles les déplantations ultérieures, pratiquées à l'époque où les jeunes arbres doivent être définitivement mis en place; 2° ces racines nombreuses constituent un bon chevelu superficiel, une plus grande surface absorbante qui permet à l'arbre de profiter rapidement et largement des arrosages, des fumures que lui dispute souvent le gazon. Beaucoup d'arbres fruitiers périclitent, parce que leur pivot, non mutilé, pénètre dans un sous-sol aride ou trop humide incapable de les nourrir.

§ 9. **Racines adventives.** — On désigne sous le nom de *racines adventives* des productions nées de la tige ou des rameaux, et qui au contact du sol, s'y enfoncent et s'y comportent comme les racines normales. Tous les organes qualifiés d'*adventifs* naissent sans ordre sur des parties âgées, au lieu d'apparaître successivement, et d'une manière telle qu'un membre plus jeune soit plus rapproché du sommet végétatif que tout membre analogue d'un âge plus avancé.

Les monocotylédones des pays chauds sont remarquables par le développement que prennent les racines adventives : elles flottent dans l'atmosphère sous forme de longs filaments qui entrent en activité et grossissent rapidement dès qu'elles atteignent le sol.

Dans quelques espèces de palmiers, les véritables racines meurent de bonne heure et sont remplacées par des racines adventives ; celles-ci disparaissent même quelquefois à mesure qu'il s'en reforme de nouvelles sur des points plus élevés de la tige. Il résulte de ce mode de végétation, que le stipe s'élance au-dessus d'un véritable dôme de racines qui rendent les forêts tropicales presque impénétrables. Dans l'Inde, un seul pied de figuier des Banyans, appelé aussi figuier à pagodes, peut former une forêt inextricable. De ses branches horizontales émanent de nombreuses racines adventives ; celles-ci arrivant dans le sol, alimentent les branches qui avancent de proche en proche et continuent à développer de nouvelles racines ; l'ensemble peut être comparé à un édifice qui serait soutenu par de nombreuses colonnes. Les racines flottantes de quelques arbres des pays chauds sont parfois assez longues et assez résistantes pour qu'on puisse s'en servir en guise de cordes, qui sont, dit-on, imputrescibles.

Formation des gazons. — Dans nos régions, ce sont les graminées, plantes monocotylédones, comme les palmiers, qui nous offrent des exemples classiques de racines aériennes. Elles partent soit des nœuds inférieurs, comme dans le maïs, soit de ceux qui se trouvent en contact avec le sol, comme dans le blé versé, et dans les graminées qui se couchent normalement (vulpin genouillé, brome genouillé). Les magnifiques pelouses des jardins publics doivent leur beauté à des roulages souvent répétés et effectués après des arrosages. En Angleterre, elles sont formées de trèfle coupé et roulé tout à la fois à l'aide de petites machines conduites à la main ; la plante s'enracine par ses portions de tige en contact avec le sol, et donne naissance à de très petites feuilles du plus bel effet.

Les bons résultats obtenus en faisant pâturer, pendant quelques jours seulement, les prairies naturelles dont le foin vient d'être récolté, sont dus à ce que les graminées foulées aux pieds des animaux multiplient leur système radiculaire.

Organes qui développent des racines adventives. — Les racines adventives naissent sur la racine et sur les feuilles aussi bien que sur la tige et sur les rameaux ; un arbre d'ornement qui nous vient du Japon, le Paulownia, se multiplie en plantant dans le sol un fragment de racine. Les feuilles des bégonias, celles des plantes grasses s'enracinent aussi très facilement.

On doit à Duhamel une curieuse expérience qui met en évidence la faculté que possèdent les racines de se couvrir de bourgeons adventifs et la tige et ses ramifications de produire des racines adventives. Il recourba la tige flexible d'un jeune saule, de manière que ses branches puissent être recouvertes de terre; l'arbre fut abandonné dans cette situation jusqu'à l'apparition de racines adventives sur la partie enterrée ; à ce moment, les véritables racines furent déterrées et la tige ramenée dans une position verticale ; le saule se trouvant ainsi complètement retourné, les racines exposées à l'air ne tardèrent pas à se couvrir de bourgeons adventifs, et bientôt elles offrirent l'aspect d'une véritable cime feuillée.

Cette production de bourgeons adventifs s'observe fréquemment sur les racines mises à nu par une cause quelconque, et même sur les racines enterrées. Les pousses émises par ces dernières loin de la tige principale, portent le nom de *drageons* (fig. 61). On peut citer comme espèces drageonnantes le charme, le coudrier, le saule, le tremble, le robinier ou faux-acacia, le chêne kermès. Grâce aux drageons qui deviennent un nouveau foyer d'activité, les racines des espèces qui en sont pourvues, s'étendent fort loin du pied mère et soutiennent les sols mouvants ; le robinier faux-acacia est précieux dans le Nord pour retenir les talus de chemin de fer, le chêne kermès dans le Midi joue le même rôle ; le tremble est tellement envahissant qu'on l'appelle souvent le chiendent des forêts.

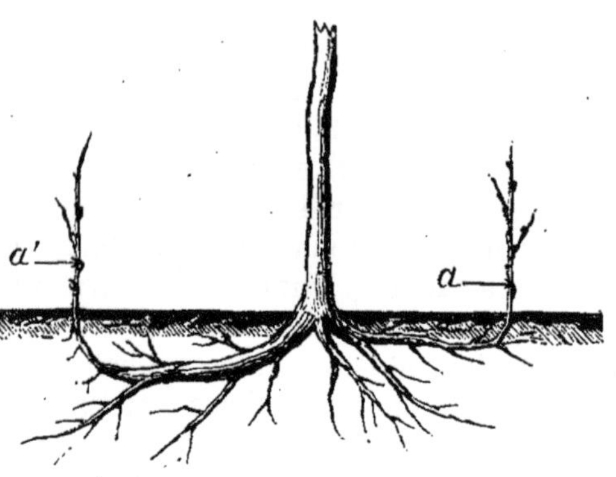

Fig. 61. — Arbre à racines drageonnantes : *a. a'*, drageons.

B. Physiologie de la racine.

Les racines servent : 1° à fixer les plantes dans le sol ; 2° à puiser dans ce dernier des matières alimentaires.

§ 10. **La racine, organe de fixation.** — Les plantes ne peuvent se déplacer comme les animaux pour se procurer leur nourriture, il est donc indispensable qu'elles soient fixées solidement afin que leurs organes d'absorption se trouvent toujours en contact intime avec le sol qui les alimente. Parfois, diverses causes détruisent ce rapport étroit qui existe entre le sol et la plante ; les arbres des forêts à racines traçantes, tels que les charmes, les hêtres, les épiceas sont quelquefois arrachés par les vents violents. Les plantes herbacées n'ont rien à craindre du vent ; c'est le froid qui menace de les arracher; pendant l'hiver, le sol gorgé d'eau se soulève et se divise sous l'action des gelées, mettant à nu, *déchaussant* la partie souterraine des jeunes plantes. On atténue cet effet particulier de la gelée, en plombant la terre à l'aide d'un rouleau; les racines, pressées contre le sol, s'y étendent de nouveau, et s'il s'agit de céréales, de nombreuses racines adventives émanent des nœuds inférieurs. Le déchaussement peut être souvent évité, soit en drainant le sol, soit en recouvrant la surface avec du sable. En semant les graines de bonne heure, on obtient pour l'hiver une plante à racines plus longues et plus solides.

§ 11. **La racine organe d'absorption.** — *Spongioles.* — De Candolle supposait que l'extrémité des jeunes racines était formée d'un tissu très délicat, demi-liquide en quelque sorte, et capable de se gonfler à la manière d'une éponge, par l'absorption des liquides alimentaires extérieurs; il avait donné à ces petits organes le nom de *spongioles*.

Nous avons vu, au contraire, que l'extrémité des racines est pourvue d'un tissu protecteur relativement résistant qui forme une sorte d'étui appelé pilorhize. Au point de vue anatomique, sa comparaison avec une éponge n'est donc pas fondée ; elle ne l'est pas davantage au point de vue physiologique.

Qu'on prenne un radis pourvu d'une racine non ramifiée, et qu'on le fasse plonger dans l'eau seulement par son extrémité radiculaire sur une longueur de $0^{m},05$ à $0^{m},06$, au bout de quelques heures il se flétrit, lors même qu'on a pris le soin de préserver la portion émergée de l'action desséchante de l'air.

Si, au contraire, la racine plonge dans l'eau seulement par sa partie moyenne, l'extrémité étant relevée dans l'air, la plante reste fraîche et développe de nombreuses radicelles. On arrive au même résultat en coupant l'extrémité de la racine, et en recouvrant la section d'un vernis qui empêche l'eau de pénétrer par cette voie.

Le terme de spongioles consacre donc une erreur évidente, et doit être entièrement rejeté du langage botanique.

Des expériences nombreuses ont établi que c'est seulement par l'intermédiaire de l'épiderme non subérisé et surtout des poils radicaux, que la plante puise les substances nutritives contenues dans le sol.

Le sol est un garde-manger pour les plantes ; leurs racines absorbent à la fois des gaz, des matières liquides et des matières solides :

A. Absorption des gaz. — Les racines sont enveloppées d'une atmosphère confinée qui renferme en moyenne dans les sols cultivés 1 centième d'acide carbonique (l'air atmosphérique en contient environ 4 dix-millièmes) résultant de la décomposition des matières organiques. On admettait généralement, dans ces derniers temps, qu'une notable proportion de ce gaz était absorbée par les racines. Les expériences récentes de M. Corenwinder ont démontré que l'acide gazeux ne pénètre pas dans les racines, et s'il est absorbé en dissolution dans l'eau ce n'est qu'en très faible quantité. Il est presque superflu d'ajouter que les racines ne peuvent vivre dans un milieu privé d'oxygène, puisque nous savons que la respiration est un attribut de tous les tissus vivants.

B. Absorption des matières liquides et des matières solides. — Les racines sont le siège de l'absorption des matières liquides et des matières solides ; afin de pénétrer dans la plante ces dernières doivent au préalable avoir été dissoutes. L'eau qui mouille la terre joue dans les phénomènes de dissolution et de transport des matières alimentaires un rôle si important, qu'il nous paraît nécessaire de la suivre depuis les molécules de terre jusqu'aux poils radicaux qui l'absorbent.

Circulation de l'eau dans la terre végétale. — Il faut nécessairement que l'eau du sol vienne au-devant des racines qui sont presque immobiles. Elle s'y déplace en effet comme l'air dans l'atmosphère ; les preuves de l'existence de ce phénomène de transport ne nous font point défaut : un jardinier voit le sol d'un pot de fleurs se dessécher, lors même que l'évaporation de la surface se trouve contrariée et en enlevant le sol, on remarque facilement que la dessication est uniforme et non pas seulement localisée autour des racines ; l'eau a donc voyagé, puisque les racines ne sauraient se trouver au contact de toutes les molécules de terre.

Mécanisme de la circulation de l'eau. — Nous devons

considérer la terre comme formée de petites masses enveloppées d'eau. Les molécules du sol se touchent sur une plus ou moins grande étendue, il en est de même de l'eau qui les recouvre; ainsi, dans les terres mouillées, tout un réseau liquide entoure les éléments minéraux. Que l'on vienne à pomper dans un point de la masse de terre, tout se passera comme si cette dernière était entièrement liquide; l'eau se transporte vers le point de succion jusqu'à ce qu'un nouvel équilibre hydrostatique soit établi. On conçoit ainsi comment les racines, véritables pompes aspirantes, peuvent absorber l'eau jusqu'à ce que la circulation soit rendue impossible par suite de l'épaisseur trop faible de la couche liquide autour des molécules de terre qui la retiennent alors avec une grande énergie. Quand les éléments du sol sont grossiers (sables, graviers), ils peuvent encore céder de l'eau aux plantes alors qu'ils en contiennent de 1 à 2 pour 100; une plante ne peut vivre, faute d'eau, dans un sol argileux qui en contient cependant encore 10 pour 100 mais qui est composé de très petites molécules terreuses. Ces différences s'expliquent aisément : plus les éléments terreux sont petits, plus les surfaces à recouvrir d'eau pour un même volume de terre sont considérables, et plus il y a d'eau retenue par le sol. On se tromperait grossièrement si de ce qui précède, on voulait conclure à l'infériorité des terres très divisées relativement à leur faculté de céder de l'eau aux plantes. Si, quand vient la sécheresse, elles la leur disputent plus énergiquement, elles ont soin par contre, à l'époque des pluies, d'en faire une bien plus ample provision que les terres à gros éléments, de sorte qu'en définitive, les terres à petits éléments et surtout les terres riches en humus sont celles qui fournissent le plus d'eau aux plantes.

Mécanisme de l'absorption. — C'est par endosmose que les liquides nourriciers de l'extérieur peuvent pénétrer dans la plante.

Voici en quoi consiste ce phénomène : lorsque deux liquides de nature différente, capables de se mélanger, sont séparés par une membrane organisée, ils traversent la membrane mais avec des vitesses inégales, de telle manière qu'il y a accumulation de liquide d'un côté et diminution de l'autre. Cette propriété des membranes peut être démontrée de la manière suivante : un tube deux fois recourbé est fermé en dessous par un morceau de vessie ou une membrane de parchemin attachée à son pourtour ; ce petit appareil a reçu le nom d'endosmomètre ou de dialyseur (fig. 62). On y introduit de l'eau sucrée, puis on le plonge dans un vase contenant de l'eau distillée ; au bout de peu de temps, le liquide monte dans le tube de l'endosmomètre, on peut en outre s'assurer que la dissolution sucrée qui s'est étendue d'eau ne contient plus qu'une fraction du sucre qui s'y trouvait à l'origine ; l'autre partie est passée à travers la membrane pour se mélanger à l'eau distillée. De ce qui précède on peut conclure : 1° que deux courants se sont produits à travers la membrane : l'un, qui porte l'eau distillée vers l'eau sucrée (phénomène d'endosmose proprement dit), l'autre dirigé de l'eau sucrée vers l'eau distillée (phénomène d'exosmose) ; 2° le courant le plus rapide est dirigé du liquide le moins dense (eau distillée) vers le liquide le plus dense (eau sucrée) ; aussitôt que les deux solutions sont également riches en sucre, on n'observe plus dans la masse aucun mouvement. Si pour une cause quelconque, le liquide de l'endosmomètre devenait plus pauvre en sucre que le liquide extérieur, le courant le plus énergique se dirigerait dès lors de l'intérieur de la membrane vers l'extérieur.

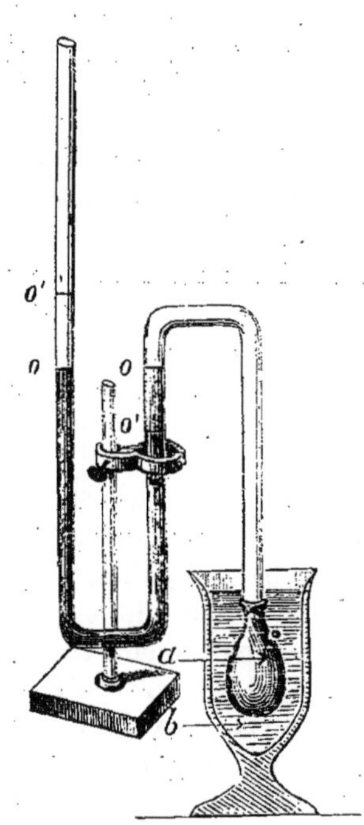

FIG. 62. — Endosmomètre. — *a*. vessie contenant de l'eau sucrée ; *b*. vase contenant de l'eau distillée ; *o*, *o*, niveau primitif du mercure ; *o'*, *o'*, niveau après le phénomène de dialyse.

On désigne quelquefois le phénomène d'endosmose sous le nom de *dialyse*.

Tous les corps qui se comportent comme le sucre, c'est-à-dire qui filtrent à travers les membranes, ont été appelés *cristalloïdes;* il en est qui ne se prêtent pas à ces échanges, tels sont la gomme, la gélatine, l'extrait de viande, le tannin, les humates, on les nomme *matières colloïdes*.

Les poils radicaux jouent le rôle de dialyseurs, il est alors assez vraisemblable d'admettre que les composés organiques de l'humus, qui sont des colloïdes, ne puissent pénétrer dans la plante.

Il serait cependant prématuré d'affirmer aujourd'hui d'une manière absolue que l'humus et les autres colloïdes ne sont jamais absorbés directement par aucune plante.

Nous allons appliquer les notions théoriques développées précédemment aux matières minérales puisées dans le sol, en prenant successivement pour exemples : 1° des matières solubles dans l'eau (nitrates); 2° des matières insolubles dans l'eau (phosphates); 3° des matières solubles dans l'eau mais retenues par le pouvoir absorbant de la terre (potasse, ammoniaque).

1° *Matières solubles dans l'eau.* — Plaçons une dissolution de nitrate de potasse en présence des poils radicaux, trois cas peuvent se présenter :

a. La dissolution extérieure est plus riche en nitrate que la sève contenue dans les cellules des poils radicaux, ce cas est celui de l'eau sucrée et de l'eau distillée de notre endosmomètre; il y aura diffusion, transport de nitrate de l'extérieur vers la plante.

b. La dissolution et la sève sont également riches en nitrates; la plante restera en équilibre vis-à-vis des nitrates. Le transport de matières salines n'aura lieu ni dans un sens ni dans l'autre.

c. La dissolution contient moins de nitrates que la sève; par un phénomène d'exosmose, la plante cèdera au sol une partie de cette matière jusqu'à ce que l'équilibre signalé en *b* soit rétabli. Ce dernier cas ne peut se présenter qu'avec les matières inertes telles que la soude; elles circulent dans la plante et retournent aux racines sans avoir été utilisées.

L'expérience justifie notre théorie : le tabac, plante à potasse par excellence, contient aussi de la soude. Si on calcule la quantité d'eau qu'il renferme et son titre en soude, on trouve ce dernier précisément égal à celui du liquide extérieur dans lequel il s'alimente.

Les matières dont la plante peut tirer parti sont élaborées sur tout le parcours de la sève par les organes assimilateurs, de sorte que la sève appauvrie retourne au sol, prête à lui faire de nouveaux emprunts.

Faculté d'élection des racines. — Ce qui précède explique la préférence apparente des racines pour telle ou telle substance minérale. Ce phénomène purement physique était considéré à tort par les anciens physiologistes comme une sorte d'instinct permettant aux plantes de choisir leurs aliments de la même manière que les animaux.

2° *Matières insolubles dans l'eau.* — Quand on arrache une jeune plante avec précaution, du blé, par exemple, les extrémités des racines restent entourées d'un fourreau de terre, et en y regardant de près on s'aperçoit que les molécules terreuses sont soutenues par les poils radicaux. Chacun d'eux s'est appliqué sur des particules de substance minérale; examinés au microscope, on les voit se déformer, se mouler sur les éléments du sol.

On dit bien souvent encore que les matières insolubles sont dissoutes par l'acide carbonique. Voici une expérience qui va nous édifier à cet égard : on polit une plaque de marbre (carbonate de chaux) ou d'apatite (phosphate tribasique de chaux) qu'on place au fond d'un petit pot renfermant de la terre où l'on sème des grains de blé. Examinée après un temps suffisant, pour que les racines aient pu l'atteindre, la plaque se montre creusée de petits sillons correspondant exactement aux racines; l'acide carbonique gazeux rongerait la plaque d'une manière inégale au lieu de produire ces guillochures si nettement distinctes, l'attaque de la plaque insoluble n'aurait pas été aussi bien localisée, celle-ci serait entamée d'une manière irrégulière. Les anciennes statues de marbre sont rongées par des lichens; ici encore l'attaque se localise aux parties qui sont en contact avec ces plantes inférieures.

Les matières insolubles sont dissoutes par la sève qui est acide, puisqu'elle rougit le papier bleu de tournesol; mais pour arriver au contact des matières extérieures et réagir sur elles, il faut nécessairement qu'elle imbibe les parois de la racine.

Une expérience due à Zöller ne laisse pas de doute à cet égard : sur une vessie remplie de liquide acide, on dépose de petits fragments de craie (carbonate de chaux) ou de phosphate; ces matières se dissolvent, et pénètrent ensuite dans la vessie après avoir été dissoutes. Dans la racine, ce sont les poils radicaux qui jouent le rôle de la vessie employée par Zöller.

Grâce au mode d'absorption que nous venons d'indiquer, on conçoit comment les matières solides peu solubles se rencontrent dans les végétaux, sans que ceux-ci soient obligés d'évaporer des torrents d'eau.

Pulvérisation des engrais.—Les matières solides n'étant dissoutes qu'au point touché par les racines, l'agriculteur doit chercher à multiplier ces contacts en pulvérisant les matières à absorber.

La division des engrais qu'un savant a cru inventer il y a quelques années, s'explique ainsi facilement. Elle ne serait pas connue qu'elle se déduirait de la théorie précédente.

3° *Matières solubles dans l'eau, mais retenues par le pouvoir absorbant du sol.* — L'eau et le sol jouent vis-à-vis des matières nutritives solubles le rôle de deux convives doués d'appétits différents pour telle ou telle d'entre elles; une terre renferme-t-elle des nitrates? les pluies, les arrosages peuvent les lui enlever complétement; au contraire, vient-on à verser sur le sol une dissolution potassique ou ammoniacale? l'eau en est vite dépouillée par le sol. Dans l'expérience suivante, la faculté d'absorption de la terre est rendue évidente : deux blocs de tourbe sont jetés dans un fort courant d'eau après avoir arrosé l'un d'eux avec du purin. Le lessivage de cette terre ayant duré plusieurs semaines, on y sème du maïs; les pieds venus sur le bloc arrosé de purin restent constamment vigoureux, tandis que les autres sont toujours languissants. Malgré l'action prolongée d'une quantité considérable d'eau, le purin a donc laissé dans la tourbe une fraction des éléments solubles qu'il contenait.

Conséquences pratiques. — L'agriculteur doit absolument connaître ces actions respectives de l'eau et du sol vis-à-vis des matières nutritives de la plante, afin d'appliquer d'une manière judicieuse les engrais dont il peut disposer. Sachant, par exemple, que les nitrates sont vite entraînés par les eaux (nous rappelons ici que les sels ammoniacaux se transforment en nitrates), il ne les appliquera que sur des cultures capables de les utiliser immédiatement, tandis que les phosphates, les sels de potasse peuvent être appliqués à une époque quelconque et en grande quantité ; le sol les absorbe et les cède ensuite aux plantes à mesure qu'elles les lui réclament ; mais en lui en incorporant plus qu'il n'en faut pour les récoltes les plus prochaines, on rend le sol débiteur d'un capital qui ne rapporte pas d'intérêts pendant plusieurs années.

C'est le pouvoir absorbant des terres qui nous fait comprendre comment les irrigations si abondantes des pays du Nord n'appauvrissent pas le sol, mais lui fournissent, au contraire, un appoint souvent considérable d'éléments utiles.

Les matières solubles, emprisonnées en quelque sorte par le sol, sont mises à la disposition de la plante par un phénomène identique à celui dont nous avons parlé à propos des matières insolubles dans l'eau ; l'acide de la sève se combine aux bases, détruit le pouvoir absorbant de la terre ; le sel formé est ensuite absorbé par les poils radicaux.

§ 12. **Excrétion des racines.** — *Sympathies et antipathies des plantes.* — La coiffe des racines se détruit au sommet à mesure qu'elle se reforme à la base, de manière à ne présenter jamais qu'un petit nombre d'assises cellulaires. Les cellules caduques se séparent les unes des autres ; comme elles sont très petites, vues au microscope, elles offrent l'apparence d'une gelée. On a longtemps cru que cette matière était un poison pour la plante, un produit analogue aux excréments des animaux. La singulière théorie de l'excrétion des racines ne peut se soutenir lorsqu'on réfléchit un seul instant. Si un chêne, par exemple, imprègne le sol de ses déjections, comment ne meurt-il pas au bout de peu d'années? pourquoi n'empoisonne-t-il pas les autres chênes ses voisins? Depuis des siècles, les plateaux du Tell sont presque exclusivement couverts d'une seule graminée, l'alfa (1); la forêt Noire qui au temps de César était peuplée de sapins en renferme encore aujourd'hui de non moins beaux que ceux qui ont été plantés récemment dans des terres neuves; en Touraine le chanvre est cultivé depuis des siècles dans les mêmes parcelles de terre sans que le rendement aille en diminuant. Les partisans de la théorie de l'excrétion nous diront que les agriculteurs ne font jamais revenir la même plante sur le même sol pendant plusieurs années consécutives; nous leur répondrons : « Rendez au sol les matières alimentaires enlevées par les récoltes, et vous lui conserverez l'aptitude à produire indéfiniment du blé, de l'avoine, etc., dont les rendements resteront constants, si l'on tient compte toutefois des influences climatériques qui échappent à notre action. »

Pendant 30 ans, de 1843 à 1873, on cultiva du blé à Rothamsted dans la même parcelle; grâce à l'emploi annuel de 35000 kilogrammes de fumier de ferme, la moyenne des récoltes s'éleva à 32 hectolitres 22 par hectare. Le retour d'une même plante agricole sur une même parcelle à des intervalles de temps plus ou moins éloignés, se réfère donc à des considérations d'ordre purement chimique et économique. Ce que nous venons de dire pour une espèce botanique en particulier,

(1) L'alfa est une plante précieuse pour ces régions arides : les jeunes feuilles sont utilisées comme fourrage; plus âgées, elles servent à confectionner des vêtements, des chapeaux, des chaussures, des cordages, des filets, des nattes, des tapis, etc. C'est surtout comme matière première pour la fabrication du papier qu'elle peut devenir une source de revenus pour l'Algérie. Jusqu'alors, on n'a fait que peu de chose pour en rendre l'exploitation régulière, quoiqu'elle forme, dans notre belle colonie africaine, une nappe continue de 400 kilomètres de long sur 100 kilomètres de large.

s'applique aussi bien à une association de plantes; elles on de la *sympathie* ou de l'*antipathie* l'une pour l'autre, suivant qu'elles réclament au sol les mêmes éléments minéraux, ou des éléments d'une nature différente.

CHAPITRE VI

TIGE

A. Morphologie de la tige.

La tige est la partie de l'axe de la plante qui s'élève dans l'air, et sert de support aux feuilles, aux fleurs et aux fruits.

Elle se renfle légèrement au point d'attache des feuilles; un *nœud*, c'est-à-dire un solide entrecroisement fibreux remplace parfois ce petit renflement qui a reçu le nom de *coussinet*. On donne le nom d'*entre-nœud* ou *mérithalle* à l'intervalle compris entre deux feuilles successives.

§ 1. **Dimensions des tiges.** — *Arbres; arbrisseaux; arbustes.* — Quelques plantes possèdent des tiges tellement réduites, qu'on les en croirait dépourvues (pissenlit); on les nomme plantes *acaules* (de ἀ privatif et καυλὸς, tige, c'est-à-dire sans tige), expression inexacte puisqu'elle signifie que la tige fait défaut. Par contre, les végétaux ligneux atteignent souvent des dimensions considérables; nous citerons comme exemple un arbre d'Australie, l'eucalyptus, qui s'élève à plus de cent mètres de hauteur avec un diamètre proportionnel. Le plus gros arbre du monde est le baobab de la Sénégambie: des voyageurs racontent que vingt hommes se donnant la main ne parviennent pas à embrasser les troncs les plus âgés. La vigne, dans nos contrées étant abandonnée à elle-même devient très longue, tandis que son diamètre reste faible; les lianes, plantes également sarmenteuses qui, dans les forêts tropicales, courent d'un arbre à l'autre, peuvent acquérir jusqu'à trois cents mètres de longueur, alors que leur diamètre ne dépasse pas 4 à 5 centimètres.

Les plantes ligneuses ont été divisées en trois classes d'après leurs dimensions : *les arbres, les arbrisseaux et les arbustes.*

Les arbres sont des plantes ligneuses qui ne se ramifient qu'à une certaine distance du sol, et atteignent au moins cinq mètres de haut. ; ex. : le chêne, le hêtre, le poirier, etc.

Les arbrisseaux se ramifient dès leur base, ils ont au moins un mètre de hauteur. ; ex. : le sureau (*Sambucus*), le fusain (*Evonymus*), la bourdaine (*Rhammus Frangula*) le troène (*Ligustrum*), etc.

Les arbustes se ramifient également dès leur base et ne dépassentjamais un mètre de hauteur, ex. : le buis (*Buxus*), le genêt (*Genistum*), etc.

Accroissement des tiges en longueur. — Les tiges s'accroissent en longueur non seulement par l'intermédiaire d'un point végétatif situé au-dessous des écailles des bourgeons; mais encore par l'élongation des entre-nœuds les plus jeunes. On dit que l'accroissement est à la fois *terminal* et *intercalaire.*

§ 2. **Ramification des tiges.** — La tige née de [l'embryon reste toujours en apparence l'axe central ou primaire de la partie aérienne. Elle se divise en axes secondaires, tertiaires, etc., qu'on désigne le plus souvent sous les noms de *branches,* de *rameaux,* de *ramuscules ou ramilles.* La pousse âgée de moins d'un an porte le nom de *scion.* Il est fort regrettable que les arboriculteurs n'adoptent pas les mêmes termes que les botanistes : ainsi, ils nomment bourgeons les pousses de l'année, tandis qu'aux bourgeons véritables, ils appliquent les noms d'*yeux* et de *boutons.*

Les branches proviennent de bourgeons nés à l'aisselle des feuilles, c'est-à-dire dans l'angle que ces dernières forment avec la tige. Les branches se couvrent de feuilles aussi bien que la tige, puis de bourgeons, d'où partent de nouvelles ramifications identiques à celles qui leur ont donné naissance; ainsi, les ramifications ne sont qu'une répétition, une multiplication de l'axe central. Dans un arbre, l'axe primaire, depuis le sol jusqu'aux premières ramifications importantes, s'appelle le *fût* ou *corps* de l'arbre ; l'ensemble des ramifications est désigné sous le nom de *ramure* ou de *couvert;* on dit que les arbres ont un *couvert épais*, lorsque leurs ramifications pourvues de feuilles forment un rideau presque impénétrable aux rayons du soleil. Il est nécessaire de connaître la nature du couvert dans les essences forestières; tous les arbres de nos climats à couvert épais, hêtre (*Fagus*), charme (*Carpinus*), sapin (*Abies*) sont délicats dans leur jeune âge, et doivent être protégés à cette époque par un plus grand nombre d'arbres adultes, que les plants des essences telles que le chêne dont le couvert est léger.

§ 3. **Formes des tiges.** —La disposition des ramifications, leurs dimensions relatives, leur direction sont les circonstances qui donnent aux arbres cette physionomie spéciale, ce *port* qui nous fait distinguer un chêne d'un mélèze, un peuplier d'un saule pleureur, etc; très peu de tiges monocotylédones portent des ramifications : l'asperge en est un rare exemple.

D'après leur aspect extérieur, les tiges ont reçu différents noms: *tronc, stipe, chaume, hampe.*

Le *tronc* est la tige des arbres de nos forêts, il est conique, et ne porte des branches qu'à partir d'une certaine hauteur.

Le *stipe* est la tige des palmiers (fig. 63); élancé, presque cylindrique, il se termine par un bouquet de grandes feuilles mêlées de fleurs ou de fruits.

Le *chaume*, comme le stipe, est une tige simple renforcée de distance en distance par des nœuds, d'où partent des feuilles partiellement engaînantes : les tiges des bambous, du blé, de l'avoine et des autres graminées en sont des exemples. Ces tiges sont ordinairement *fistuleuses*, c'est-à-dire creuses à leur intérieur.

La *hampe* est la tige du plantain, de l'oignon ; à vrai dire, c'est plutôt un pédoncule qu'une tige proprement dite, puisqu'elle porte exclusivement des fleurs et non des feuilles.

On appelle *tiges volubiles* (fig. 64) celles qui s'enroulent autour des plantes voisines sans être soutenues par des vrilles ou par des poils ; ex : le haricot, le houblon, le liseron des haies.

La plupart des plantes grasses qui nous viennent des pays chauds et qu'on nomme cactées, possèdent des tiges singulières (fig. 65) qui affectent tantôt la forme d'une sphère, d'un

Fig. 63. — Tiges de palmier ou stipes.

cylindre, tantôt celle de lames couvertes de fleurs et de piquants.

La tige et ses divisions sont les seuls organes qui puissent porter des fleurs ; les lames aplaties fixées sur la tige du petit houx (fig. 66), et pourvues de fleurs, sont donc des rameaux modifiés, appelés *cladodes* et non des feuilles véritables, comme leur configuration semblerait l'indiquer.

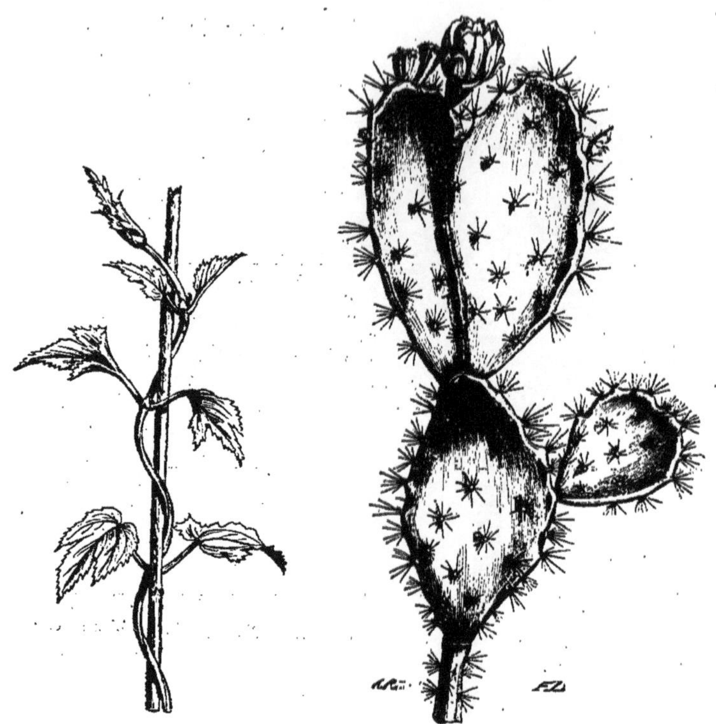

FIG. 64. — Tige volubile de houblon.

FIG. 65. — Tige charnue d'une Cactée (*Opuntia Dillenii*).

§ 4. **Durée et consistance des tiges.** — Les tiges comme les racines sont *annuelles*, *bisannuelles* (fig. 67) et *vivaces*.

On appelle tige *herbacée* des tiges tendres, molles qui disparaissent chaque année ; exemple : les haricots, les pois, les laitues, etc.

Les tiges *ligneuses* ont la consistance du bois et une durée de plusieurs années.

Les tiges *sous-ligneuses* sont intermédiaires entre les deux précédentes; l'extrémité des pousses de l'année, qui seule est herbacée, se détruit pendant l'hiver, ex. : la sauge des prés, le genêt.

Le climat n'est pas sans influence sur la durée d'une

FIG. 66. — Rameau du Petit-Houx. (*Ruscus aculeatus*). — *cld*, cladodes; *fl*, fleur fixée à la face supérieure des cladodes.

FIG. 67. — Navet, plante bisannuelle.

plante; le ricin, par exemple, qui est annuel dans la zone tempérée, devient un arbre dans les pays chauds; la belle de nuit est un arbrisseau au Chili et au Pérou.

En étudiant le faisceau fibro-vasculaire d'une manière générale, nous avons vu que la tige se compose, en partant de l'intérieur, de la moelle, du bois et de l'écorce.

§ 5. **Moelle.** — La moelle, très développée dans les plantes herbacées, est ordinairement très réduite, chez les espèces vivaces, d'où elle disparaît souvent presque complètement.

Au point de vue de leur activité, les cellules de la moelle

se divisent en trois catégories : 1° les cellules *inertes*, 2° les cellules *cristalligènes*, 3° les cellules *actives*.

Comme l'indique leur nom, les cellules inertes sont entièrement mortes, elles constituent la moelle sèche et aride du bois de sureau. Les cellules cristalligènes sont caractérisées par la présence de cristaux à leur intérieur. Les cellules actives renferment du protoplasma, sont gorgées d'eau et de matières nutritives représentées surtout par de l'amidon. La moelle de la pomme de terre et celle du sagoutier doivent leur valeur alimentaire à leur richesse en matière amylacée.

Le papier de riz qu'emploient les aquarellistes provient d'un arbre de la Chine dont la moelle est débitée en lames minces.

§ 6. **Bois.** — La différence de consistance du bois de printemps et du bois d'automne permet de distinguer les couches annuelles (voy. fig. 44). L'ensemble de ces dernières laisse voir d'ordinaire deux zones inégalement colorées, plus ou moins distinctes suivant les espèces : le *duramen* et l'*aubier*.

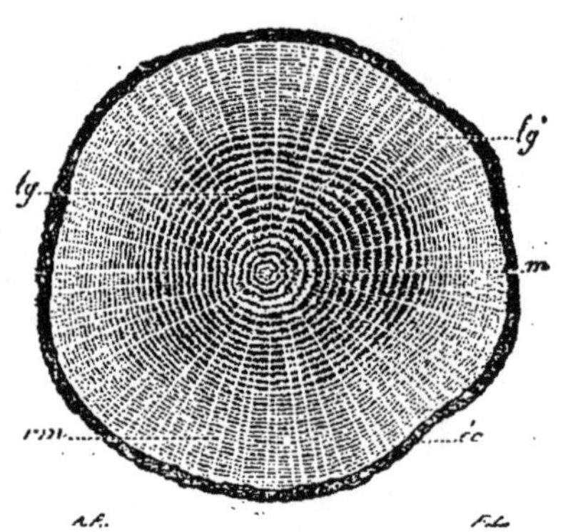

FIG. 68. — Coupe transversale d'un chêne (*Quercus robur*) âgé de trente-sept ans : *m*, moelle; *lg*, *lg*, masse du bois composée de trente-sept couches annuelles ; *r m*, rayon médullaire, *éc*, écorce. La partie centrale de couleur foncée est le duramen, la partie extérieure claire représente l'aubier.

Duramen et aubier. — Dans une tige (fig. 68), la zone centrale de couleur foncée se nomme *cœur du bois*, *bois parfait* ou *duramen*; la zone extérieure blanchâtre s'appelle *bois imparfait* ou *aubier* (de *albus* blanc). Au début, il n'y a que de l'aubier même dans le bois d'ébène, où les zones plus âgées ont des couleurs si foncées.

L'aubier, dont le tissu est spongieux, chargé d'eau et de matières fermentescibles, s'altère rapidement.

La qualité de l'aubier ne marche point parallèlement à celle du bois parfait; pour le chêne, par exemple, plus l'aubier est altérable, plus le cœur est résistant. La différence de couleur n'a pas toujours une signification précise et, dans quelques arbres, ce serait une erreur de croire que les parties du bois non colorées soient de qualité inférieure. Il existe des arbres dans lesquels la zone ligneuse présente une couleur uniforme, bien qu'il s'y trouve de l'aubier et du bois parfait.

On croit généralement que le nombre des couches d'aubier est constant, que la couche la plus intérieure se transforme en bois parfait pendant qu'il s'en forme une nouvelle à l'extérieur; à cet égard, on ne saurait donner de règle précise; tantôt le nombre des couches d'aubier diminue à une certaine époque, tantôt c'est le contraire que l'on observe; on peut affirmer seulement, que dans les vieux arbres, la proportion d'aubier est moindre que dans les jeunes tiges; plus tard, nous en ferons connaître la cause.

Usages des bois. — L'industrie divise les bois en deux classes : les *bois de feu* et les *bois d'œuvre*.

Bois de feu. — La puissance calorifique d'un bois est proportionnelle à sa densité ; il est donc plus rationnel de vendre le bois de feu au poids comme cela a lieu dans les villes, que de chercher dans son volume un élément d'appréciation. La densité moyenne du bois, abstraction faite des vides, est de 1,80; s'il flotte à la surface de l'eau, c'est à cause de l'air qu'il renferme. Dans les bois *feuillus* (bois qui renouvellent leurs feuilles à chaque automne): chêne, hêtre, bouleau, etc., la densité va diminuant de la tige à la racine et aux branches, et du cœur à l'aubier. Dans les résineux (pins, sapin), les branches et les racines sont plus denses que le corps de l'arbre.

Pour le chauffage, on s'adresse aux bois *tendres* ou *blancs*, saule, peuplier, tremble, tilleul, et surtout aux bois *demi-durs*, hêtre, charme. Les bois *durs* (chêne, poirier, alisier, cormier, robinier faux-acacia, etc.) sont employés par l'industrie, il n'y a que les rameaux et les débris qui servent au chauffage.

Nous dirons que la dénomination de bois tendres ou blancs est fautive, car il existe des bois tendres colorés, exemples : le bouleau et l'aune.

Bois d'œuvre. — Les bois d'œuvre peuvent se diviser en deux groupes : 1° les *bois de charpente* et de *menuiserie;* 2° les *bois de travail* employés par l'ébénisterie et la tabletterie. Avant d'examiner quelles sont les qualités que doivent présenter les bois d'œuvre, nous devons nous occuper un instant des variations d'épaisseur présentées par le bois de printemps et le bois d'automne dans une même couche annuelle.

Bois de printemps; bois d'automne; leur épaisseur relative. — Dans le chêne et les essences feuillues, la couche de printemps conserve une épaisseur constante, celle de la couche d'automne est au contraire subordonnée à la nature du sol où l'arbre se nourrit et aux influences atmosphériques, lumière, chaleur, humidité ; il en résulte que, dans les arbres de cette catégorie, plus les couches annuelles sont épaisses, c'est-à-dire plus leur croissance a été rapide, plus leur valeur est considérable au point de vue industriel, puisque le bois d'automne est le plus résistant.

Dans les conifères au contraire, l'épaisseur de la couche de printemps est variable tandis que celle d'automne reste constante ; ici il faudra donc choisir les pieds venus dans un sol de mauvaise qualité et sous un climat rigoureux, si l'on désire un bois dur, élastique, où le bois de printemps soit en très faible proportion. Les pins des régions froides sont les plus estimés ; presque tous les mâts des grands vaisseaux se tirent des forêts de pins de la Suède et de la Norwège. L'élasticité n'est pas leur seule qualité ; ils sont très grands et parfaitement droits. Ceux de nos montagnes ont une tige un peu tourmentée par la neige qui s'accumule en masse sur les branches, au lieu de tomber en poussière comme dans les pays du Nord, où la température s'abaisse davantage. Les conifères si vigoureux qu'on rencontre dans les parcs fertiles, ne peuvent servir que pour le chauffage, à cause de leur croissance trop rapide.

Dans un bois de charpente, on recherche d'abord de

grandes dimensions ; les autres qualités exigées varient avec la destination du bois : les poutres, les étais de mines doivent être résistants ; les mâts des vaisseaux, résistants et élastiques. De longues fibres parallèles dénotent un bois élastique, facile à fendre ; lorsque ces longues fibres sont fortement incrustées, elles deviennent plus résistantes et moins élastiques.

Bois de travail. — Certains bois de travail doivent se fendre facilement, tel est celui qu'on destine à la fabrication du merrain (le merrain sert à confectionner les douves de tonneaux). Les bois qui prennent facilement un beau poli, tels que le poirier, le chêne-yeuse, le houx, sont formés de fibres courtes très épaisses.

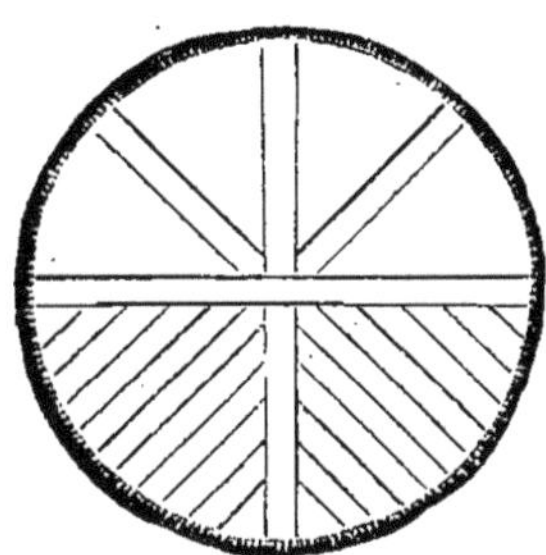

Fig. 69. — Section d'une bille de bois sur laquelle on a tracé les lignes suivant lesquelles le sciage doit être effectué.

L'ébénisterie donne la préférence aux bois riches en *maillures* et en *veinures*. Les maillures sont remarquables dans le chêne-yeuse et l'érable, elles sont formées par les rayons médullaires ; c'est pourquoi on scie les bois de prix dans le sens rayonnant, comme l'indique la figure 69. Les veinures se trouvent à la limite de deux couches annuelles. Elles donnent une grande valeur au noyer et aux broussins, c'est-à-dire à ces excroissances qui apparaissent sur les tiges de l'orme, du frêne, etc., à la suite des émondages.

Un bois d'œuvre de bonne qualité possède une couleur uniforme ; il doit être exempt de fentes dirigées dans le sens rayonnant (*gélivures*) et de fentes circulaires situées entre les couches annuelles (*roulures*).

Élagage des arbres. — *Plaies faites au bois. Origine des nœuds.* — Les fentes dues à la gelée ne s'aperçoivent pas quand une température plus élevée vient dilater le bois ; il se forme un tissu particulier appelé *tissu cicatriciel* qui tend à souder les deux bords de la plaie. La cicatrisation est rendue souvent impossible à cause des variations de température qui déterminent des dilatations et des contractions successives dans le bois et dans l'écorce; les fentes deviennent alors le foyer d'altérations plus ou moins profondes.

Les arbres isolés, et ceux qui, dans une forêt, font partie d'un massif incomplet où la lumière pénètre facilement, se couvrent de nombreuses branches gourmandes; à chacune d'elles correspond un nœud qui déprécie notablement les bois de charpente; c'est pourquoi il faut détruire les branches gourmandes, élaguer l'arbre aussitôt qu'on le peut. Les branches mortes doivent être complètement supprimées, car n'étant plus capables de se souder au bois de formation récente, elles y resteraient plantées comme des chevilles et diminueraient de beaucoup sa valeur comme bois d'œuvre; presque toutes les planches de sapins sont dépréciées par la présence de ce bois mort. Lorsqu'une branche se trouve mutilée accidentellement, on la coupe si c'est possible, à une certaine distance de son point d'attache et de préférence au voisinage d'un rameau; celui-ci attire la sève et empêche la branche de mourir. La section doit toujours être oblique et effectuée à la partie inférieure de la branche pour empêcher l'eau de pluie de pénétrer dans la plaie. Les grosses branches coupées trop court se dessèchent et se comportent comme du bois mort; coupées rez-tronc, elles laissent une cicatrice qui n'adhère plus aux couches annuelles formées ultérieurement. Dans le bois sur pied, on doit éviter de faire des entailles larges et profondes, car leur surface se mortifie et ne se soude plus à celui des années suivantes; en outre, elles retiennent l'eau de pluie, et sont l'origine d'altérations dues le plus souvent à des champignons: généralement on a la mauvaise habitude de les recouvrir de goudron. Cette matière contient une certaine quantité d'acide phénique qui désorganise les tissus de la plante; le mieux est d'employer des englûments à base de résine.

Époque de l'abatage du bois. — La valeur économique des bois varie avec l'époque de l'année à laquelle on les coupe. Les bois feuillus abattus en hiver se conservent plus longtemps, et possèdent une puissance calorifique plus considérable. Les résineux coupés pendant l'été sont plus légers et plus durables; comme ils ne repoussent pas de souche, on n'a pas à craindre que les recrues développées tardivement soient trop peu lignifiées, et se trouvent détruites par les froids de l'hiver.

Les bûcherons admettent qu'il faut couper le bois à tel ou tel âge de la lune; des hommes éminents ont également déclaré que la lune joue un grand rôle dans la végétation en général; cette influence il la faut rechercher non dans la lune elle-même, mais dans la température plus ou moins élevée qui accompagne ses diverses phases. On a trouvé par exemple que pendant les phases obscures, la température est plus élevée que pendant les phases lumineuses. Sans vouloir attribuer au préjugé populaire une importance qu'il ne mérite pas, on peut dire cependant qu'il n'est pas tout à fait dépourvu de fondement.

Buffon conseillait d'écorcer les arbres quelque temps avant de les abattre, afin d'augmenter la résistance de l'aubier. Cette pratique, qui a peut-être de la valeur, n'est pas suivie dans les forêts.

Effets de la gelée sur les bois. — Beaucoup de personnes admettent que la gelée solidifie la sève contenue dans les cellules et les fait éclater à la manière d'un vase rempli d'eau qu'on aurait exposé au froid. A cette explication, on a opposé la suivante : la partie extérieure d'un arbre se contracte en se refroidissant; étant mauvaise conductrice, elle empêche le cylindre central de ressentir les effets de l'abaissement de la température et d'éprouver une contraction correspondante; la zone externe, devenue trop étroite pour embrasser le noyau de la tige, se déchire sur divers points de sa surface avec un bruit comparable à celui d'un coup de fusil. Si la rupture était due à de la glace, on pourrait la recueillir dans les fentes qui se produisent; jamais on n'en a constaté la présence. Les fentes des cellules gelées seraient bien petites, puisque l'eau qui s'écoule d'une pomme de terre gelée ne renferme pas de grains d'amidon.

L'eau se congèle d'ailleurs très difficilement dans de très petits espaces clos et dans des tubes capillaires. Que devient alors le suc cellulaire dans une plante gelée? Il se concentre comme le fait de l'eau salée exposée au froid, et l'eau qui s'en sépare, se rassemble dans les méats où elle se solidifie ; ce transport de l'eau s'observe dans le blanc d'œuf qui est formé ainsi que les tissus végétaux de cellules séparées par des méats ; il est d'autant plus énergique que le suc cellulaire est lui-même plus aqueux.

Ce passage du suc cellulaire à travers les parois dénote un changement important dans le protoplasma qui, à l'état vivant, retient avec une grande force les matières dissoutes dans l'eau.

On dit souvent que la gelée *brûle* les jeunes plantes, les cellules d'un tissu gelé ont, en effet, perdu de l'eau aussi bien que si elles avaient été exposées au feu avec cette différence cependant, que l'eau n'ayant pas été soustraite à la plante, elle peut reprendre sa place à la condition que le dégel ne soit pas trop rapide.

Le dégel est bien plus à craindre que la gelée : on a vu des plantes geler toutes les nuits et rester vivantes parce que la température du jour étant peu élevée, le dégel s'effectuait lentement; quand on presse une feuille gelée avec le doigt ou tout autre corps chaud, la partie touchée, qui dégèle rapidement, noircit presque aussitôt, tandis que le reste de la feuille peut se conserver intact. On atténue l'action fâcheuse d'une température trop basse sur les vignobles en brûlant, avant le lever du soleil, des matières telles que le goudron, la paille humide, la sciure de bois qui donnent beaucoup de fumée, et l'on continue même d'alimenter ces feux lorsque le soleil est à l'horizon, afin d'empêcher ses rayons de provoquer un dégel rapide et désastreux.

Au printemps et à l'automne, la température s'abaisse parfois brusquement pendant la nuit. On peut, quand le froid n'a pas été trop intense, sauver les plantes déjà atteintes par la gelée, en les abritant avant le lever du soleil à l'aide de paillassons, de foin, de menue paille, etc.

Résinage ou gemmage. — La résine peut s'extraire de beaucoup de conifères où elle circule dans des canaux particuliers situés dans la tige ; dans le sapin argenté seulement elle existe exclusivement dans l'écorce, localisée dans de petites ampoules. Cette circonstance rend son bois moins élastique que celui de ses congénères. La résine de Strasbourg provient du sapin, la poix de Bourgogne de l'épicea, la résine de Venise du pin sylvestre. Les matières que nous venons de citer ne sont plus guère livrées au commerce que par des rôdeurs qui effectuent clandestinement le résinage dans les grandes forêts. En France, l'industrie du gemmage se pratique aujourd'hui presque exclusivement dans les *pignadas*, ces grandes forêts de pins maritimes qui bordent le littoral du golfe de Gascogne depuis Bordeaux jusqu'à Bayonne. Le gemmage s'opère du 1er mars au 1er novembre. Le résinier, armé d'une petite hache, pratique à la base d'un arbre âgé de vingt ans au moins, une première entaille de $0^{m},04$ à $0^{m},10$ de largeur sur $0^{m},10$ de hauteur; la résine qui s'écoule de la plaie est reçue dans un petit godet. La région entaillée étant épuisée, on remonte la plaie et le godet de quelques centimètres, à des intervalles de temps d'autant plus rapprochés que la saison est plus chaude. L'arbre est *gemmé à vie* lorsqu'il n'est entaillé que d'un seul côté, dans le *gemmage à mort* pratiqué sur les arbres destinés à être prochainement abattus, on attaque le tronc sur trois ou quatre points à la fois.

Le gemmage retarde la croissance du bois, mais il améliore sa qualité, aussi employait-on ce bois exclusivement il y a quelques années pour fabriquer des traverses de chemin de fer, des étais de mine, etc. On lui préfère aujourd'hui du bois non gemmé qui acquiert de plus grandes dimensions et qui est aussi résistant lorsqu'on l'injecte avec du sulfate de cuivre ou de la créosote (1).

EFFETS DE LA GELÉE SUR LES PINS MARITIMES. — La gelée produit sur les pins maritimes de singuliers effets qui furent étudiés avec soin par M. Prillieux après le rigoureux hiver de 1879-1880 : « Le bois gelé n'est pas moins riche en » résine que le bois non gelé, seulement, la résine ne s'en

(1) Le prix toujours croissant du bois de pin ordinaire, la concurrence faite à la résine française par les produits similaires de l'Amérique du Nord sont deux causes qui tendent à faire diminuer l'importance de l'industrie résinière en France.

» écoule plus. A quoi est dû ce phénomène? Doit-on admettre que la résine a subi, sous l'action du froid, quelque » modification? je ne le pense pas. Ce que produit la gelée » dans les tissus de l'arbre, ce n'est pas l'altération de la » résine, mais une certaine désorganisation des membranes » cellulaires qui en change complétement les propriétés physiologiques (1). »

§ 7. **Ecorce.** — Nous avons vu que l'écorce se compose du liber (liber mou, liber dur), de l'enveloppe herbacée et d'une couche protectrice formée de liège et d'épiderme.

Le liber dur est abondant chez certaines plantes, où il peut se détacher en feuillets analogues à ceux d'un livre; c'est à cette propriété qu'il doit son nom; parfois, il fait entièrement défaut. La couleur verte de l'enveloppe herbacée, très apparente sur les jeunes pousses recouvertes seulement d'épiderme, est dissimulée de bonne heure par le tissu protecteur qui naît dans la suite.

LIBER. — La longueur et l'épaisseur des fibres libériennes, leur flexibilité jointe à une grande résistance les rendent précieuses à l'industrie; celles du tilleul servent à la fabrication d'objets grossiers, cordes de puits, chapeaux, tapis, liens pour les céréales; elles sont de beaucoup moins précieuses que celles du chanvre et du lin, qui forment des filasses dont les usages sont aussi importants que variés.

Depuis quelque temps, les Indes envoient en Europe et à très bon marché la filasse d'une plante connue sous le nom de jute; malheureusement, les lessivages et même une humidité prolongée finissent par lui faire perdre sa résistance.

Le coton n'a pas la même origine que les textiles dont nous venons de parler, il provient des poils qui recouvrent la graine du cotonnier.

Distinction des filasses les plus employées. — Les filasses des diverses plantes textiles ont des valeurs bien diffé-

(1) *Annales de l'Institut national agronomique*, n° 3, 3e année 1878-1879.

rentes ; on comprend alors qu'il soit utile de pouvoir les distinguer facilement les unes des autres, surtout quand l'industrie les a transformées en cordes, fils, toiles, etc. Voici comment on peut procéder (1) : la matière à examiner est divisée en filaments très fins ; quelques-uns sont placés sur une lame de verre et traités par de l'iode en dissolution ; lorsqu'ils sont imbibés, on enlève l'iode à l'aide de papier buvard, puis on traite par l'acide sulfurique. La préparation est placée ensuite sous le microscope après avoir été recouverte d'une lame de verre très mince ; on aperçoit alors de longues fibres diversement colorées suivant les espèces.

Les fibres du lin (fig. 70) prennent une belle teinte bleue ; les cavités intérieures qu'elles présentent se colorent ou non en jaune.

Le coton (fig. 71) se colore également en bleu ; mais on le reconnaît rapidement à ses fibres plates et légèrement roulées en spirale.

Dans le chanvre (fig. 72) les fibres se colorent franchement en bleu ou en violet ; elles sont en outre entourées d'un mince filet jaune.

On peut distinguer immédiatement une seule fibre de jute (fig. 73) à sa couleur jaune intense, qui contraste avec celle des fibres de nature différente.

Nous avons emprunté à M. Vétillart les planches qui donnent les caractères des différentes fibres végétales.

Liège. *Son exploitation.* — Presque tous les végétaux sont protégés par du liège, mais dans quelques espèces seulement, il est assez homogène et assez abondant pour devenir l'objet d'une exploitation industrielle.

Le liège est levé pour la première fois lorsque les arbres ont environ 0m,30 de circonférence ; ce liège, appelé *liège mâle*, est grossier et de mauvaise qualité. Celui qui se reforme

(1) Ce procédé ne conduit cependant pas à une certitude absolue ainsi que l'a démontré récemment M. Cramer qui, chargé en Suisse d'une expertise, s'aperçut que ces colorations ne sont pas constantes. Dans les cas où la décision du micrographe peut faire condamner un négociant, on est obligé d'avoir recours à l'étude des débris végétaux qui accompagnent toujours les fibres et qui en trahissent la provenance.

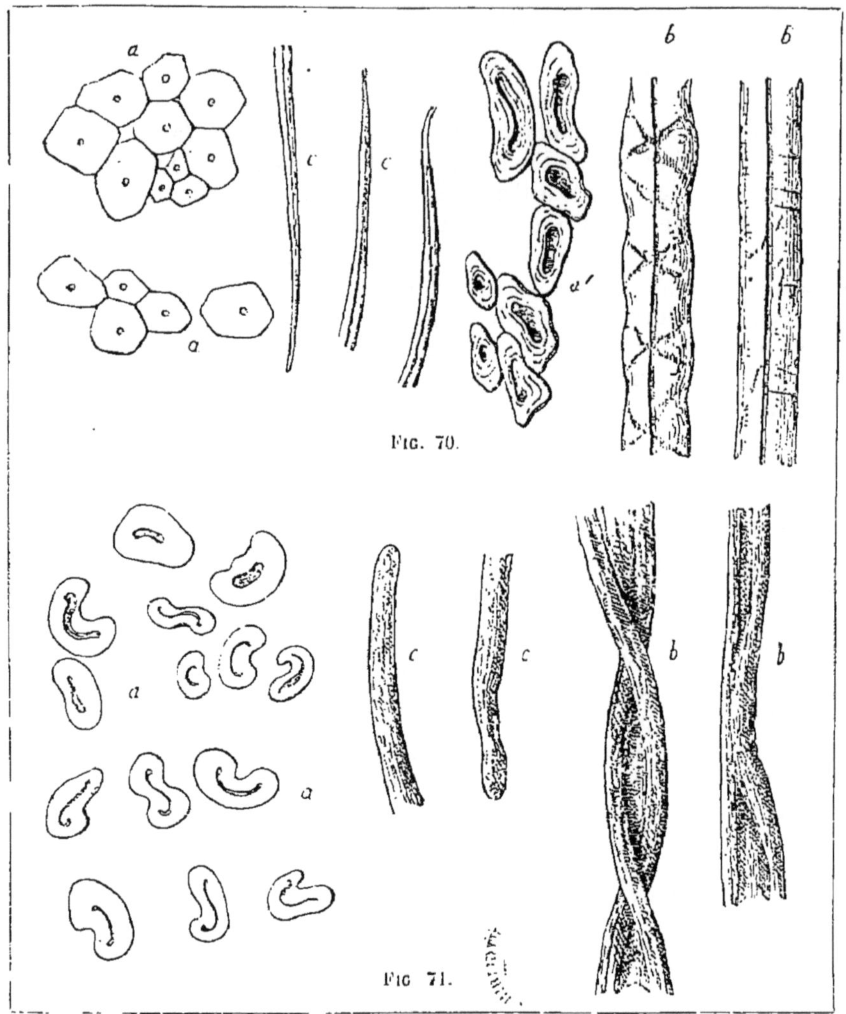

Fig. 70. — Lin. — *a, coupes transversales de la tige.* *a', coupes transversales du collet ou pied du lin.* La cavité intérieure des fibres est fortement colorée en jaune. — *b, fibres de la tige* préparées en long; la ligne jaune du milieu représente la cavité intérieure de la fibre. — *c, pointes* des fibres, fines et allongées comme des aiguilles. — Grossissement 300/1.

Fig. 71. — Coton. — *a, coupes transversales.* La cavité centrale allongée et contournée, comme la coupe, prend quelquefois une teinte jaune. — *b, fibres* légèrement roulées en spirale; le canal central se montre légèrement coloré en jaune. — *c, pointes* arrondies. — Gross. 300/1.

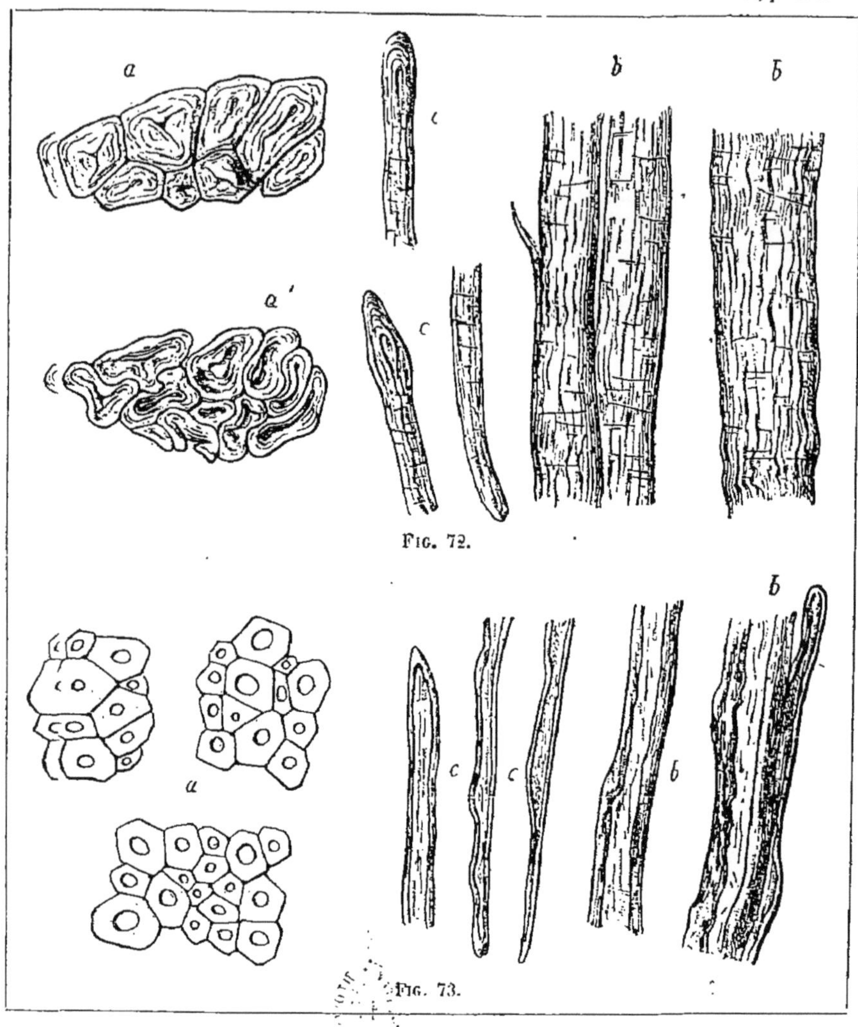

Fig. 72. — Chanvre. — *a, a', coupes transversales*, l'une colorée en bleu et l'autre en violet. — *b, fibres préparées* en long, montrant une légère teinte jaune à leur surface. — *c, pointes des fibres* généralement aplaties. — Grossissement 300/1.

Fig. 73. — Jute. — *a, coupes transversales*, montrant la cavité intérieure des fibres grande et à contour arrondi. — *b, fibres préparées en long;* canal intérieur très apparent. — *c, pointes* à extrémité irrégulière. — Grossissement 300/1.

plus tard est désigné sous le nom de *liège femelle*. On l'explore de temps en temps avec un poinçon de 0^{m},23 de long et on le lève quand il a atteint cette épaisseur. L'opération se fait du 1er juin au 1er août, l'enveloppe herbacée que les ouvriers appellent le *lard* ou la *mère* ne doit pas être endommagée puisque c'est elle qui donne naissance au liège; cependant, on y pratique des incisions longitudinales afin d'obtenir un liège non fendillé. Ce sont les arbres les plus âgés qui produisent le liège de qualité supérieure ; il suffit de compter le nombre des couches de liège qui recouvrent un arbre soumis à une exploitation régulière, pour savoir exactement combien d'années se sont écoulées depuis la dernière récolte. Le chêne occidental dans les sols siliceux ou argilo-siliceux du midi de la France, le chêne-liège dans les terrains schisteux et feldspathiques de la même région sont les deux arbres cultivés pour la production du liège.

ÉCORCE A TAN. — Chez nous l'écorce n'est pas seulement précieuse à cause de son liber et de son liège; celle de quelques espèces renferme une notable quantité de tannin, qui forme avec les peaux d'animaux un composé imputrescible et permet aux tanneurs d'en fabriquer du cuir. L'industrie des écorces à tan s'exerce sur le sumac et les diverses espèces de chênes. Les écorces de chêne les plus précieuses sont celles des espèces à feuilles persistantes qui croissent dans le midi de la France, et particulièrement celles du chêne kermès et du chêne yeuse ou chêne vert. La meilleure écorce à tan est lisse, brillante, un peu rugueuse à l'intérieur; en outre, sa cassure doit être blanche ; elle provient de jeunes arbres âgés de quinze ans environ et ayant un fût bien droit.

On lève l'écorce au moment de l'abatage; le mieux est de faire suivre immédiatement les deux opérations, c'est quand les bourgeons se gonflent et sont près de s'ouvrir, que l'écorce se détache facilement. L'écorçage peut être effectué à toutes les époques de l'année en projetant sur l'arbre un jet de vapeur d'eau surchauffée qui ramollit le cambium; la vapeur présente malheureusement le grave inconvénient de dissoudre du tannin.

B. Physiologie de la tige.

Au lieu d'examiner successivement les diverses parties de la tige comme nous l'avons fait dans le paragraphe précédent, nous réunirons dans une même étude toutes celles qui concourent à l'accomplissement d'une même fonction.

Nous ferons observer que le bois et l'écorce jouent dans les racines le même rôle que dans la tige; ainsi ce qui suit s'applique à l'axe tout entier.

Guidés par les considérations précédentes, nous distinguerons dans l'axe d'un végétal : 1° un tissu protecteur, 2° un tissu mécanique, 3° un tissu conducteur, 4° un tissu assimileur, 5° un tissu accumulateur, 6° un tissu multiplicateur.

§ 8. **Tissu protecteur.** — La plante est organisée pour résister aux forces brutales de l'extérieur : elle abrite ses tissus les plus délicats contre la morsure ou la piqûre des animaux, l'action du froid, de la sécheresse et de l'humidité. C'est l'enveloppe décrite sous les noms d'épiderme, de liège, de périderme, d'écorce crevassée ou rhytidome qui remplit cette fonction.

§ 9. **Tissu mécanique.** — La plante a besoin d'un squelette qui lui permette d'épanouir ses divers organes dans le sol et dans l'atmosphère sans craindre d'être déformés, brisés par le moindre effort extérieur, ou arrêtés dans leur développement par le plus léger obstacle. Ce sont les fibres qui constituent la charpente d'un végétal, mais c'est spécialement aux fibres libériennes qu'il convient d'appliquer le nom de tissu mécanique, car les fibres du bois remplissent en outre une fonction importante signalée plus loin.

§ 10. **Tissu conducteur.** — La solution alimentaire que les poils radicaux puisent dans le sol, se dirige à travers la racine et la tige dans les parties vertes pour y être organisée. Dans les jeunes plantes, le cylindre central tout entier, moelle, bois, rayons médullaires, concourt à effectuer ce transport ; chez les plantes vivaces, la moelle se dessèche de bonne heure, et avec le duramen elle cesse de participer à cette fonction. Il est de connaissance vulgaire, que dans les vieux troncs de poiriers, de châtaigniers, de saules, le duramen tombe en décomposition sans que ces arbres paraissent en souffrir.

Avant d'aller plus loin, nous pouvons expliquer à présent pourquoi la proportion de bois parfait va toujours en s'accroissant dans la tige et la racine des végétaux ligneux, tandis que celle de l'aubier s'y réduit de plus en plus. Une fois que les arbres ont atteint l'âge adulte, la surface occupée par la cime (branches et feuilles) reste à peu près constante ; il en résulte que l'évaporation qui s'y produit varie fort peu ; dès lors, il est inutile que la section de l'aubier destiné au transport de l'eau aille en s'accroissant, aussi les couches annuelles passent-elles rapidement à l'état de bois parfait.

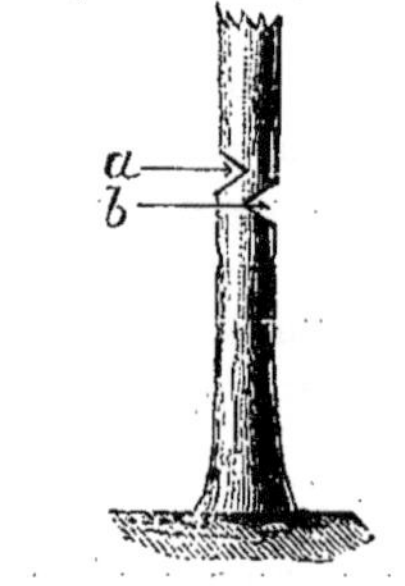

Fig. 74. — Expérience de Hales. — *a* et *b*, incisions.

Le terme *aoûter*, si souvent employé dans la pratique pour désigner un certain état de consistance du bois, n'a pas encore été défini d'une manière précise au point de vue physiologique ; nous croyons qu'il faut entendre par là un bois dont une partie ne sert plus au transport de la sève.

Les vaisseaux qu'on croyait exclusivement destinés à cet usage, sont de simples réservoirs pour le liquide ascendant ; pendant l'été, ils sont remplis d'air. Pratiquons dans une tige deux incisions *a* et *b* (fig. 74), telles que tous les vaisseaux soient coupés (expérience de Hales) ; après cette opération les feuilles ne semblent pas souffrir ; elles restent turgescentes comme par le passé : c'est une preuve que les cellules du bois sont capables de charrier l'eau qui vient des racines.

Ce liquide alimentaire, chargé de matières minérales, porte dans sa marche de bas en haut le nom de *sève montante* ou *ascendante ;* quand une partie des substances qu'il renferme a été élaborée dans les organes verts, il redescend et porte à partir de ce moment le nom de *sève descendante.* La sève descendante circule depuis le sommet de la plante jusqu'à l'extrémité des racines; c'est dans l'écorce et particulièrement dans le liber mou qu'on la voit cheminer. Lorsqu'on incise une écorce transversalement, la lèvre supérieure de la plaie se gonfle fortement, et il s'y produit un bourrelet dû à l'accumulation des matières élaborées qui n'ont pu continuer leur marche vers la racine.

Les lianes, à cause de leur faible diamètre et de leur grande longueur, sont journellement exposées à perdre un anneau complet d'écorce; elles disparaîtraient certainement des forêts tropicales, si la nature ne leur avait donné une structure appropriée à ces conditions spéciales. Du liber mou situé dans la moelle, ou disposé en lames rayonnantes au milieu du tissu ligneux, convoie la sève descendante concurremment avec celui de l'écorce; quand celui-ci est détruit, le premier, non endommagé, fonctionne seul, et permet à la plante de conserver sa vitalité.

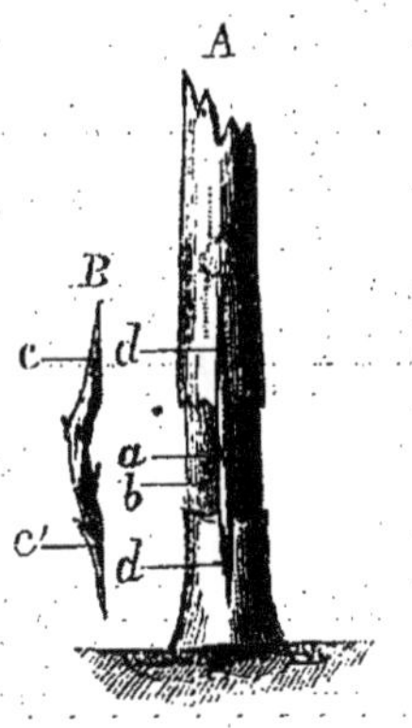

Fig. 75. — Greffe américaine. — A, sujet décortiqué en *b*, son écorce est fendue en *d*, *d*, afin de pouvoir introduire le greffon *a*; B, greffon taillé obliquement à ses deux extrémités *c*, *c'*.

Outre les courants dirigés dans le sens longitudinal de la tige, et qui sont de beaucoup les plus importants, il existe des courants transversaux, de façon que la sève, qu'elle soit ascendante ou descendante, peut se rendre dans tous les points où elle est nécessaire.

Greffe américaine. — Un arbre est condamné à périr quand un animal a rongé son écorce sur tout son pourtour et sur une hauteur telle que le bourrelet supérieur ne puisse fermer la plaie; une petite quantité de sève descendante passe bien de l'écorce supérieure à l'écorce inférieure en suivant le bois; mais ces courants secondaires, sont beaucoup trop faibles pour nourrir les organes situés au-dessous de la blessure.

Pour lui rendre sa vigueur première, on coupe alors sur ce

même arbre une série de rameaux bien sains, âgés d'un an et d'une longueur un peu supérieure à la distance qui sépare les deux lèvres de la plaie; on les taille en biseau aux deux extrémités qu'on glisse ensuite sous l'écorce entamée comme l'indique la figure 75. Un intervalle de 0m,06 à 0m,10 est laissé entre les rameaux ainsi appliqués sur le bois; on recouvre de mastic à greffer les parties exposées à l'air. Ces rameaux jouent le rôle de canaux faisant communiquer les deux portions d'écorce accidentellement isolées.

Incision annulaire. — Pour hâter la maturation des fruits, des raisins en particulier, on enlève un anneau d'écorce (fig. 76) à la base du rameau qui les porte. La sève descendante du rameau ne trouvant pas d'issue s'y accumule, et fournit à la grappe une plus grande somme d'aliments.

Fig. 76. — *a*, incision annulaire pratiquée sur la vigne.

Causes du mouvement de la sève. — Le mouvement de l'eau dans la plante reconnaît quatre causes principales : 1° la poussée des racines; 2° la nutrition de la plante; 3° la transpiration; 4° les changements de volume éprouvés par les gaz qu'elle renferme.

1° *Poussée des racines.* — Cette propriété que possèdent les racines au réveil de la végétation est bien connue de tous. Quel est le vigneron qui n'a pas vu pleurer la vigne en la taillant? Ces pleurs ne sont autre chose que la sève ascendante, c'est-à-dire de l'eau légèrement chargée de matières salines et de sucre; elle est chassée par les racines avec une force considérable qu'on peut mesurer facilement; la souche décapitée est introduite dans une virole qui soutient un tube manométrique dans lequel on verse du mercure (fig. 77). La colonne mercurielle s'élève généralement à $0^m,735$; ainsi une souche de moyenne grosseur, ayant une section de 5 centimètres carrés par exemple, chasse la sève avec une force capable de soutenir environ 5 kilogrammes ; 16 pieds de vigne semblables développent une force égale à celle d'un homme ordinaire.

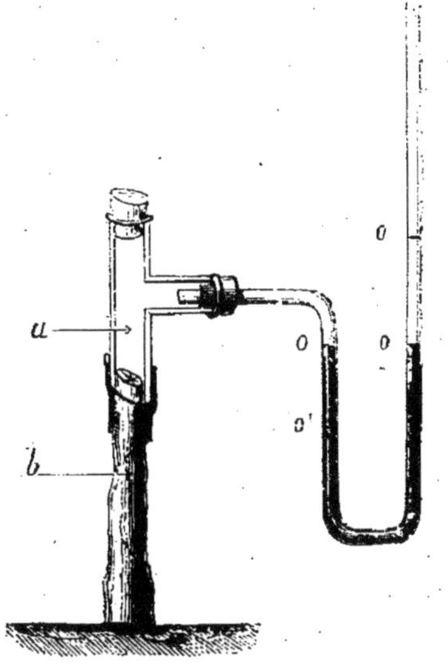

FIG. 77. — Poussée des racines. — *a*, tube manométrique ; *b*, souche décapitée ; *o'*, *o'* niveau du mercure lorsque la pression se fait sentir ; *o*, *o*, niveau initial du mercure.

L'écoulement de sève que nous avons constaté dans la vigne est un phénomène très général dont l'homme tire profit en maintes circonstances. Dans les pays chauds, le voyageur altéré peut se procurer une boisson agréable en incisant bon nombre de plantes. Le vin de palme n'est pas autre chose que de la sève sucrée extraite de divers palmiers, et abandonnée à la fermentation. Quand le sommet de la plante à laquelle on s'adresse est herbacé, on l'abat et l'on creuse une sorte d'entonnoir où la liqueur se rassemble ; c'est ainsi qu'on procède au Mexique vis-à-vis de l'aloès ; au milieu d'une rosette de feuilles, pousse une sorte d'asperge d'un pied de diamètre environ ; en la coupant, on peut recueillir, à certaines époques de l'année, jusqu'à vingt litres de sève dans une seule journée. Les naturels de la Nouvelle-Grenade et du Vénézuela ne manquent jamais de faire cracher de vieilles femmes dans les jattes contenant la sève de palmier afin d'en provoquer la fermentation ; inutile de dire que c'est là une pratique inefficace, purement superstitieuse, car le ferment de la salive n'est pas capable de transformer le sucre en alcool. Nous avons déjà dit que le sucre consommé dans l'Amérique du Nord s'extrait de la sève de l'érable à sucre.

2° *Nutrition* et 3° *Transpiration*.—La plante, soit qu'elle s'incorpore de l'eau, soit qu'elle la rejette dans l'air sous forme de vapeur, agit par succion à la manière d'une pompe aspirante vis-à-vis de l'eau qu'absorbent les racines.

4° *Influence des changements de volume des gaz contenus dans la plante.*—Lorsqu'on brûle une bûche de bois vert dans un foyer ardent, elle chante et laisse échapper de l'eau écumeuse à son extrémité libre. La chaleur se transmettant de proche en proche dans le morceau de bois, dilate les gaz emprisonnés qui s'échappent et entraînent l'eau, en formant des bulles analogues à celles qu'on obtient lorsqu'on souffle dans une eau savonneuse. Si la température de la plante s'élève subitement, comme cela a lieu parfois en été, pendant une éclaircie succédant à un ciel couvert, les gaz intérieurs dilatés refoulent la sève, et la plante peut se faner; au contraire, s'il y a refroidissement, les gaz se contractent, leur tension diminue et l'eau extérieure se trouve appelée dans le végétal.

5° *Pression des gaz à l'intérieur des végétaux.* — Les forces que nous venons d'examiner — poussée des racines, nutrition, transpiration, changement de volume des gaz intérieurs — agissent simultanément; leur résultante détermine un vide relatif dans la plante. Il est facile de s'en convaincre: en coupant une jeune tige sous le mercure, ce dernier injecte le bois détaché jusqu'à une certaine hauteur.

Voici quelques nombres indiquant la pression des gaz contenus dans diverses plantes:

Chêne pédonculé.....	0m,245	de mercure	au lieu	de 0m,76
Marronnier d'Inde...	0m,370	—	—	—
Lilas	0m,240	—	—	—
Orme champêtre.....	0m,200	—	—	—

Lorsqu'on coupe une branche très longue, ses feuilles et ses fleurs se fanent rapidement au soleil, même quand on la plonge dans l'eau; l'air intérieur s'est mis en équilibre de pression avec celui de l'atmosphère, et l'eau, n'étant plus aspirée, ne peut remplacer celle qui est enlevée des feuilles par l'évaporation. En fixant (fig. 78) l'extrémité de la branche dans un tube en U renfermant de l'eau comprimée par une colonne de mercure o, o', de l'air est expulsé, et le vide relatif rétabli ; l'eau peut dès lors y circuler comme dans un végétal entier. Si au lieu d'une branche de grande longueur, nous avions pris un petit rameau, la capillarité aurait fait monter le liquide jusqu'aux feuilles, et dissimulé l'influence de la pression.

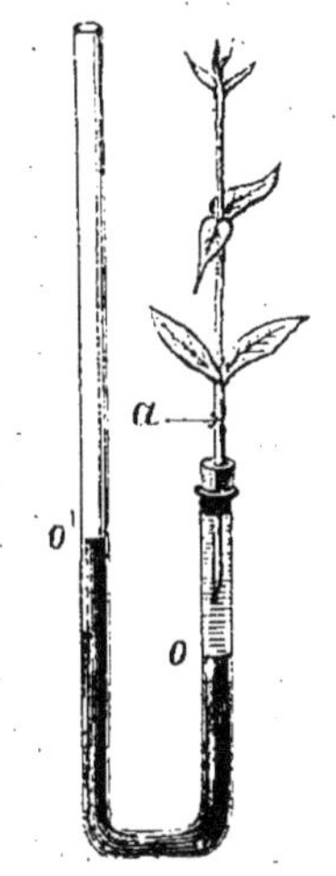

Fig. 78. — Injection d'eau dans un rameau. — *a*, rameau à injecter ; *o*, *o'*, tube contenant l'eau et le mercure.

6° *Mécanisme de la circulation de la sève.*— Jusqu'alors, nous avons étudié le mouvement de l'eau d'une manière générale, pour ainsi dire comme si elle circulait librement dans un canal développé depuis l'extrémité des racines jusqu'au sommet des rameaux les plus élevés ; nos études anatomiques nous ont cependant appris qu'elle doit nécessairement traverser une foule de petits éléments clos, cellules ou fibres ; maintenant, nous allons envisager le phénomène par le menu, rechercher comment le transport s'effectue de proche en proche.

Nous considérerons avec M. Bœhm, auquel est due la théorie suivante, ce qui se passe : 1° dans une cellule à parois minces et élastiques ; 2° dans une fibre à parois résistantes.

1° Lorsqu'une cellule vient à perdre une partie de son eau, elle tend à s'aplatir, mais la paroi élastique reprend vite sa forme initiale, et la diminution de pression qui en résulte attire l'eau d'une cellule voisine, dont la tension intérieure se trouve être supérieure à la sienne ; celle-ci se comporte ensuite comme la précédente à l'égard de celles qui ne sont pas encore appauvries. En un mot, la cellule fonctionne à la manière d'une pompe aspirante ou mieux encore à la manière de ces poires de caoutchouc dont on se sert pour aspirer des liquides.

2° Les fibres possèdent des parois trop résistantes pour se prêter aux changements de forme qui provoquent le transport de l'eau d'une cellule à l'autre ; l'air qu'elles renferment devient l'agent du mouvement. Supposons que le volume de la sève contenue dans une fibre quelconque aille en diminuant : l'air emprisonné se détend, et le vide relatif qui se produit appelle le liquide des cellules environnantes pour rétablir l'équilibre rompu. La bulle d'air, alternativement dilatée ou comprimée, joue le rôle de la poire de caoutchouc ; elle aspire ou refoule l'eau à travers les portions amincies de la paroi fibreuse qui correspondent aux ponctuations.

§ 11. **Tissu assimilateur.** — L'écorce primaire, appelée couche herbacée, à cause de la couleur verte que lui donne la chlorophylle, est la seule zone qui dans l'axe représente le tissu assimilateur. Dans les tiges âgées, elle finit même par disparaître.

§ 12. **Tissu accumulateur.** — Pendant l'été, l'axe, tout en grandissant, emmagasine de l'amidon dans les cellules vivantes de la moelle, dans les rayons médullaires, le parenchyme ligneux, le liber mou, et l'enveloppe herbacée. Une partie de ces matériaux de réserve nourrit les bourgeons pendant l'hiver et au réveil de la végétation, alors que la plante ne possède pas encore d'organes assimilateurs ; enfin le reste est brûlé par la respiration.

§ 13. **Tissu multiplicateur.** — Le cambium, situé entre l'écorce et le bois, le point végétatif qui, dans les racines existe au-dessous de la pilorhize, et dans la tige au-dessous des écailles des bourgeons, ont l'un et l'autre pour tâche de multiplier les éléments de la plante. A proprement parler, on peut dire que toutes les nouvelles formations procèdent du cambium. C'est lui qui, par la division de ses cellules, détermine l'accroissement d'une plante en longueur et en grosseur, lui permet de cicatriser ses plaies et même de se souder à un autre végétal.

Influence des pressions extérieures sur la consistance des tissus de l'axe. — Nous savons déjà que dans les arbres de nos climats, le bois d'automne se distingue du bois de printemps par une plus grande dureté. A quoi faut-il attribuer cette différence? A une pression plus grande exercée par l'écorce sur le cambium à l'époque de la sève d'août. On peut en effet, en modifiant cette pression, obtenir à volonté du bois d'automne ou du bois de printemps. Qu'on ligature un jeune arbre au commencement de la végétation, et qu'au mois d'août on fasse une coupe transversale à la hauteur de l'étranglement causé par la ligature; si on l'examine au microscope, comparativement avec une autre coupe transversale effectuée à un niveau différent, on remarque aussitôt que, les vaisseaux, les cellulles aussi bien que les fibres, en un mot, tous les éléments issus du cambium, présentent, avec des parois plus épaisses, un diamètre moindre que ceux de la deuxième coupe; le bois ressemble à celui d'automne.

Réciproquement, le bois d'automne peut se transformer en bois de printemps; qu'on pratique dans l'écorce des incisions longitudinales qui pénètrent jusqu'au liber: entre deux incisions consécutives, le bois conserve son aspect normal, celui qui leur correspond offre l'apparence du bois de printemps; n'éprouvant plus de résistance vers l'extérieur, ses éléments prennent dans cette direction un plus grand développement que dans les conditions ordinaires. Quant aux cellules qui naissent sur les bords de la plaie, elles s'allongent dans le sens radial, et présentent la forme de tubes terminés en massue qui se cloisonnent en même temps qu'ils s'accroissent; ces formations nouvelles constituent le tissu spécial auquel on a donné le nom de *tissu cicatriciel* pour rappeler sa destination.

C'est à des pressions inégales supportées par les cellules turgescentes, soit du côté des ponctuations que présentent les vaisseaux, soit du côté des méats intercellulaires, qu'il faut attribuer la formation des thylles (voy. page 43) et des cellules ramifiées (voy. fig. 6); dans quelques plantes, ces dernières ressemblent assez à des poils ramifiés, ce qui leur a fait donner, à raison de leur situation, le nom de *poils intérieurs*.

Conséquences pratiques. — *Incisions longitudinales pratiquées dans l'écorce.* — Il arrive souvent que des arbres déjà âgés deviennent souffreteux sans cause apparente, et que des incisions longitudinales, pénétrant jusqu'à l'écorce, suffisent pour leur rendre toute leur vigueur; cette pratique, bien connue de quelques arboriculteurs, a pour effet de déterminer la formation d'une couche annuelle composée d'un tissu délicat, capable de laisser circuler la sève avec plus de facilité que le tissu dense produit sous l'influence de la pression exercée par la vieille écorce.

Influence du vent sur le développement des arbres. — Si les vents violents sont dangereux pour nos récoltes, il faut dire qu'ils agissent favorablement lorsque leur puissance est modérée. Knigth planta de jeunes pommiers, et priva la base des tiges de tout mouvement en les fixant à des tuteurs; la partie immobile se développa moins que l'extrémité restée libre; un autre pommier, disposé de telle sorte qu'il ne puisse osciller que du nord au sud, présenta, au bout d'un certain temps, une tige à section elliptique dont le petit diamètre correspondait à la direction est-ouest. Les mouvements de l'arbre relâchent l'écorce qui presse moins le cambium, et facilitent la circulation de la sève; les cellules plus turgescentes favorisent le développement des bourgeons, et, par conséquent, celui de nouveaux organes assimilateurs.

CHAPITRE VII

MULTIPLICATION ARTIFICIELLE

A. Greffage.

§ 1. **Définition de la greffe.** — La *greffe* a pour but d'implanter un *greffon*, c'est-à-dire une portion d'un végétal sur un végétal différent appelé *sujet*, qui lui sert de support, et le nourrit exactement comme le ferait le pied-mère duquel on l'a détaché.

En arboriculture, on nomme *sauvageons* les arbres venus de graines et non greffés. Les arbres *francs de pied* sont ceux qui ont été obtenus autrement que par semis (bouturage, marcottage).

§ 2. **Avantages de la greffe.** — La greffe est précieuse quand il s'agit de multiplier les espèces dont les graines ne mûrissent pas complètement sous notre climat, ou qui se font remarquer par certaines particularités, telles que la forme bizarre, la panachure des feuilles, la beauté de leurs fleurs, la couleur, le volume, la saveur de leurs fruits, leur précocité, la direction de leurs rameaux, anomalies qu'il serait impossible de perpétuer par voie de semis. Elle est également recommandable pour obtenir en peu de temps la fructification de variétés dont on ignore la valeur; les vignes greffées fructifient au bout de trois ou quatre ans, tandis qu'il leur en faut sept à huit lorsqu'on les multiplie par semis.

§ 3. **Greffes naturelles.** — On rencontre souvent dans les forêts des exemples de greffes naturelles. Quand deux tiges naissent d'une même souche ou tout près l'une de l'autre, le vent peut, en les agitant, détruire les parties d'écorce qui se touchent; le cambium des deux plantes donne alors naissance, si les tiges restent ensuite assez longtemps immobiles, à un bourrelet cicatriciel qui les unit intimement.

§ 4. **Végétaux qui peuvent se greffer entre eux.** — On ne peut greffer en général que des plantes du même genre et plus rarement de la même famille.

On greffe entre elles les diverses variétés de poiriers, de pommiers, de rosiers, etc., le poirier sur le cognassier et l'aubépine, le pêcher sur le prunier et l'amandier, le néflier sur l'aubépine. Dans ces divers exemples, le sujet et le greffon appartiennent à la même famille. Le poirier et le pommier ne se soudent que rarement entre eux, bien que ces deux espèces soient très voisines l'une de l'autre.

Les anciens possédaient sur la greffe les idées les plus erronées; ils supposaient qu'en unissant un rosier à un cassis on obtenait des roses noires; la vigne sur le noyer devait produire des raisins à grains très gros rappelant la saveur du brou de noix. Récemment encore, on proposait de greffer la vigne sur le cerisier de Sainte-Lucie ou cerisier Mahaleb dont les racines ne redoutent pas les atteintes du phylloxera : si le greffon s'est développé dans quelques circonstances, il faut chercher la cause de ce résultat ailleurs que dans la greffe : il est probable qu'ayant été enterré accidentellement, le rameau de vigne a émis des racines à la manière d'une bouture.

§ 5. **Conditions à remplir pour assurer le succès d'une greffe.** — L'analogie de végétation n'est pas moins importante que l'analogie botanique, il est indispensable qu'au réveil de la végétation des espèces unies entrent simultanément en activité. Il n'est pas possible de greffer des variétés à feuilles caduques sur d'autres à feuilles persistantes; car, dans ces dernières, la vie n'étant pas éteinte pendant les froids de l'hiver, il faut nécessairement un greffon qui puisse alimenter le sujet; les matériaux qu'il continue de puiser dans le sol ne peuvent lui profiter faute d'un tissu assimilateur qui les lui élabore pendant toute l'année. Le contraire réussit très bien, parce que le sujet évapore de l'eau, assimile et force ainsi le sujet à participer au transport de la sève depuis les racines jusqu'aux feuilles, celui-ci joue dans ce cas un rôle purement physique.

Les greffons auxquels on donne la préférence sont des scions âgés d'un an; plus vieux, leur tissu aurait moins de vitalité et la soudure avec le sujet serait incertaine.

On choisit toujours des pousses bien saines, car les altérations qu'elles pourraient présenter se retrouveraient et s'étendraient sur l'arbre tout entier.

Il est bon que la végétation du greffon soit un peu en retard sur celle du sujet; il se dessécherait si elle était trop avancée, car, dans les premiers moments, la sève du sujet pourrait ne pas suffire à l'active évaporation dont il devient le siège. On réalise cette condition en coupant les greffons un mois ou deux avant l'opération du greffage, on les enterre ensuite au pied d'un mur exposé au nord; pendant cette période, ils restent stationnaires, tandis que la végétation du sujet subit l'influence de la température extérieure.

Les parties les plus vivantes du greffon et du sujet, c'est-à-dire le liber, le cambium et le jeune parenchyme ligneux, doivent se correspondre sur une large étendue. De ces tissus, c'est le cambium principalement qui organise au point d'union des végétaux greffés un tissu cicatriciel qui les soude et permet à la sève de passer de l'un à l'autre, qu'elle soit ascendante ou descendante.

A l'aide de ligatures, on maintient le contact entre les parties rapprochées, et l'on recouvre les plaies exposées à l'air d'un englûment qui résiste à la fois à l'humidité et aux changements de température; nous répétons qu'il faut se garder d'employer le goudron ordinaire qui brûlerait les jeunes tissus.

La sève circule assez difficilement au point d'union du sujet et du greffon, elle s'y accumule et forme un bourrelet. Quand le greffon acquiert un plus grand diamètre que le sujet, on pratique sur ce dernier des incisions longitudinales qui favorisent son accroissement.

Les deux parties de la greffe conservent leurs caractères anatomiques comme si elles vivaient isolées l'une de l'autre. Quand on examine celle du pêcher sur le prunier, on peut voir au-dessus de leur point d'union le bois blanc du pêcher et au-dessous le bois rouge du prunier.

§ 6. **Classification des greffes.** — Les greffes connues aujourd'hui sont à peu près au nombre de deux cents; elles peuvent se rapporter aux trois catégories suivantes : 1° *greffes par approche;* 2° *greffes par scions;* 3° *greffes par bourgeons ou en écusson.*

I. Greffes par approche. — La greffe par approche (fig. 79) consiste à unir deux plantes voisines par des entailles correspondantes, et à ne détacher le greffon du pied-mère qu'à une époque où ce dernier s'est complètement soudé au sujet.

Cette sorte de greffe sert à former des haies fruitières, à remplir les vides que l'on observe dans la charpente des arbres fruitiers, ou encore à augmenter la grosseur des fruits en greffant un rameau gourmand avec leur pédoncule.

L'époque où elle se pratique est à peu près indifférente; que les plantes soient ou non couvertes de feuilles, le greffon ne craint pas d'être desséché puisque son pied-mère le nourrit pendant toute la période qui précède la reprise. Au lieu de l'isoler d'un seul coup, il vaut mieux, pour certaines espèces délicates, pratiquer une légère entaille à sa base et en augmenter progressivement la profondeur; en opérant ainsi, le greffon s'habitue à recevoir exclusivement sa nourriture du sujet.

On voit qu'entre la greffe par approche et la marcotte il existe une analogie frappante.

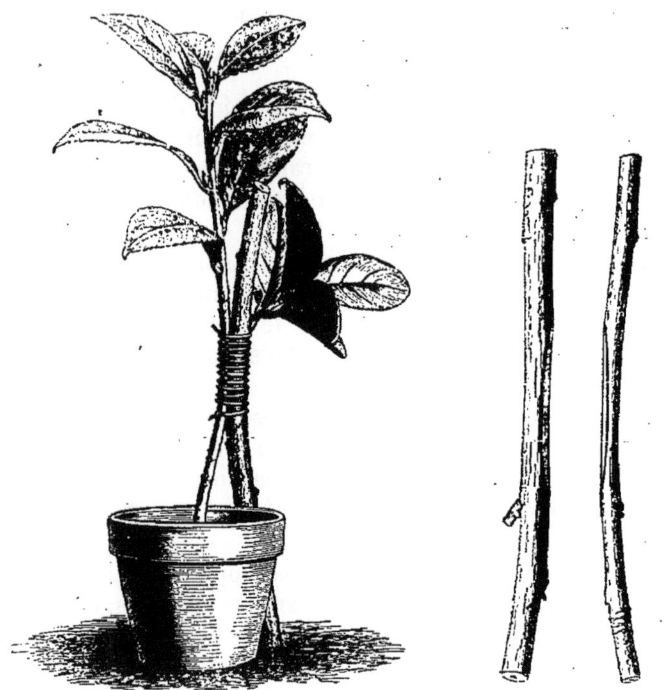

FIG. 79. — Greffe par appproche. — La figure de droite montre les entailles pratiquées sur le sujet et sur le greffon ; celle de gauche la greffe terminée.

II. GREFFES PAR SCIONS OU RAMEAUX. — Elles consistent à transporter sur le sujet une pousse de l'année ; le sujet est au greffon ce que le sol est à la bouture. Les greffes par scions se divisent en deux *sections :* 1° *greffes en fente ;* 2° *greffes en couronne.*

1re section. *Greffes en fente.* — On coupe transversalement la tête du sujet à l'aide d'une serpette ou d'une scie :

ce dernier instrument déchire le bois; il faut, après s'en être servi, aplanir la plaie avec une serpette bien tranchante. Le greffon est choisi à la partie moyenne du rameau; à la partie inférieure, les bourgeons sont peu vigoureux; parfois même ils font complètement défaut; au sommet, le bois n'est pas suffisamment aoûté. La tête du sujet est fendue suivant un diamètre sur une longueur de 6 à 7 centimètres environ.

On taille en lame de couteau la partie inférieure du greffon sur une longueur de 4 à 5 centimètres et de telle sorte qu'il reste un bourgeon sur le dos au point où l'entaille commence; la partie supérieure est coupée obliquement au-dessus du troisième bourgeon, lequel doit, autant que possible, être situé du même côté que celui de la partie inférieure.

Le greffon est implanté dans le sujet, de manière que les bords internes des deux écorces se correspondent exactement; en pratique, le greffon est légèrement incliné vers le centre du sujet; on est alors assuré qu'il y a contact au moins en un point, puisque les deux écorces se croisent ; on ligature, puis on recouvre les plaies d'un englûment. Il est bon d'abriter les greffons avec un cornet de papier pour les empêcher de se dessécher.

Les oiseaux endommagent bien souvent les greffons sur lesquels ils se perchent; on prévient cet accident en fixant ces derniers sur une baguette en forme de cerceau attachée au sommet du sujet; elle sert de perchoir aux oiseaux, et permet d'imposer au greffon telle direction qui convient à la formation de la tête de l'arbre.

Dans la suite, il faut s'assurer que les ligatures ne sont pas trop serrées, car elles étrangleraient les tissus en voie de croissance.

Le sujet décapité se couvre de pousses qui élaborent la sève destinée à former le tissu cicatriciel; il ne faudrait cependant pas leur laisser prendre un trop grand développement, car elles affameraient le greffon; aussitôt que ce dernier est soudé au sujet, on commence par couper avec l'ongle (pincement) l'extrémité herbacée des rameaux les plus vigoureux, puis on les supprime progressivement en commençant à la base du sujet; ceux du sommet sont coupés à leur tour, lorsque les pousses du greffon ont atteint une longueur de 15 centimètres environ.

Greffe en fente simple (fig. 80). — Sur les jeunes sujets on n'implante qu'un greffon; cette greffe est nommée *greffe en fente simple*.

Greffe en fente double. — La greffe en fente double se pratique sur des sujets dont le diamètre dépasse 5 à 6 centimètres.

Avec deux greffons on a deux chances de succès au lieu d'une.

Quand on veut former la tête d'un arbre de haut vent, il faut avoir soin de supprimer le moins vigoureux des greffons lorsqu'ils reprennent tous les deux; la pousse unique que l'on conserve se soude plus complètement, elle résiste mieux aux vents violents, et le sujet est moins exposé à se fendre en deux.

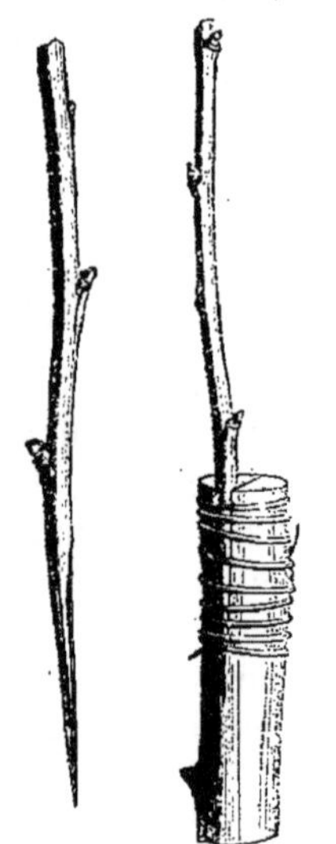

Fig. 80. — Greffe en fente simple. — A gauche on voit le greffon préparé; à droite, la greffe terminée.

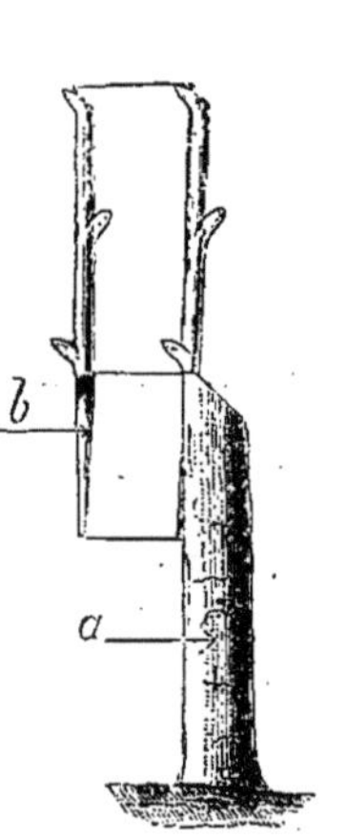

Fig. 81. — Greffe Bertemboise. — *a*, sujet; *b'*, extrémité du greffon taillée en lame de couteau.

Greffe Bertemboise. — Elle se pratique sur de petits sujets qui ne peuvent porter qu'un seul greffon; la tête du sujet coupée en biseau et fendue (fig. 81) se termine par une petite surface horizontale, où l'on implante le greffon; les plaies dans la greffe Bertemboise se cicatrisent plus rapidement que dans les autres greffes; en outre, l'afflux de la sève au sommet du biseau accélère la reprise du greffon.

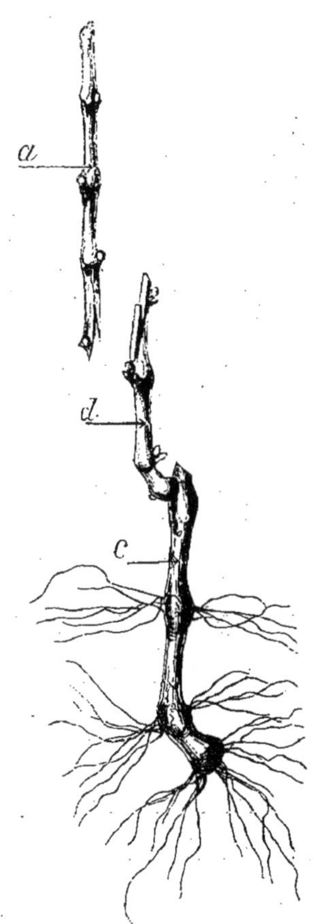

Fig. 82. — Greffe en fente anglaise. — *a*, greffon; *c*, *d*, sujet obtenu par bouturage du rameau *c*; *d*, pousse de l'année sur laquelle s'effectue la greffe.

Les greffes précédentes ne réussissent avec la vigne qu'à la condition d'amputer la tête du sujet presque au niveau du sol et d'accumuler un peu de terre à la base du greffon. Celui-ci conserve sa fraîcheur, et développe des racines; on a ainsi pratiqué une *greffe-bouture*. Depuis l'invasion du phylloxera on greffe fréquemment des vignes françaises sur des souches américaines qui lui résistent mieux, mais qui produisent du vin de mauvaise qualité. Il est évident qu'à l'heure actuelle, si l'on veut bénéficier de la résistance des vignes américaines, le greffon ne doit jamais être enterré; la greffe en fente anglaise, pratiquée exclusivement aujourd'hui dans les vignobles, satisfait à cette importante condition.

Greffe en fente anglaise. — Un peu au-dessus du niveau du sol, on coupe la tête du sujet en un biseau allongé qu'on refend obliquement, de manière à obtenir une languette partant du tiers supérieur de la plaie (fig. 82). La même opération se répète, mais en sens inverse, sur le greffon. La greffe anglaise offre de plus grandes chances de succès que la greffe en fente simple, car les surfaces en contact sont considérablement augmentées par les deux languettes. On conserve un bourgeon à la partie inférieure du greffon et un second au sommet du sujet; l'un et l'autre attirent la sève vers les points de soudure.

La greffe anglaise présente l'inconvénient d'exiger un greffon et un sujet de même diamètre. Lorsqu'il est impossible de réaliser cette condition absolue, le greffon, toujours plus petit que le sujet, est fixé de telle sorte que les deux écorces soient en rapport au moins sur une certaine étendue.

Greffe Lée. — Les fentes pratiquées dans toute l'épaisseur du sujet se cicatrisent difficilement dans la région du bois. Dans la greffe Lée, elles sont remplacées par une entaille (fig. 83) en forme de coin où vient s'engager le greffon qui est taillé de la même manière.

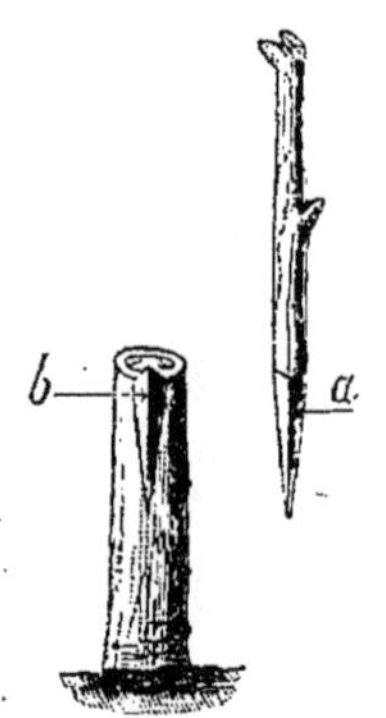

Fig. 83. — Greffe Lée. — En *b*, on voit le sujet avec son entaille en forme de coin; en *a*, l'extrémité du greffon taillée de même.

Greffe en fente herbacée. — Son nom vient de la consistance du greffon et du sujet, lesquels ne sont pas encore lignifiés. Elle est principalement employée pour greffer les chênes et les végétaux à feuilles persistantes, dont la reprise est assez difficile : elle se pratique exactement comme la greffe en fente. Dans les arbres verts, pins, sapins, etc., avant de tailler la base du greffon, on en supprime les feuilles sur une longueur de 0m,04 environ (fig. 84); les greffons sont des pousses *terminales* de même grosseur que l'extrémité du sujet; leur longueur ne dépasse pas 0m,07 à 0m,08; sur la partie débarrassée de feuilles, on enroule des fils de laine destinés à maintenir le contact du sujet et du greffon. On enlève les feuilles persistantes du sujet sur toute la longueur de l'entaille, en réservant toutefois les plus voisines de la section qui servent à attirer la sève au point d'union du greffon et du sujet; c'est dans le même but qu'on supprime les bourgeons du verticille

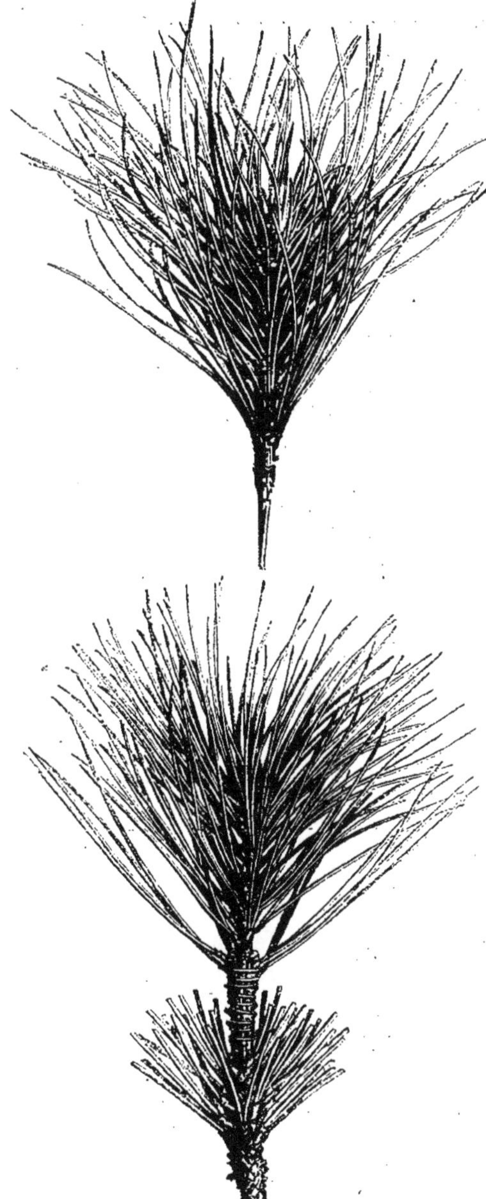

situé immédiatement au-dessous de la section du sujet.

2e section. *Greffes en couronne.* — Elles diffèrent des précédentes en ce que la tête du sujet n'est pas fendue, le greffon est inséré entre l'aubier et l'écorce; c'est là un premier avantage, car, nous le disons encore une fois, le bois même jeune se guérit difficilement des blessures qu'on lui fait.

Leur nom vient de la disposition circulaire des greffons autour de la tête du sujet.

Greffe en couronne Théophraste. — La

FIG. 84. — Greffe en fente herbacée. — La figure du haut représente le greffon; celle du bas, la greffe terminée.

tête du sujet est coupée horizontalement ; de plus, son écorce, fendue sur une longueur de $0^m,07$ à $0^m,08$, est soulevée à l'aide d'une spatule ordinairement en os, afin d'y introduire le greffon qu'on a taillé en bec de flûte (fig. 85).

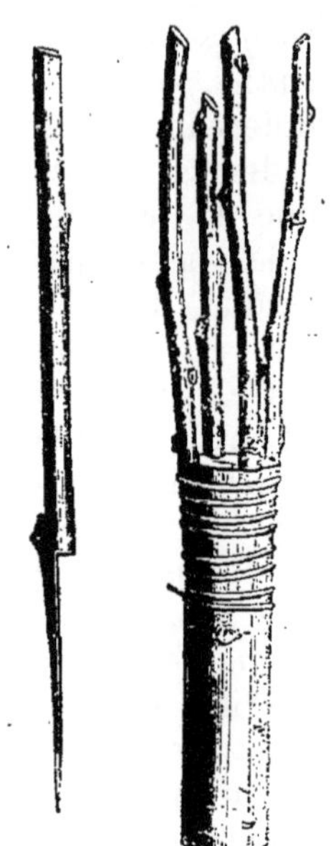

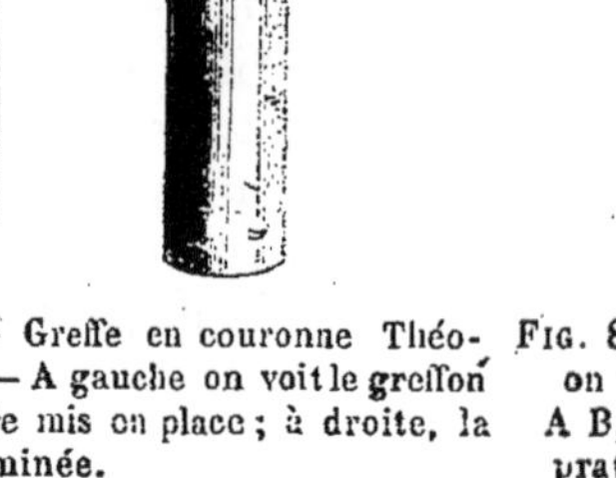

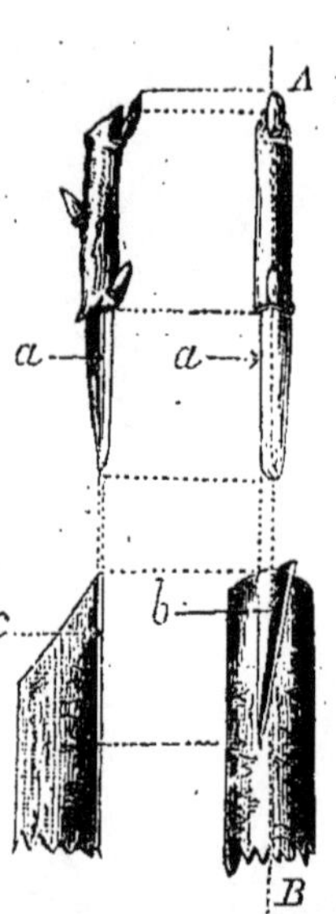

FIG. 85. — Greffe en couronne Théophraste. — A gauche on voit le greffon prêt à être mis en place ; à droite, la greffe terminée.

FIG. 86. — Greffe Du Breuil. — A droite on voit le dos du sujet et du greffon ; A B, en est l'axe ; *a*, entaille latérale pratiquée sur le greffon ; *b*, écorce du sujet fendue à gauche et soulevée.

Greffe Du Breuil. — Le sujet dans la greffe Du Breuil est coupé obliquement pour la même raison que dans la greffe Bertemboise, et l'écorce fendue non pas directement au milieu du biseau, mais un peu à droite ou à gauche ; on soulève seulement la partie la plus large (fig. 86). Quant au greffon, il diffère de celui de la greffe Théophraste par les deux caractères suivants : 1° le bec de flûte est entaillé latéralement du côté qui doit être appliqué contre l'écorce non soulevée ; 2° la section inférieure est oblique afin de correspondre exactement à celle du sujet.

Ce qui fait la supériorité de cette greffe sur les précédentes, c'est la grande étendue des surfaces en contact, circonstance que nous savons favorable au succès de l'opération.

La greffe Du Breuil est employée avec succès pour transformer les rameaux gourmands des arbres fruitiers en rameaux à fruits. On choisit un greffon d'une longueur de 5 centimètres environ, muni d'un ou deux bourgeons à fruits, puis on le fixe sur un gourmand coupé à 0m,07 ou 0m,08 de sa base. Cette greffe étant pratiquée en septembre, on récolte les fruits dès l'année suivante.

III. Greffes par bourgeons ou en écusson. — Elles consistent à transporter sur le sujet un greffon composé d'un nombre variable de bourgeons fixés à une lame d'écorce.

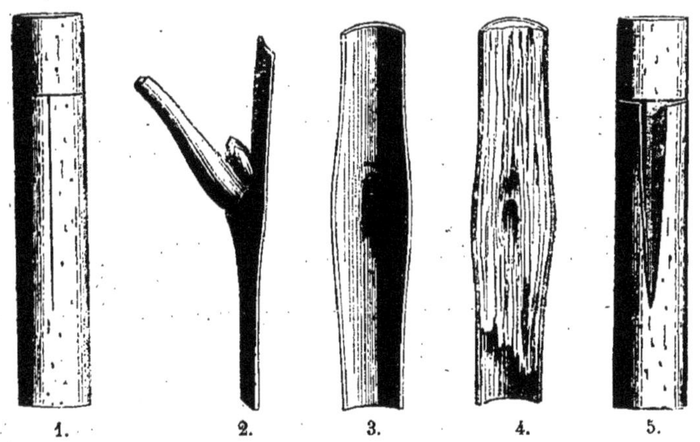

Fig. 87. — Greffe en écusson. — 1, sujet portant deux incisions en T. — 2, écusson d'automne vu de profil. — 3, écusson éborgné. — 4, écusson levé avec un peu de bois. — 5, sujet dont l'écorce est levée.

On les divise en deux catégories : 1° les greffes *en écusson*, dans lesquelles le greffon ne porte qu'un seul bourgeon; 2° les greffes *en flûte* ou *en sifflet*. Dans celles-ci, il y a plusieurs bourgeons attachés à l'écorce du greffon. Les greffes par bourgeons sont celles qui conviennent le mieux aux sujets de faible dimension.

Greffes en écusson. — Le nom donné à ce groupe vient de ce que l'écorce du greffon rappelle par sa forme un écusson d'armoiries (fig. 87).

Les bourgeons sont levés sur des rameaux d'un an et à peu près au milieu de leur longueur, car c'est là qu'ils ont le plus de vigueur. On doit conserver au-dessous de l'écorce l'amas de tissu cellulaire qui s'y trouve, lequel renferme le sommet végétatif du bourgeon. Il ne faudrait cependant pas y laisser trop de bois ; la reprise serait rendue plus difficile que si le contact existait presque entièrement par l'intermédiaire du cambium.

On pratique sur l'écorce du sujet deux incisions en croix, on la soulève ensuite avec la spatule d'un greffoir pour y introduire le greffon ; enfin, on ligature avec de la laine. Les plaies ont trop peu d'importance pour qu'il soit nécessaire de les mastiquer.

Greffes en flûte ou en sifflet. — Dans les greffes en flûte ou en sifflet (fig. 88), on enlève sur le sujet tout un cylindre d'écorce qu'on remplace par un cylindre de même diamètre détaché d'un rameau de l'espèce à multiplier.

Fig. 88. — Greffe en flûte. — En haut greffon muni d'un bourgeon ; en bas, sujet prêt à recevoir le greffon.

§ 7. **Époques favorables à la pratique des greffes.** — Nous savons que dans les greffes par rameaux, le greffon, avant d'être soudé au sujet, vit à ses propres dépens, comme une simple bouture. Il faut donc les pratiquer à une époque où le greffon consomme peu et principalement lorsque l'évaporation est faible, car c'est surtout le manque d'eau qui cause la mort de beaucoup d'entre eux. La fin de l'automne et le commencement du printemps satisfont aux conditions précédentes. Dans le Midi, on pratique les greffes en fente à l'automne, le greffon est soudé quand arrive le printemps, et il peut résister aux grandes chaleurs. Dans le Nord, au contraire, c'est au printemps qu'on opère ordinairement, car les hivers, souvent rigoureux, peuvent détruire le greffon.

Les greffes en couronne et les greffes par bourgeons se pratiquent au printemps, un peu plus tard que les greffes en fente, l'écorce doit en effet se soulever avec une grande facilité. Quand on choisit l'automne, il faut, pour le même motif, les effectuer un peu avant l'arrêt de la végétation.

Les greffes par bourgeons, exécutées en automne, sont appelées *greffes à œil dormant* à cause de l'état stationnaire dans lequel elles demeurent pendant l'hiver; on les préfère généralement à celles de printemps, qui donnent fréquemment naissance à des rameaux trop peu lignifiés pour résister aux froids de l'hiver suivant. Il faut bien se garder de couper la tête du sujet dans une greffe par bourgeons effectuée en automne : la sève affluerait dans le greffon qui développerait de jeunes pousses trop délicates pour passer l'hiver.

Les greffes, à quelque catégorie qu'elles appartiennent, peuvent être pratiquées en peu de temps et sans beaucoup de difficultés. On ne s'explique guère pourquoi les vergers de beaucoup de nos campagnes sont plantés d'arbres produisant pour la plupart de mauvais fruits. Dans nombre de localités, les parcelles de terre sont limitées par des haies formées surtout d'aubépine, de prunelliers, de pommiers, de poiriers épineux, de ronces et de clématites qui fournissent à de longs intervalles un mauvais combustible ; le plus souvent même, on n'en tire aucun profit. Rien n'empêche de remplacer facilement cette végétation improductive par des arbres fruitiers, de greffer, par exemple, le néflier sur l'aubépine, le prunier sur le prunellier, et de bonnes variétés de poiriers sur les sauvageons épineux. On pourrait croire qu'il est plus logique de détruire ces haies, et de limiter les champs à l'aide de bornes de pierre ; nous ferons observer que les haies dont nous parlons ne se trouvent guère que dans les régions peu fertiles, où il serait peu avantageux de les arracher ; elles sont même nécessaires dans les contrées exposées à la sécheresse, où elles s'opposent à l'action desséchante des vents.

B. Bouturage.

§ 8. **Définition d'une bouture.** — Une bouture est une portion de végétal à laquelle on fait développer des racines ou des bourgeons adventifs. Les boutures développent des organes appropriés aux milieux dans lesquels elles se trouvent : ainsi un rameau planté dans une terre humide émet des racines adventives, tandis qu'une racine, au contact de l'air et de la lumière, donne naissance à des organes foliacés.

Le bouturage est seulement applicable aux espèces à bois mou : saules, peupliers, platanes, vignes; l'âge augmentant la consistance du bois, le succès de cette opération est d'autant plus certain que les boutures sont moins âgées.

§ 9. **Reprise de la bouture.** — La partie bouturée, tige ou racine, renferme une certaine quantité d'aliments de réserve, qui, sous l'action de la végétation, se transportent aux points où de nouveaux organes sont en voie de croissance. Une partie sert à nourrir le fragment isolé de son pied-mère, tandis que l'autre est employée à former les organes qui en feront un végétal complet. Les matières emmagasinées, représentées surtout par de l'amidon, sont rapidement charriées aux points blessés, et forment là un tissu cicatriciel désigné sous le nom de *bourrelet* (*callus*, en terme de jardinage).

D'après M. Stoll, les cellules situées à la périphérie du bourrelet se comporteraient comme les poils radicaux, c'est-à-dire qu'elles absorberaient des matières nutritives au dehors, en attendant que de véritables racines remplissent cette importante fonction.

Les racines adventives ne naissent pas du bourrelet; elles ne font que le traverser, et d'après l'auteur précédemment cité, elles mettraient d'autant plus de temps à se faire jour au dehors, que le bourrelet serait lui-même plus développé.

§ 10. **Avantages du bouturage.** — La bouture étant une

extension de l'individu, le plan enraciné présente tous les caractères du pied-mère. Par l'opération du bouturage, on multiplie certaines plantes privées de graines (canne à sucre) et les variétés recommandables par diverses particularités. Elle a surtout l'avantage de donner en peu de temps des pieds développés et capables de fructifier. Ce sont des boutures que l'on emploie pour la création des vignobles.

§ 11. **Pratique du bouturage.** — Choisir un rameau d'un an bien conformé, le couper immédiatement au-dessus d'un bourgeon, et l'enterrer de manière qu'un ou deux bourgeons seulement apparaissent au dehors; donner la préférence à un sol riche, meuble et exposé au nord, afin que la bouture ne se dessèche pas avant de s'enraciner; la question d'humidité est capitale dans l'opération du bouturage. Nous savons, en effet, que l'eau seule charrie les matières nutritives, et qu'il ne peut se produire aucune formation nouvelle lorsque les cellules génératrices ne sont pas turgescentes; on prévient la dessiccation en recouvrant le sol d'un paillis, et en abritant la partie aérienne de la bouture au moyen de cloches, de claies, etc.

Avec un sol de fraîcheur moyenne, il vaut mieux, surtout dans le Midi, effectuer les boutures en automne, précisément pour empêcher la dessiccation, dont nous venons de signaler les inconvénients. Si le sol est trop humide, on doit préférer le printemps, car pendant l'hiver, l'extrémité enterrée de la bouture pourrait se décomposer. Dans ce cas, les rameaux à bouturer sont mis en bottes dès le mois de décembre, et placés verticalement, le sommet en bas dans une tranchée ayant une profondeur égale à la longueur des boutures; on recouvre le tout de terre, de manière à former un petit billon qu'on abandonne ainsi jusqu'au printemps, époque de la mise en place. Chaque bouture, munie alors d'un bourrelet, s'enracine bien plus rapidement que si on l'isolait du pied-mère immédiatement avant la plantation.

§ 12. — **Différentes sortes de boutures.** — I. BOUTURES PAR RACINES. — Certaines essences se multiplient facilement par racines: ex., le paulownia, le néflier du Japon et autres arbres d'ornement. Il suffit de planter des tronçons de racines (fig. 89) d'environ $0^m,15$ de longueur et de les enterrer en ne laissant hors de terre qu'une longueur de $0^m,02$ ou $0^m,03$.

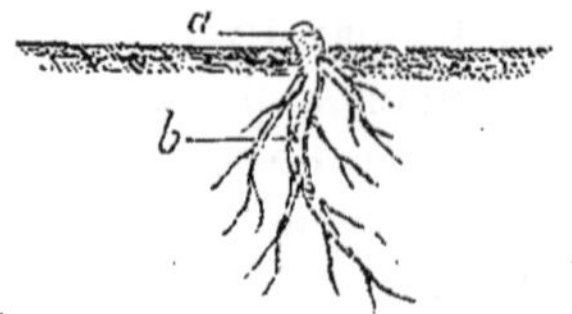

FIG. 89. — Bouture par racine. — *a*, partie extérieure ; *b*, partie enterrée.

II. BOUTURES PAR RAMEAUX. — *Bouture simple.* — Prendre un rameau d'un an, long de $0^m,20$ environ, et muni d'un bour-

FIG. 90. — Bouture simple faite avec un rameau feuillé de verveine.

geon à chacune de ses extrémités, l'enterrer de manière qu'un ou deux bourgeons seulement apparaissent au dehors (fig. 90).

Bouture à crossette. — Elle se compose d'un rameau portant à sa partie inférieure un tronçon de vieux bois (fig. 91) qui a simplement pour but d'empêcher les boutures de se dessécher quand elles doivent être transportées à une certaine distance.

Bouture à talon. — Il est bon de séparer par arrachement le rameau du vieux bois. Ce dernier est représenté dans la bouture par une petite masse appelée *talon*, ce qui lui a valu son nom.

Bouture écorcée.— Dans les boutures de vigne, on enlève près de la base du sarment, à droite et à gauche (fig. 92), une lanière d'écorce de 0^m, 05 de longueur environ.

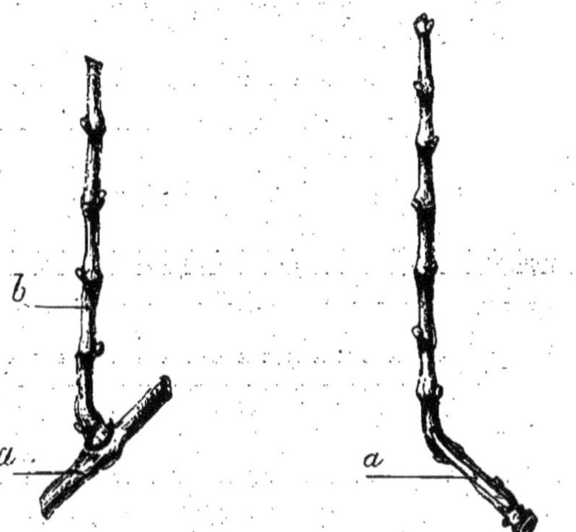

Fig. 91.— Bouture à crossette. — *a*, tronçon de vieux bois; *b*, rameau.

Fig. 92. — Bouture écorcée en *a*.

Bouture par plançons. — Pour multiplier les essences à bois tendre telles que peupliers, saules, aunes, on prend des rameaux de trois à cinq ans, bien droits, longs de deux à trois mètres et débarrassés de leurs ramifications : on les taille en pointe à leur extrémité inférieure, puis on les enfonce de 0^m,50 dans un sol humide.

Bouture semée. — Il y a quelque temps, on essaya de multiplier la vigne et le mûrier en semant des tronçons de

Fig. 93. — Bouture semée.

rameaux longs de 0^m,01 à 0^m,02 et pourvus chacun d'un bourgeon (fig. 93); ce mode de multiplication donne des résultats peu satisfaisants avec la vigne cultivée en grand. Il est avantageux d'y recourir, quand on veut multiplier des vignes précieuses dont on ne possède qu'un petit nombre de sarments ; mais alors les boutures sont semées sur couche, exactement comme celles qui servent à reproduire les plantes de serre. Dans le Midi, ce procédé réussit bien avec le mûrier quand le sol peut être facilement irrigué.

III. Boutures par feuilles. — Certaines feuilles, telles que celles du *Ficus elastica*, appelé vulgairement caoutchouc, développent des racines lorsqu'on les applique sur le sol après avoir brisé leurs nervures en certains points ; mais comme il n'existe pas de bourgeons sur ces feuilles, il est rare qu'après s'être enracinées, elles donnent naissance à une tige. Les feuilles de bégonia développent des bourgeons à la base de leur pétiole et quelquefois sur le limbe lui-même.

C. Transplantation.

Transplanter une plante, c'est l'enlever du sol où elle se trouve pour la faire développer dans un autre endroit.

Lorsqu'on arrache une plante, qu'elle soit herbacée ou ligneuse, ses poils radicaux qui adhèrent fortement aux molécules du sol sont toujours détruits, quelque soin que l'on apporte dans cette opération ; privée de ses organes d'absorption, la plante ressemble alors à une bouture ; comme cette dernière, elle se suffit à elle-même pendant quelque temps : mais grâce à ses jeunes racines, elle complète rapidement son système radiculaire, quand elle se trouve placée dans des conditions favorables.

§ 13. **Transplantation des plantes herbacées.** — Les plantes herbacées, choux, salades, melons, etc., s'arrachent à la main. Avant d'effectuer cette opération, on arrose le sol de manière que les radicelles ne soient pas détruites par la résistance du terrain ; la transplantation se fait toujours le soir ou pendant une journée sombre ou pluvieuse ; il est bon d'arroser immédiatement après, pour assurer le contact des racines avec le sol.

§ 14. **Transplantation des plantes ligneuses.**— L'époque de la transplatation des plantes ligneuses varie comme celle du bouturage avec la nature du sol et du climat : il est donc inutile de revenir sur ce sujet. On ne doit jamais craindre d'ouvrir un trou assez large, afin d'épargner les racines éloignées du pied, qui sont les plus importantes à conserver.

L'arbre déplanté doit être immédiatement mis en place ; les pépiniéristes enveloppent de mousse les sujets qui doivent être transportés à une certaine distance. Arrivés à destination, ces arbres sont couchés horizontalement dans une tranchée humide et recouverts de vingt centimètres de terre environ; ainsi abandonnés pendant une dizaine de jours, leurs tissus ont le temps de reprendre au sol environnant l'eau qui leur a été enlevée.

Il peut arriver que les arbres gèlent en voyage; si l'on veut avoir des chances de les sauver, il est indispensable de les faire dégeler lentement; à cet effet, ils sont placés d'abord dans une glacière pendant quelques jours, puis mis en jauge et plantés après le dégel complet.

Habillage des arbres. — L'habillage des arbres consiste à supprimer avec un instrument bien tranchant, les racines qui prennent une mauvaise direction, et les plaies contuses faites au moment de la déplantation par des sections parfaitement nettes et planes; les plaies ainsi traitées se cicatrisent rapidement, au lieu de devenir un foyer de désorganisation pour le système radiculaire. L'habillage diminue la surface absorbante des racines; il faut donc réduire parallèlement la surface qui consomme, c'est-à-dire supprimer quelques branches de la tige, si l'on veut que les cellules végétales restent turgescentes ; en négligeant cette simple opération, le végétal peut languir pendant plusieurs années.

Nous avons déjà dit qu'il est nécessaire de supprimer le pivot des espèces herbacées et ligneuses transplantées dans nos jardins et nos vergers; elles émettent des racines traçantes qui profitent alors immédiatement des fumures, lesquelles, dans les vergers et surtout dans les cultures maraîchères, sont appliquées en grande quantité à la surface du sol.

Mise en place. — Chaque arbre est planté dans un trou de dimensions bien supérieures à celles qu'exige son système radiculaire; il faut en effet se préoccuper des racines qui naîtront ultérieurement, et qui se développeront d'autant plus énergiquement que le sol avoisinant sera plus meuble et plus fertile. La terre de la surface est mélangée avec le gazon et des engrais à décomposition lente, tels que des râpures de corne et des chiffons; enfin s'il y a lieu, avec des amendements : c'est ce mélange qu'on place en contact immédiat avec les racines. Dans les terrains légers exposés à la sécheresse, le collet de la plante doit se trouver à dix centimètres environ au-dessous du sol remué, et dans les terres humides, compactes, au niveau de la surface. Lorsqu'on plante un arbre greffé, on doit éviter d'enterrer le renflement situé au point de soudure du greffon et du sujet, autrement le but de la greffe ne serait pas atteint, car le greffon *s'affranchirait*, c'est-à-dire qu'il développerait des racines et finirait par ne plus recevoir la sève du sujet : ce serait alors un arbre franc de pied.

Afin que la terre pénètre entre les racines, l'arbre est légèment soulevé; on comprime un peu le sol avec les pieds, et l'opération se termine par un arrosage abondant.

§ 15. **Plantation sur butte.** — Dans les sols périodiquement inondés, tels que ceux qui avoisinent les bords de la basse Seine, et qui se trouvent en contre-bas de son niveau, les arbres sont plantés sur des buttes coniques ayant 30 centimètres de hauteur environ au-dessus du sol voisin, et un diamètre à la base de $1^{m},50$ à 2 mètres. Si cette pratique était négligée, les racines des arbres plongées dans l'eau pendant une grande partie de l'année finiraient par mourir asphyxiées. La terre que forme cette butte serait vite entraînée par les eaux, si elle n'était retenue par du gazon.

Au point où l'arbre doit être planté, on trace sur le sol deux circonférences concentriques : le diamètre de la plus grande varie entre $1^{m},50$ et 2 mètres; celui de la plus petite est la moitié du précédent. A l'aide d'une bêche, on coupe le gazon suivant la circonférence intérieure et les lignes rayonnantes indiquées par la figure 94; les gazons *b*, *b*, etc., sont enlevés, et ceux *a*, *a*, etc., de la couronne renversés en leur faisant faire charnière autour de la circonférence extérieure *d*; le sol mis à nu étant ameubli, on le recouvre de terre de bonne qualité; c'est dans ce sol rapporté qu'on plante l'arbre. Les gazons *a*, *a* sont redressés et appuyés en *a*, *a'* contre la butte de terre qu'ils consolident; dans l'intervalle qu'ils laissent entre eux, on applique les gazons *b*, *b*.

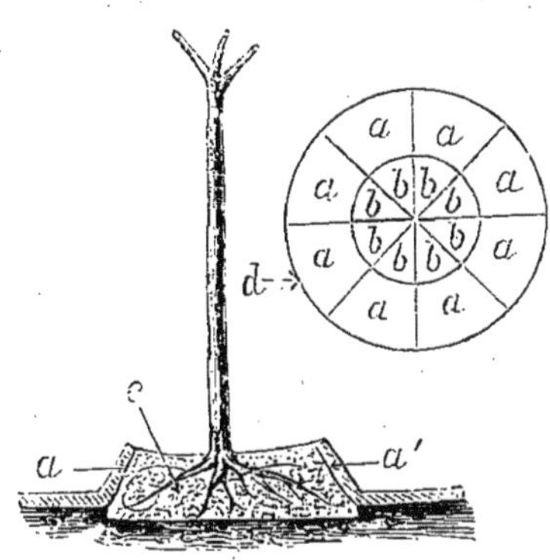

Fig. 94. — Plantation sur butte. — En *d*, tracé du trou; *a*, *a'*, gazon soutenant la terre rapportée.

Les arbres des boulevards de nos grandes villes, qui ont souvent atteint un âge avancé au moment de leur plantation à demeure, résisteraient difficilement aux diverses opérations décrites plus haut; on les plante en motte, c'est-à-dire que l'on conserve autour des racines toute la terre qui les enveloppe.

Pendant leur jeune âge, ces arbres ont été déplacés dans les pépinières tous les quatre ou cinq ans; la rupture continuelle des racines qui tendent à s'éloigner du pied, force le système radiculaire à se développer surtout au voisinage du collet, ce qui permet d'arracher l'arbre sans grands dommages au moment de sa transplantation définitive.

Ce que nous avons dit de la plantation s'applique aussi bien aux arbres forestiers qu'aux arbres fruitiers. On les plante généralement lorsqu'ils ont de trois à cinq ans et sur de petites buttes quand le sol est très humide.

D. Marcottage.

§ 16. **Définition du marcottage.** — La marcotte se différencie de la bouture, par ce fait seul qu'elle reste fixée au pied-mère tant qu'elle ne peut se suffire à elle-même. On l'emploie avec succès pour multiplier les essences à bois dur rebelles au bouturage, telles que le cognassier, le pommier, etc.

Les marcottes sont généralement des rameaux âgés d'un an ; quand la reprise est facile, on leur préfère des rameaux de deux ans qui fournissent des pieds plus développés.

§ 17. **Pratique du marcottage.** — Le marcottage se pratique en toute saison, excepté pendant les gelées, car alors le bois se casse facilement ; il réussit surtout au commencement du printemps.

Dans une tranchée de $0^m,20$ de profondeur environ, on couche un rameau voisin du sol, puis on relève verticalement l'extrémité supérieure qui au sortir de terre est fixée contre un tuteur. Si le rameau est trop éloigné du sol, on le fait pénétrer sur une longueur de $0^m,20$ dans un vase rempli de terre, maintenu à proximité au moyen d'un support.

Un ou deux ans après cette opération, le sujet a développé suffisamment de racines adventives, on le *sèvre*, comme on dit généralement, c'est-à-dire qu'on l'isole progressivement du pied-mère, en pratiquant entre la portion enterrée et ce dernier une section de profondeur croissante.

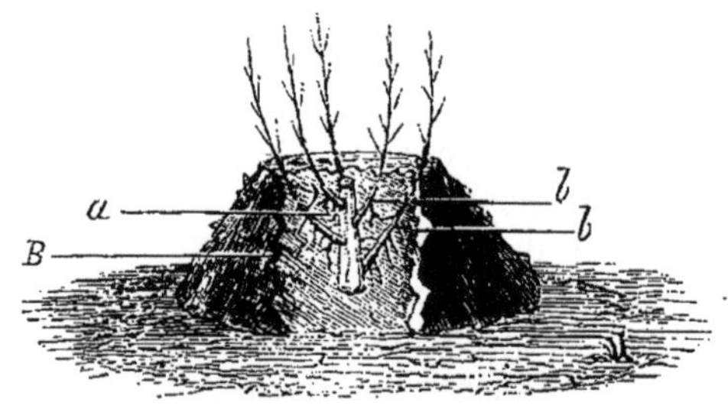

Fig. 95. — Marcottage par cépée. — *a*, tige recépée ; *b*, *b*, jeunes pousses qui développent des racines à leur base ; B, monticule de terre.

Marcottage par cépée. — Quand les tiges des essences à marcotter se dégarnissent de rameaux à leur pied, on les recèpe à $0^m,25$ du sol (fig. 95) ; il se développe bientôt une cépée ou buisson de jeunes pousses, à la base desquelles il suffit de former un petit monticule de terre pour les forcer à s'enraciner.

Marcottage en serpenteaux. — Les rameaux des espèces sarmenteuses (vignes, glycines) sont parfois très longs, de sorte qu'il est possible de les enterrer en plusieurs points et d'obtenir ainsi plusieurs marcottes ; la forme affectée par les rameaux enterrés fait donner à ce procédé le nom de marcottage en serpenteaux.

Marcottage simple et marcottage compliqué.— Les *marcottes simples* sont celles dont la partie enterrée ne présente aucune mutilation ; dans les *marcottes compliquées*, le rameau est incisé sur un ou deux points de sa longueur ; la sève afflue alors aux parties blessées, et les recouvre d'un épais bourrelet qui favorise la sortie des racines (fig. 96). Le

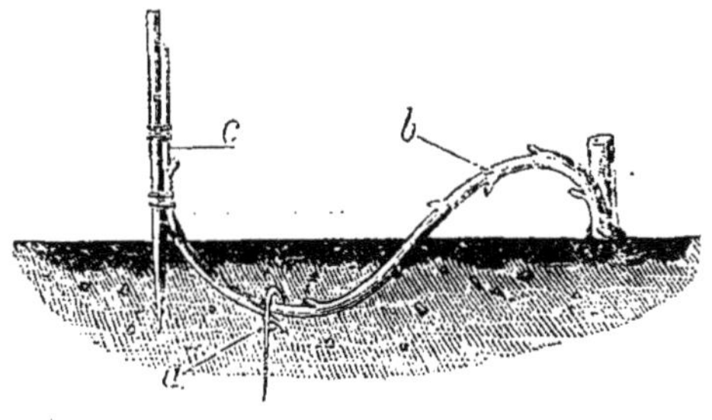

Fig. 96. — Marcotte compliquée. — *b*, rameau marcotté ; *c*, extrémité redressée ; *a*, incision.

marcottage compliqué s'emploie pour multiplier les essences dont les branches s'enracinent difficilement : ex., le magnolia.

§ 18. **Provignage ou couchage.** — Le provignage se pratique dans les vignobles pour en rajeunir les vieilles souches. Celles-ci sont couchées dans une tranchée et de leurs sarments les plus vigoureux, au nombre de un, deux et quelquefois de trois, on forme autant de marcottes.

Les provins donnent beaucoup de vin, mais de médiocre qualité. Les vignobles des grands crus de la Bourgogne et du

Bordelais sont plantés de vieux ceps peu productifs; par contre, le vin qu'on en retire est de qualité supérieure (fig. 97).

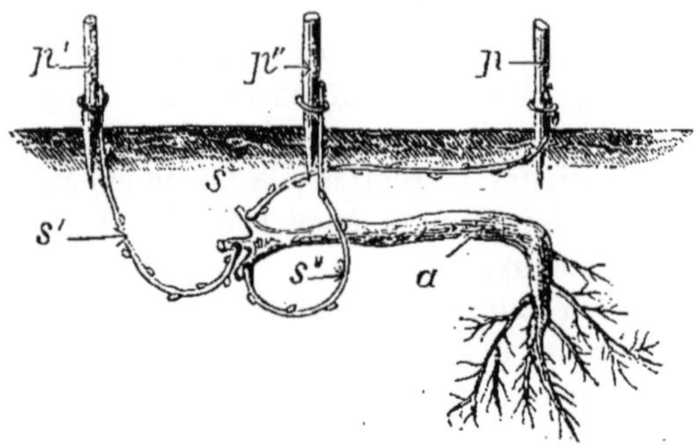

FIG. 97. — Provignage. — *a*, souche couchée ; *s*, *s'*, *s''*, sarments ; *p*, *p'*, *p''*, piquets maintenant les extrémités des sarments relevées hors de terre.

Marcottage naturel. Drageons, stolons, coulants. — Beaucoup de plantes nous offrent des exemples de marcottages naturels. Les drageons (voy. p. 101) sont le produit de véritables marcottes par racines.

FIG. 98. — Un pied fleuri d'épervière : piloselle muni de stolons enracinés.

Dans l'épervière piloselle (*Hieracium pilosella*) la véronique officinale (*Veronica officinalis*) la bugle rampante (*Ajuga reptans*), des rameaux grêles appliqués sur le sol émettent des racines : on leur donne le nom de *stolons* (fig. 98). Les *coulants* du fraisier (fig. 99) diffèrent des stolons en ce que les feuilles, au lieu d'être solitaires, forment de distance en distance des rosettes d'où partent les racines.

FIG. 99. — Pied de Fraisier (*Fragaria vesca*) muni d'un coulant pourvu de deux rosettes de feuilles.

Les plantes que nous venons de citer se multiplient spontanément par leurs rameaux aussi bien que par leurs graines ; on conçoit avec quelle rapidité elles se propagent : la renoncule rampante qui appartient à cette catégorie est difficile à détruire lorsqu'elle envahit les prairies ou les champs cultivés ; le moindre fragment laissé dans le sol peut devenir un nouveau pied.

CHAPITRE VIII

TIGES SOUTERRAINES

§ 1. **Rhizomes.** — Il existe des tiges qui au lieu de s'élever dans l'atmosphère rampent obliquement ou horizontalement au-dessous de la surface du sol ; on les nomme *tiges*

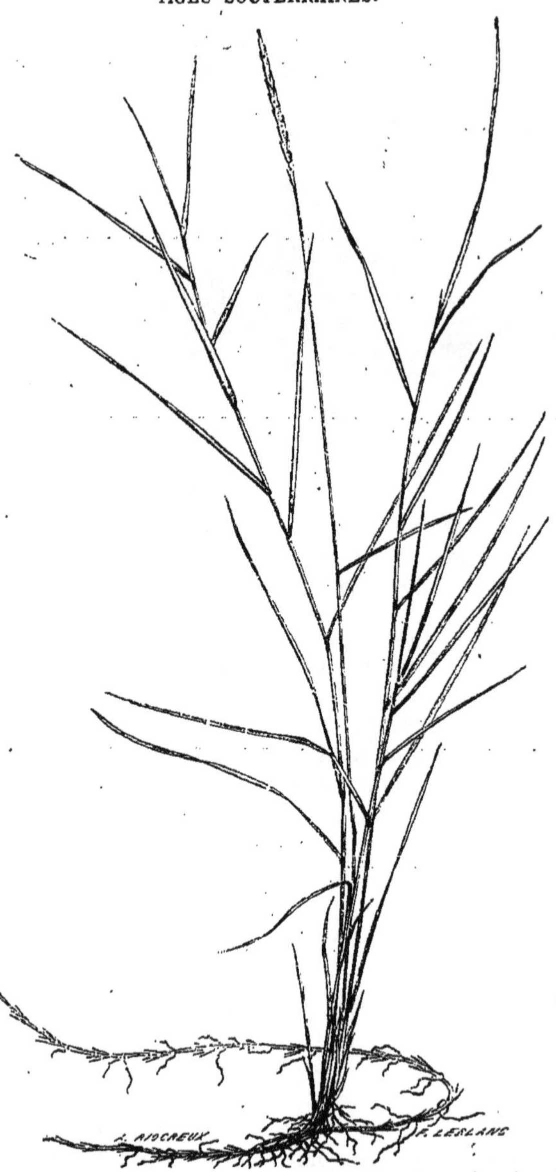

FIG. 100. — Plante à rhizome grêle, traçant, garni de racines adventives fibreuses du chiendent (*Triticum repens*).

souterraines ou *rhizomes* Un caractère décisif les distingue des racines ordinaires avec lesquelles elles étaient confondues par les anciens botanistes : c'est la présence de feuilles qui sont réduites à l'état d'écailles.

On divise les rhizomes en deux catégories : les rhizomes *indéfinis* ou *indéterminés ;* 2° les rhizomes *définis* ou *déterminés*.

1° Le rhizome est indéfini quand son bourgeon terminal s'allonge indéfiniment dans le sol ; ce sont des axes secondaires nés de bourgeons latéraux qui s'épanouissent dans l'atmosphère pour y remplir le rôle dévolu à la tige, c'est-à-dire fleurir et fructifier.

Nous citerons comme exemples de rhizomes indéterminés deux plantes bien connues : la primevère officinale (*Primula officinalis*) et le chiendent (*Triticum repens*) (fig. 100).

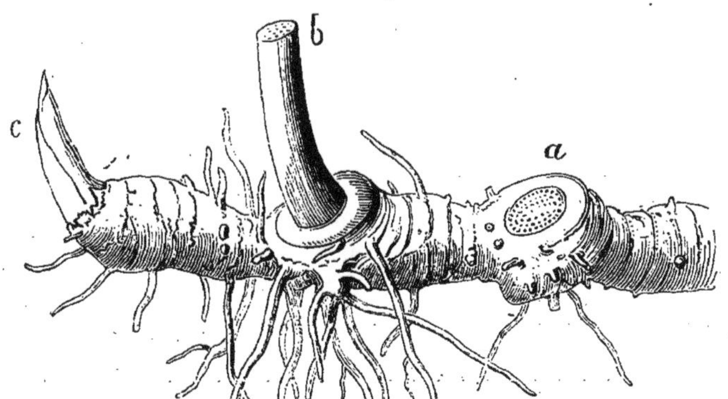

Fig. 101. — Rhizome défini (sceau de Salomon) appartenant à trois générations différentes. — *a*, cicatrice laissée par une ancienne tige ; *b*, tige de l'année ; *c*, bourgeon qui fournira des fleurs et des feuilles au printemps suivant.

2° Le rhizome est défini quand le bourgeon terminal se développe dans l'atmosphère, tandis que la partie souterraine est prolongée par des bourgeons latéraux. Le rhizome indéfini est formé d'une tige primaire dans toute son étendue ; le rhizome défini résulte de rameaux d'âges différents placés bout à bout, ex. : le carex, l'iris, le sceau de Salomon (*Solygo-*

natum vulgare) (fig. 101). Dans cette dernière plante très commune dans les bois, il est facile de distinguer les pousses annuelles. Elles se terminent toutes par un épaississement prononcé qui porte une cicatrice arrondie : c'est à ces empreintes que la plante doit son nom : elles représentent le point d'attache des pousses qui disparaissent après avoir fructifié. A mesure que les rhizomes s'allongent d'un côté, ils se détruisent de l'autre, ce qui fait que l'une des extrémités semble avoir été tronquée. Les plantes à tiges souterraines ne sont pas les seules qui s'éloignent progressivement du point où elles ont pris naissance ; nous pouvons citer une plante rampante bien connue, la lysimaque nummulaire (*Lysimachia nummularia*), appelée vulgairement monnayère ; ses racines primaires disparaissent quand la tige a émis sur son parcours des racines adventives capables de la nourrir ; plus tard, celles-ci font place à des racines de même nature, mais d'un âge moins avancé.

§ 2. **Tubercules.** — *Pomme de terre.* — On donne le nom de tubercules à des portions axiles renflées, peu consistantes, qui sont les réservoirs de matières nutritives solides composées d'inuline ou d'amidon. Ces matières sont emmagasinées dans un tissu parenchymateux considérablement développé aux dépens du tissu fibreux et du tissu vasculaire, dont il ne reste que des éléments atrophiés. Dans la pomme de terre, ce sont les extrémités des rameaux souterrains qui se renflent sur une longueur d'un entre-nœud (fig. 102).

Quand on désire s'assurer de la nature morphologique d'une pomme de terre, il suffit de semer une graine ; comme dans une plante ordinaire, on y observe des racines qui ne se renflent jamais ; mais un certain nombre des rameaux prennent naissance au-dessus des deux cotylédons, rampent dans le sol et se gonflent à leur extrémité enterrée ; lorsque celle-ci se fait jour à l'extérieur, au lieu de se tuméfier elle se développe en un rameau feuillé. Un tubercule est pourvu de bourgeons qui naissent à l'aisselle de feuilles écailleuses ; on les appelle vulgairement des *yeux ;* au contact de la lumière les tubercules verdissent et peuvent se couvrir de feuilles. On voit parfois de petits tubercules apparaître sur la partie aérienne des tiges vigoureuses qui ont été légèrement blessées.

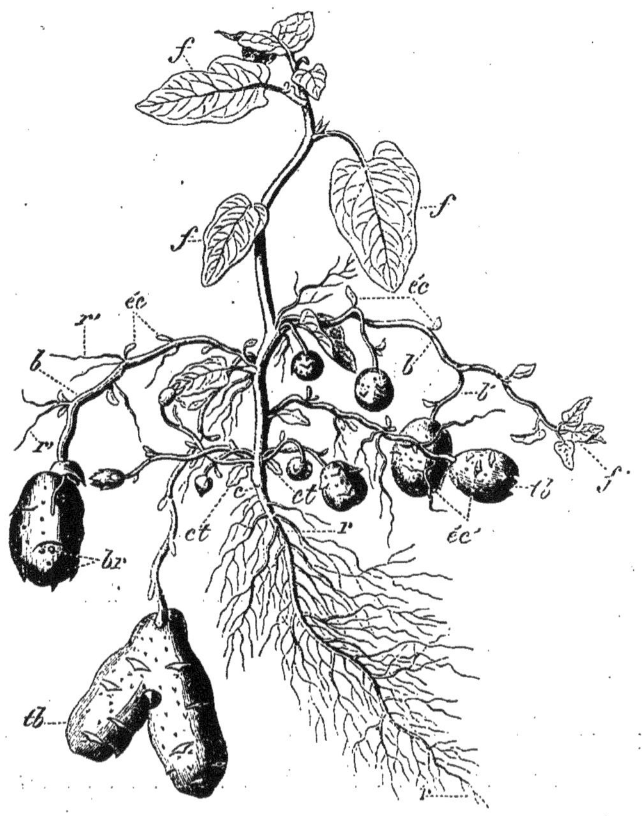

Fig. 102. — Pied de pomme de terre venu de graine. — *r*, *r*, racine pivotante ; *c*, collet ; *ct*, *ct*, les deux cotylédons épanouis, de leur aisselle sortent des rameaux renflés en tubercules à leur extrémité ; *éc*, feuilles écailleuses des rameaux souterrains ; *éc'*, écailles des tubercules à l'aisselle desquelles se trouvent les bourgeons *br* ; *b*, *b*, rameaux souterrains et tubérifères qui sont sortis de l'aisselle des feuilles inférieures ; *b'*, une ramification de l'un d'eux ; *r'*, racines adventives nées sur ces mêmes branches ; *f*, extrémité de l'une de ces branches qui étant venue accidentellement à l'air a formé un bouquet de feuilles en place de tubercules ; *f*, *f*, *f*, feuilles ordinaires situées hors de terre.

L'origine de la pomme de terre, son mode de végétation, expliquent certains faits relatifs à sa culture :

1° Une pomme de terre étant capable de développer autant de tiges principales qu'elle possède de bourgeons, on peut, au lieu d'un tubercule entier, planter simplement un fragment muni d'un bourgeon. Cette pratique est souvent poussée à l'extrême : les pieds issus de fragments trop petits restent chétifs, faute d'avoir reçu à l'origine une quantité suffisante de nourriture, et la récolte est loin d'être rémunératrice ; toutefois, lorsque les tubercules sont extrêmement gros, on peut, sans inconvénient, les diviser en deux parties munies de bourgeons : la moitié du tubercule qui tient au pied porte des yeux moins vigoureux et en moins grand nombre que la moitié opposée; il faut donc diviser les tubercules longitudinalement, afin d'avoir des touffes égales ou encore de ne planter que la moitié supérieure, réservant l'autre à l'alimentation. En général, il est préférable de choisir des tubercules de moyenne grosseur et de les planter en entier; de cette façon, on n'a pas à craindre la décomposition de la partie non recouverte d'épiderme.

2° La tubérisation ne se produisant que sur des rameaux souterrains bien enterrés, il faut absolument *butter* les pommes de terre, c'est-à-dire amonceler le sol autour du pied-mère.

3° Les pommes de terre arrachées ne doivent pas être abandonnées à la lumière, autrement, elles verdissent, en même temps qu'il s'y développe un alcaloïde vénéneux, la *solanine*.

Topinambour. — Les tubercules du topinambour diffèrent de ceux de la pomme de terre par le contenu de leurs cellules formé d'inuline et non d'amidon, et par leur surface dépourvue de liège, ce qui oblige à les *conserver dans le sol* même.

Patate. Asphodèle. — Les patates (*Convolvulus batatas*), qui remplacent les pommes de terre dans les pays chauds, proviennent, non plus de rameaux souterrains, mais de racines adventives renflées. Il en est de même de l'asphodèle (*Asphodelus*), plante liliacée qui croît spontanément en Algérie, et de laquelle on peut extraire de l'alcool de bonne qualité.

§ 3. **Tubéroïdes.** — M. Duchartre propose de donner le nom de *tubéroïdes* à des portions axiles renflées comme les tubercules, mais dont les cellules ne contiennent pas d'amidon, ex. : le chou-rave (*Brassica rapa*), la rave (*Rapa*), le navet (*Napus*), le radis (*Raphanus*), la carotte (*Daucus*) et la betterave (*Beta rapa*).

Ces renflements peuvent porter exclusivement sur la tige, comme dans le chou-rave, la carotte ; les raves, les choux-navets sont surtout formés par le pivot de la racine. La tige et la racine interviennent toutes deux dans la formation de la betterave, des radis et des navets.

Betteraves. — La partie enterrée d'une betterave provient de la racine; elle est privée de moelle, riche en sucre mais pauvre en matières salines et en matières azotées; ces dernières se trouvent surtout dans la portion qui dépend de la tige.

Ce qui précède justifie la préférence donnée par les fabricants de sucre et d'alcool, aux variétés qui se développent presque complètement dans le sol, à la betterave blanche de Silésie, par exemple.

La valeur alimentaire d'une plante étant subordonnée principalement à sa richesse en matières azotées, on choisira pour betteraves fourragères celles qui poussent hors de terre, ex. : les disettes, les globes, etc.

Radis et navets. — Dans les variétés blanches, la partie supérieure, plus ou moins rosée, correspond à l'axe *hypocotylé*, c'est-à-dire à la portion de tige comprise entre le collet et les cotylédons. La gaine de ces derniers produit la peau membraneuse qu'on aperçoit facilement au sommet des jeunes radis.

§ 4. **Bulbes.** — Les bulbes sont de véritables rhizomes dans lesquels l'axe reste très court, est entouré de feuilles presque toujours épaisses et développées qui se serrent les unes contre les autres.

L'axe plus ou moins conique donne naissance inférieurement à des racines; il est désigné sous le nom de *plateau*, sa partie supérieure porte un bourgeon ; les feuilles charnues fixées sur le plateau sont connues sous le nom d'*écailles* ou de *tuniques* et les bourgeons latéraux nés à l'aisselle de ces feuilles sont appelés *caïeux*.

On distingue trois sortes de bulbes suivant la consistance des écailles et leur disposition relative : le bulbe *tuniqué*, le bulbe *écailleux* et le bulbe *solide*.

1° Le bulbe *tuniqué* (fig. 103) est composé d'écailles qui embrassent toute la circonférence du plateau, et s'emboîtent les unes dans les autres, ex. : l'oignon (*Allium cepa*), le poireau (*Allium porrum*), la jacinthe (*Hyacinthus*).

2° Le bulbe *écailleux* (fig. 104) est celui dont les écailles, étroites et nombreuses, s'imbriquent à la manière des tuiles d'un toit. Le lis (*Lilium*) en fournit un exemple.

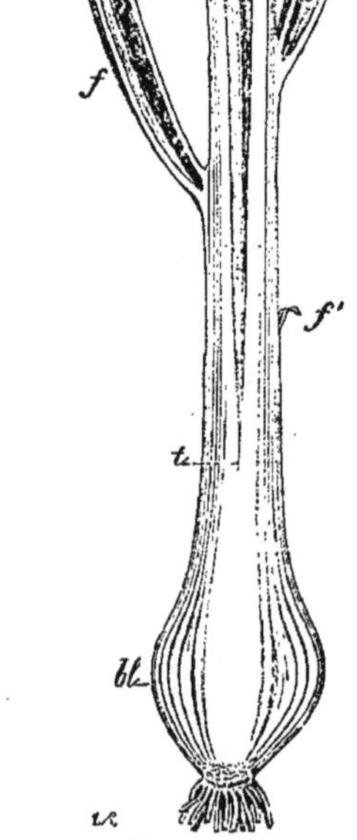

Fig. 103. — Bulbe tuniqué (oignon). — *bl*, bulbe ; *a*, tige fistuleuse ; *f*, *f*, feuilles également creuses ; *f'*, feuille épuisée.

Fig. 104. — Bulbe écailleux du lis.

Le bulbe *solide* (fig. 105) est formé de feuilles minces et membraneuses qui s'appliquent sur un plateau développé, constituant la presque totalité de la souche, ex. : le safran (*Crocus*), le colchique d'automne (*Colchicum autumnale*).

Les bulbes sont, comme les rhizomes, *déterminés* ou *indéterminés*. Dans les bulbes déterminés, le bourgeon terminal s'allonge en une tige florifère qui meurt après la maturation des graines, ex. : l'oignon, la tulipe. Dans les bulbes indéterminés le bourgeon terminal reste court et donne naissance à de longues feuilles; la fructification est dévolue à des bourgeons latéraux nés à l'aisselle des feuilles charnues, ex. : la jacinthe.

Fig. 105. — Bulbe solide. — Colchique d'automne fleuri.

Développement annuel d'un bulbe. — C'est pendant l'hiver que les bulbes présentent l'organisation décrite plus haut; pendant l'été, les écailles les plus intérieures s'allongent en feuilles vertes, épaisses, parfois creuses et cylindriques, comme dans l'oignon; les écailles extérieures épuisées par la végétation se dessèchent et forment cette peau généralement brune ou rougeâtre qui recouvre les bulbes. La tige qui supporte les fleurs part, comme nous venons de le voir, soit du sommet du plateau, soit de l'aisselle des feuilles.

Caïeux. — Les bourgeons latéraux appelés caïeux grossissent progressivement, tandis que les feuilles qui les abritent s'épuisent, s'amincissent et finissent par disparaître; les caïeux se détachent alors les uns des autres; chacun d'eux peut devenir la souche d'une plante distincte et complète.

Avantages du mode de reproduction par caïeux. — Les plantes nées de caïeux atteignent de plus grandes dimensions, fleurissent plus tôt que celles qui proviennent de graines; elles présentent, en outre, ce grand avantage de reproduire exactement les caractères de la plante-mère, résultat qu'on ne saurait espérer obtenir en semant des graines. C'est en plantant les caïeux ou oignons des tulipes que les Hollandais peuvent conserver ces magnifiques variétés qui font l'admiration des amateurs de fleurs.

Usages des bulbes. — Les matières nutritives emmagasinées dans les écailles des bulbes sont destinées à la plante elle-même; mais l'homme en fait bien souvent usage. L'oignon (*Allium cepa*), dans le Midi, est un véritable aliment, tandis que dans le Nord, il sert simplement de condiment, à l'égal de l'ail (*A. sativum*), de l'échalote (*A. ascalonicum*), du poireau (*A. porrum*), de la ciboule (*A. fistulosum*), et de la ciboulette (*A. schœnoprasum*).

Les oignons, dans la tulipe, la jacinthe, le lis, etc., fournissent des fleurs d'ornement : quelques-uns infestent nos cultures : tel est le colchique d'automne, dont les belles fleurs violettes émaillent, pendant l'automne, presque toutes les prairies sèches; nous citerons encore l'ail des vignes si difficile à détruire malgré les labours répétés qu'on donne au sol des vignobles.

Orchis. — Les plantes bizarres connues sous le nom d'orchis ont de véritables bulbes munis de racines fibreuses, au-dessous desquelles on remarque deux corps renflés, ovoïdes ou entaillés plus ou moins profondément; ce sont aussi des racines véritables (fig. 106). L'une de ces tubérosités, la plus foncée en couleur, épuisée pendant l'été par la tige florifère, se ride et devient flasque; l'autre, moins colorée, volumineuse, succulente, est pourvue d'un bourgeon qui se développera l'année suivante. On peut encore voir, en coupant verticalement les deux renflements, un petit bourgeon situé entre le précédent et la tige fleurie. Ainsi, dans un orchis, un bourgeon vit pendant trois ans : la première année, il se développe peu, pendant la deuxième il ne produit que des feuilles, et pendant la troisième il donne naissance aux fleurs et aux fruits.

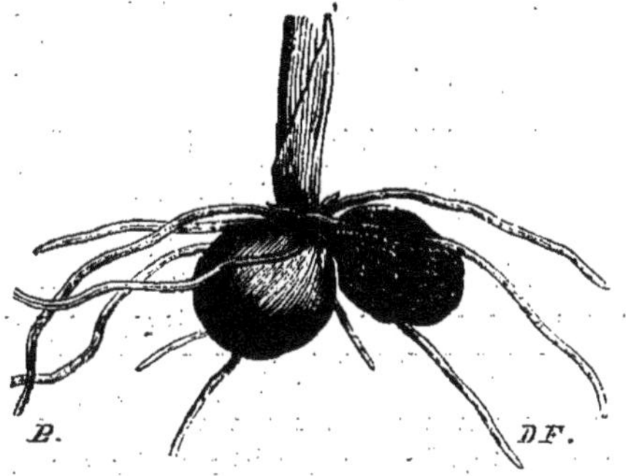

FIG. 106 — Partie souterraine d'un orchis.

Dans le rhizome des carex et dans les bulbes ordinaires, on observe également trois générations qui existent simultanément.

Le salep, employé en médecine, provient des racines renflées de différentes espèces d'orchis.

CHAPITRE IX

FEUILLE

A. Morphologie de la feuille.

Les feuilles sont des organes formés ordinairement de lames vertes, minces, disposées horizontalement sur la tige et ses ramifications.

Une feuille normale se compose de trois parties : la *gaine*, le *pétiole* et le *limbe*.

§ 1. **Gaine.** — La gaine est la base élargie des feuilles (fig. 107) ; elle embrasse plus ou moins la tige ou le rameau qui lui a donné naissance; très apparente dans les ombellifères, la gaine n'est représentée dans beaucoup de feuilles que par un léger renflement situé à la base du pétiole.

§ 2. **Pétiole.** — Le pétiole qu'on appelle vulgairement la queue de la feuille est la partie basilaire rétrécie en une sorte de pédicule; les feuilles qui en sont pourvues sont dites *pétiolées* (lilas); quand il fait défaut, la feuille est dite *sessile*.

FIG. 107. — Feuille palmifide du Ricin. — Gaine, pétiole, limbe.

FIG. 108. — Rameau d'eucalyptus montrant six phyllodes dirigés dans un sens vertical.

Le plus souvent, le pétiole est demi-cylindrique, creusé en gouttière du côté qui regarde la tige; parfois, il est cylindrique ou aplati. Dans le peuplier et le tremble, le plan du pétiole aplati est perpendiculaire à celui du limbe, ce qui fait que la feuille mal soutenue s'agite au moindre souffle du vent. Il existe, en Australie, des acacias dans lesquels le pétiole et le rachis se dilatent et remplacent le limbe; on donne le nom de *phyllodes* à ces pétioles modifiés; au lieu de s'étendre horizontalement, ils restent verticaux (fig. 108); les arbres qui les portent semblent être dépouillés d'organes foliaires, car ils ne donnent ni ombrage ni fraîcheur.

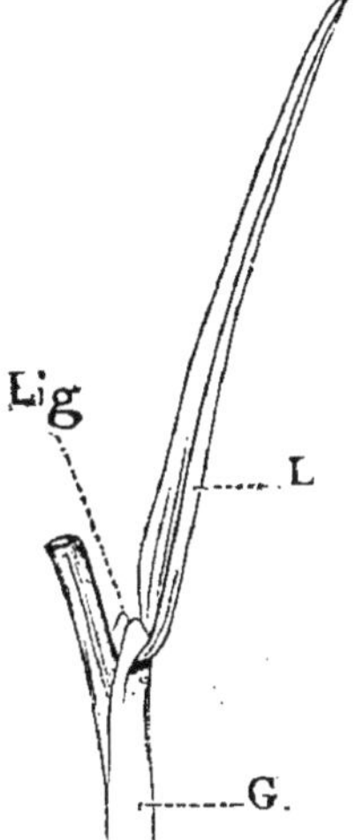

Fig. 109. — Tige d'une Graminée. — L, limbe; G, graine; Lig, ligule.

Distinction des céréales en herbe. — Dans les Graminées, la gaine élargie embrasse la tige sur une certaine longueur; à son point d'union avec le limbe elle se prolonge en une lame membraneuse appelée *ligule* (Lig., fig. 109). L'examen de la ligule et celui des petites dents latérales situées à la base du limbe, fournissent de précieuses indications pour distinguer les graminées en herbe.

	BLÉ.	ORGE.	SEIGLE.	AVOINE.
Base du limbe.	Garnie de deux dents qui embrassent la tige, poils roides.		Arrondie.	Sans dents.
Ligule.	Allongée, arrondie.	Allongée, aiguë.	Courte, demi-ronde.	Courte, ovale.
Dents de la ligule.	Aiguës, sétacées.	Larges, triangulaires.	Courtes, triangulaires.	Aiguës, sétacées.
Côtes des feuilles.	11-13	18-24	11-13	
Limbe et gaine.	Vert clair, glabres ou veloutés.	Vert clair, glabres.	Rougeâtres, à poils mous.	Vert clair ou rougeâtres, glabres ou garnis de soies courtes.
Gaine ordinairement roulée.	A gauche.			A droite.

§ 3. **Limbe.** — Le limbe est la partie essentielle de la feuille, il remplit les fonctions les plus importantes; quand il fait défaut, ce qui est très rare, le pétiole qui se modifie, s'élargit pour le remplacer.

Le pétiole se prolonge dans le limbe pour en former la charpente; les ramifications qu'il présente portent le nom de *nervures*. On les désigne vulgairement sous le nom de *côtes* lorsqu'elles sont très grosses, comme dans les feuilles

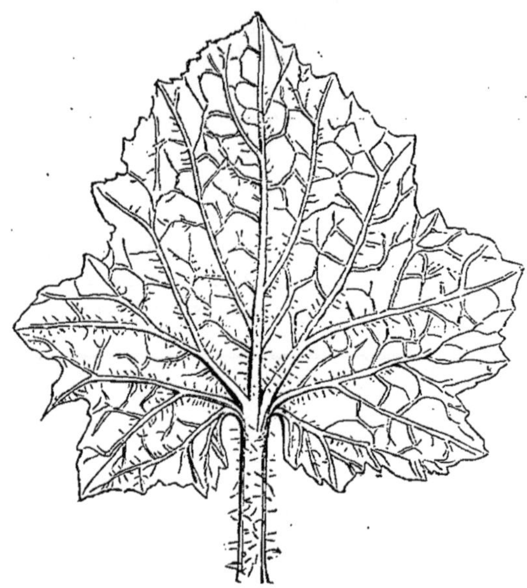

FIG. 110. — Feuill. de melon à nervures palmées.

de chou. Dans les monocotylédones (Graminées), les nervures principales sont presque toujours longitudinales et parallèles. Dans les dicotylédones, elles sont *pennées* ou *palmées;* les nervures pennées sont disposées sur la nervure médiane comme des barbes de plume sur leur tuyau; les nervures palmées (fig. 110) partent du sommet du pétiole comme les branches d'un éventail.

§ 4. **Forme des feuilles.** — Les formes des feuilles sont

extrêmement nombreuses ; les unes, c'est le plus grand nombre, sont planes (poirier, pommier, etc.), les autres sont cylindriques (sedum fig. 111), filiformes capillaires (renoncule aquatique), etc., etc.

Fig. 111. — Feuilles cylindriques du sedum.

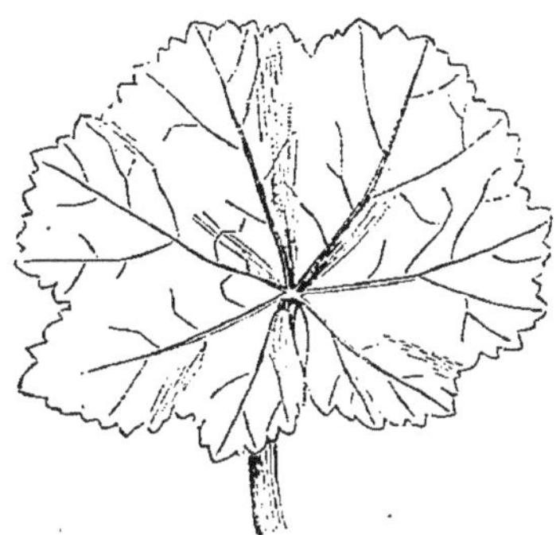

Fig. 112. — Feuille orbiculaire de la petite-mauve.

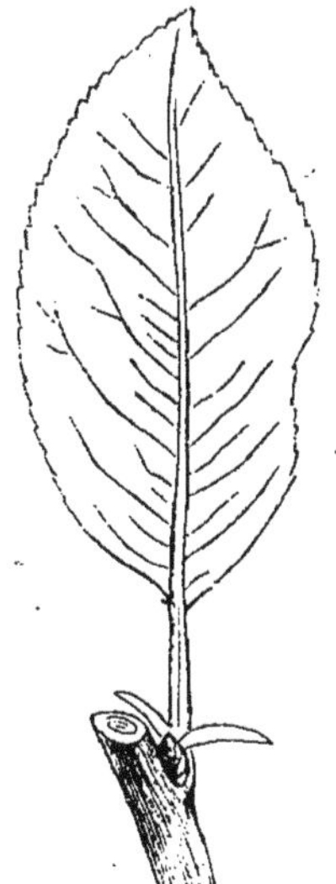

Fig. 113. — Feuille ovale du poirier.

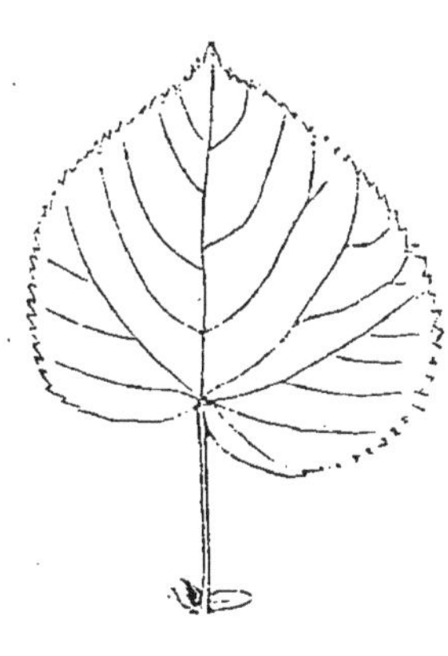

Fig. 114. — Feuille cordiforme du tilleul.

Contour des feuilles. — Les feuilles planes peuvent être *orbiculaires* (petite mauve, fig. 112), *ovales* (poirier, fig. 113), *elliptiques* (millepertuis), *cordiformes* ou en forme de cœur (tilleul, fig. 114), *lancéolées* (troëne,

FIG. 115. — Feuille lancéolée du troëne.

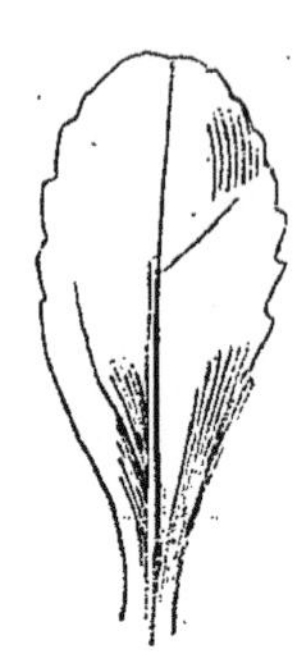

FIG. 116. — Feuille spatulée de la pâquerette.

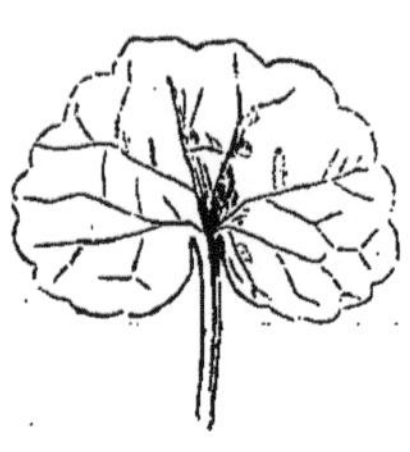

FIG. 117. — Feuille réniforme du lierre terrestre.

fig. 115), *spatulées* (pâquerette, fig. 116), *réniformes* ou en

FIG. 118. — Feuille sagittée du liseron.

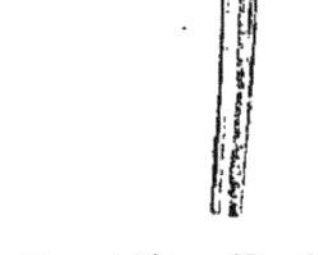

FIG. 119. — Feuille hastée de la petite oseille.

FIG. 120. — Feuille peltée de la capucine.

rein (lierre terrestre, fig. 117), *sagittées* ou en forme de fer de flèche (liseron, fig. 118), *hastées* ou en forme de hallebarde (petite oseille, fig. 119), *peltées* ou en bouclier (capucine, fig. 120).

Surface des feuilles. — Les feuilles sont *lisses* quand elles ont une surface unie et dépourvue de poils ; parfois, l'intervalle compris entre les nervures est trop étroit pour le parenchyme qui se soulève, ex. : les feuilles de chou.

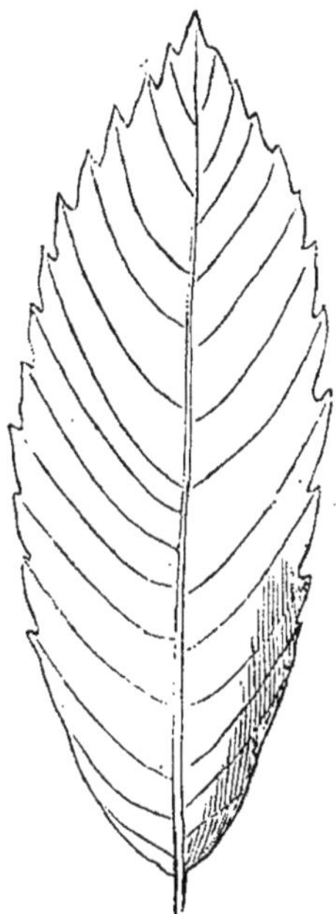

Fig. 121. — Feuille dentée du Châtaignier.

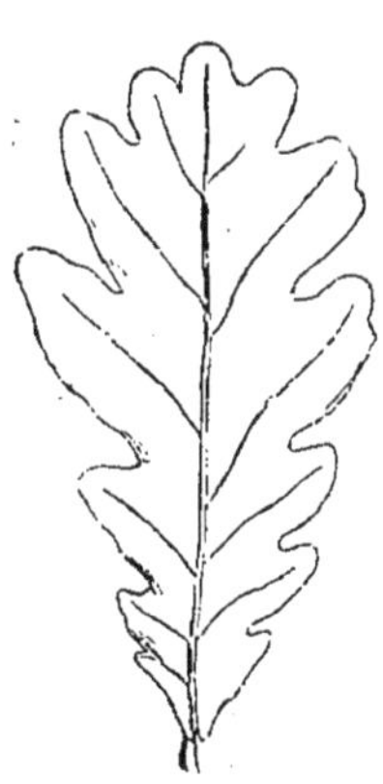

Fig. 122. — Feuille sinuée du chêne.

On donne le nom de feuilles *glabres* à celles qui sont dépourvues de poils. Ces derniers se trouvent ordinairement en plus grand nombre à la face inférieure qu'à la face supérieure. La situation, le nombre, les dimensions, la consistance des poils font donner aux feuilles des noms qu'il serait trop long d'énumérer ici.

Découpures des feuilles. — Les feuilles sont *entières* ou *indivises* quand elles ne présentent aucune découpure. On les dit *dentées* quand le contour du limbe présente des dents

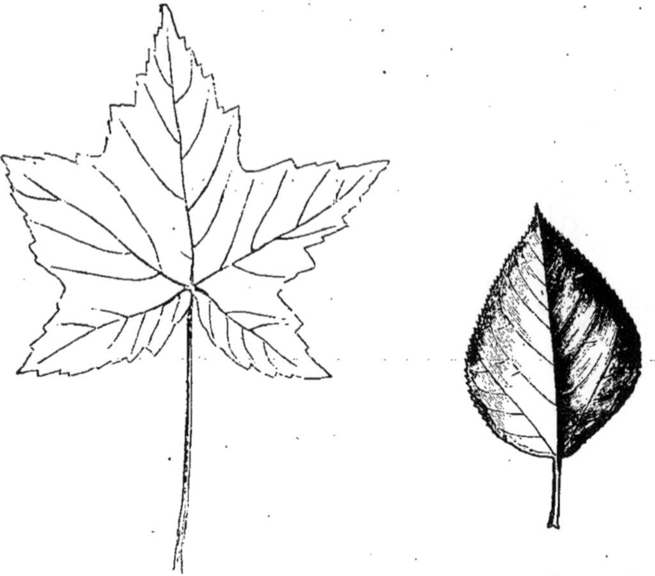

FIG. 123. — Feuille palmatifide de l'érable.

FIG. 124. — Feuille simple du mûrier à papier.

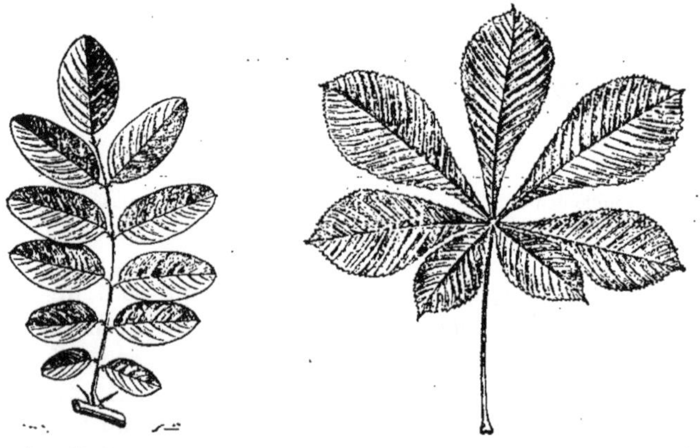

FIG. 125. — Feuille composée pennée du robinier faux acacia.

FIG. 126. — Feuille composée palmée du marronnier d'Inde.

très aiguës, ex. : l'ortie, le châtaignier (fig. 121), etc.; *créne-*

lées, quand les dentelures sont arrondies et séparées par des sinus aigus, ex. : le lierre terrestre (*Glechoma hederacea*, fig. 117) ; *sinuées*, quand les découpures profondes, plus longues que les dents, sont obtuses et séparées par des sinus également obtus, ex., le chêne (fig. 122) ; *lobées*, quand les dents sont larges et pénètrent jusqu'au milieu du demi-limbe, ex. : la vigne (*Vitis vinifera*); *fendues* ou *fides* (bifides, trifides, etc.), ex. : l'érable (fig. 123) lorsque les sinus étroits entament plus de la moitié du demi-limbe ; *partagées* ou *partites* (bipartites, tripartites, etc.), ex. : l'œillet d'Inde (*Tagetes*), quand les sinus pénètrent jusqu'au voisinage de la nervure médiane.

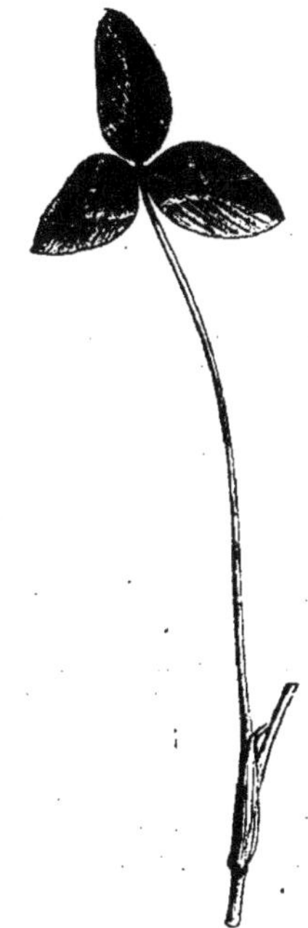
Fig. 127. — Feuille composée palmée du trèfle des prés (*Trifolium pratense*).

Les découpures sont dues à ce que l'accroissement des feuilles à partir d'un certain âge se localise sur les bords du limbe et s'y effectue d'une manière inégale.

§ 5. **Feuilles simples. Feuilles composées.** — On appelle *feuilles simples* (fig. 124) celles qui sont formées d'un limbe unique pétiolé ou non (poirier). Les *feuilles composées* sont formées d'un pétiole principal appelé *rachis*, lequel porte une série de petites feuilles ou *folioles* pourvues de petits pétioles ou *pétiolules* plus ou moins développés.

Les feuilles *composées* sont *pennées* (fig. 125) comme dans le sainfoin, le robinier ou faux acacia, ou *palmées* (fig. 126) comme dans le marronnier d'Inde.

Dans les feuilles composées *trifoliées*, c'est-à-dire pourvues de trois folioles, on reconnaît celles qui sont pennées à ce que la foliole terminale est fixée sur le rachis un peu plus haut que les folioles latérales. Les feuilles des trèfles (*Trifolium*) par exemple sont composées palmées (fig. 127), et celles des différentes espèces de luzerne (*Medicago*) sont composées pennées.

§ 6. **Dispositions des feuilles sur la tige et sur les rameaux.** — Les dispositions relatives des feuilles sur la tige et sur les rameaux sont constantes dans une même espèce ; cet arrangement est soumis à des lois mathématiques fort remarquables dont l'étude a reçu le nom de *phyllotaxie* (de φύλλον feuille, et τάξις, ordre, arrangement). Le domaine de la phyllotaxie ne s'étend pas seulement aux feuilles normales, mais encore aux feuilles modifiées que nous apprendrons plus tard à connaître sous les noms de *bractées* (écailles des pins), de *sépales*, de *pétales*, *d'étamines* et de *pistils*.

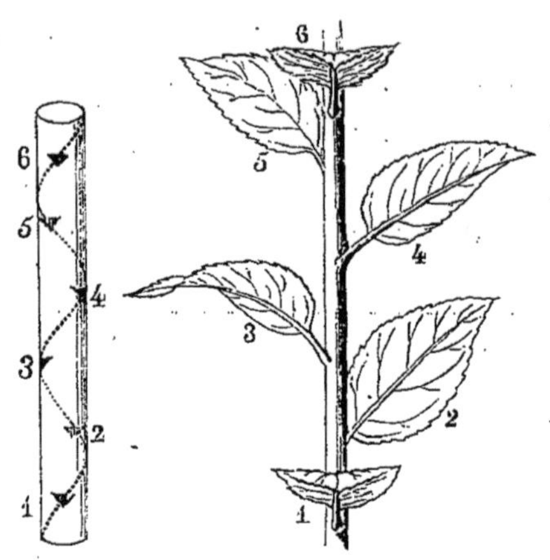

Fig. 128. — Rameau de cerisier à feuilles alternes disposées en quinconce.

Relativement à leur situation sur la tige et sur les rameaux, les feuilles peuvent être divisées en trois catégories : les feuilles *alternes*, les feuilles *opposées* et les feuilles *verticillées*.

Les feuilles *alternes* sont disposées de telle sorte qu'en joignant les points d'attache des feuilles successives, on obtient une spirale (fig. 128). Lorsqu'on part d'une feuille quelconque on en trouve toujours d'autres situées au-dessus ou au-dessous sur une même génératrice. L'intervalle compris entre deux feuilles correspondantes porte le nom de *cycle*. Le cycle s'exprime à l'aide d'une fraction dont le numérateur indique le nombre de tours de spire, et le dénominateur le nombre de feuilles qu'il contient. Ainsi, le cycle traduit par 1/3 indique qu'on trouve deux feuilles superposées après un tour de spire, et qu'on rencontre trois feuilles dans ce tour. Les feuilles dont le cycle est représenté par 1/2 sont appelées *distiques*, ex. : l'orme. Celles dont la disposition se traduit par la fraction 2/5 sont dites *en quinconce*, ex. : le poirier, le cerisier et beaucoup d'autres arbres en offrent des exemples.

Ces fractions dont nous venons de préciser la signification, sont difficiles à déterminer lorsque les feuilles, au lieu d'être éloignées les unes des autres, sont groupées en rosette à la

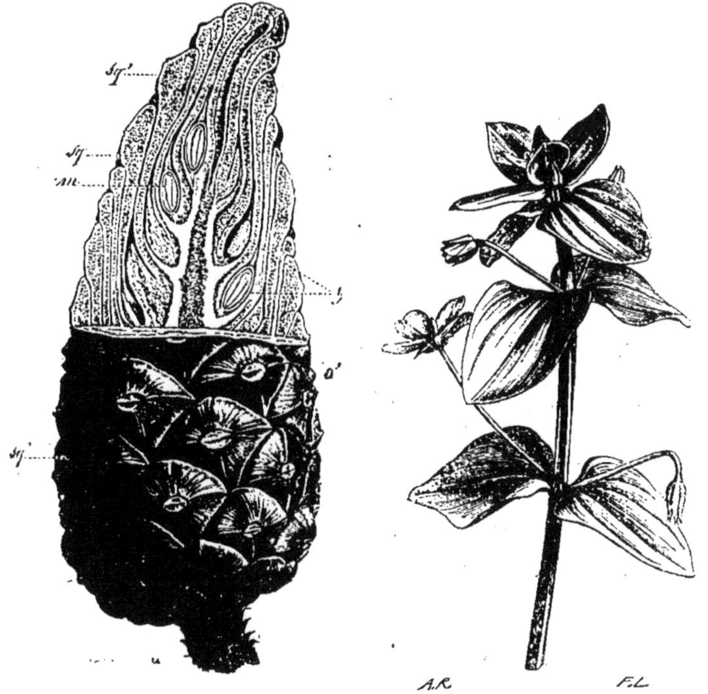

Fig. 129. — Cône de pin. — *sq*, *sq'* écailles ligneuses; *g*, graines; *em*, embryon.

Fig. 130. — Feuilles opposées du mouron des champs.

base de la tige, comme dans la joubarbe des toits par exemple. Les fractions suivantes 1/2, 1/3, 2/5, 3/8, 5/13, 8/21, etc., expriment les dispositions les plus ordinairement observées dans les plantes. Un fait intéressant à noter, c'est que les termes d'une fraction quelconque (sauf 1/2 et 1/3), de la série précédente, s'obtiennent en faisant d'une part la somme des numérateurs, d'autre part celle des dénominateurs des deux fractions qui la précèdent immédiatement; il s'ensuit que le dénominateur étant connu, le numérateur l'est également. Or, comment peut-on trouver le dénominateur dans un cône de pin par exemple où les tours de la *spirale génératrice* (celle qui renferme toutes les écailles) sont si rapprochés les uns des autres? Si l'on examine la figure 129, on voit immédiatement que les écailles sont disposées *en spirales secondaires* parallèles entre elles et dirigées les unes de droite à gauche et les autres de gauche à droite. En général, le dénominateur du cycle s'obtient en ajoutant au nombre des spirales secondaires dirigées dans un sens celui des spirales dirigées en sens contraire. Ainsi dans le cône de pin ci-contre, il y a huit spirales secondaires dirigées de gauche à droite et cinq de droite à gauche. Le cycle correspondant est donc exprimé par la fraction $\frac{5}{8+5} = \frac{5}{13}$.

Fig. 131.— Feuilles verticillées du caille-lait.

Les feuilles *opposées* naissent sur la tige à la même hauteur, et de points diamétralement opposés le mouron des champs, (fig. 130), ex. : le frêne (*Fraxinus*), le lilas (*Syringa vulgaris*), l'ortie blanche (*Lamium album*) et les autres Labiées.

Les feuilles *verticillées* sont disposées en cercle autour de la tige ou des rameaux : le caille-lait (fig. 131), le laurier-rose en fournissent des exemples.

Les feuilles opposées et les feuilles verticillées se correspondent de deux en deux entre-nœuds.

B. Anatomie de la feuille.

La feuille est formée par deux tissus différents : 1° le tissu fibro-vasculaire; 2° le tissu cellulaire.

1° Le *tissu fibro-vasculaire* est représenté par un certain nombre de faisceaux indépendants qui proviennent de la tige. A leur point de sortie de la tige ils sont encore éloignés les uns des autres, et constituent la gaine de la feuille ; plus loin ils se rapprochent davantage et forment le pétiole ; enfin, ils s'épanouissent dans le limbe en un réseau à mailles très rapprochées (nervures) formant une sorte de dentelle, comme on peut le voir dans les feuilles de peuplier, de tremble, etc., tombées depuis quelque temps et dont le tissu vert plus délicat a disparu.

Nous pouvons admettre que plusieurs faisceaux de la tige se sont rabattus pour former une feuille, entraînant avec eux l'écorce primaire qui les recouvrait ; on prévoit alors quelle doit être l'organisation du pétiole et la disposition relative de ses éléments.

On y observe en effet comme dans la tige, en partant de l'extérieur (fig. 132), de l'épiderme, de l'écorce primaire, du liber parfois riche en vaisseaux laticifères, et enfin du bois avec un étui médullaire renfermant des trachées.

Son écorce primaire diffère de celle de la tige en ce que ses cellules renferment moins de chlorophylle. Les nervures principales reproduisent la structure du pétiole ; en se divisant, elles perdent une partie de leurs éléments ; les plus ténues ne possèdent guère que des trachées.

2° Le tissu cellulaire qui règne entre les nervures forme la partie la plus importante du limbe. Il se compose : *a*, d'un épiderme incolore ; *b*, d'un tissu vert parenchymateux.

a. L'épiderme (fig. 133) occupe les deux faces de la feuille *ép*, *ép* ; celui de la face inférieure est parfois privé de cuticule, et quand il en possède une, elle est moins épaisse qu'à la face supérieure ; cette dernière est moins riche en stomates.

b. Les cellules du parenchyme de la feuille forment deux couches distinctes et superposées ; celles de la face supérieure, *pr*, riches en chlorophylle, allongées dans le sens de l'épaisseur de la feuille, sont presque toujours disposées sur un, deux ou trois rangs ; on les appelle *cellules en palissade* à cause de la façon dont elles se pressent les unes contre les autres.

Le parenchyme de la face inférieure est composé de cellules irrégulières pr', qui circonscrivent de grands vides ou méats, communiquant avec l'extérieur par la voie des stomates. Cette couche est désignée quelquefois sous le nom de *tissu lacuneux*. La face inférieure des feuilles est ordinairement moins colorée que la face supérieure; cette circonstance est due à la présence de l'air contenu dans les méats, et à la pauvreté relative de ses cellules en chlorophylle.

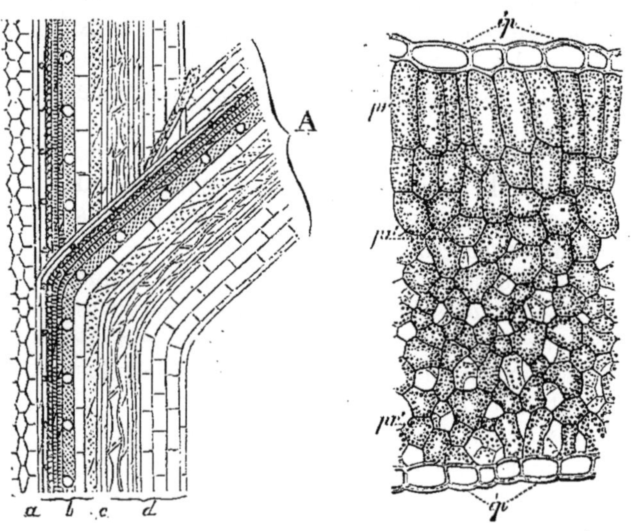

FIG. 132. — Coupe longitudinale d'un rameau au point d'insertion d'une feuille. — A, faisceau fibro-vasculaire rabattu dans la feuille; *a*, moelle; *b*, bois; *c*, cambium; *d*, écorce.

FIG. 133. — Coupe transversale d'une feuille du *Pelargonium inquinans*.— *ép*, *ép*, les deux épidermes; *pr*, parenchyme supérieur ou en palissade; *pr'*, parenchyme inférieur ou lacuneux.

La partie de la feuille comprise entre les deux épidermes est souvent désignée sous le nom de *mésophylle* (de μέσος, placé au milieu, et φύλλον, feuille).

§ 7. **Feuilles submergées.** — La structure des feuilles submergées se différencie de celle des feuilles qui vivent dans l'atmosphère par un certain nombre de particularités qu'il est intéressant de signaler. Le tissu fibro-vasculaire n'est représenté que par des éléments ligneux; l'épiderme fait défaut ainsi que les stomates; quant au tissu cellulaire, il est formé d'une couche homogène avec de grandes lacunes (fig. 134)

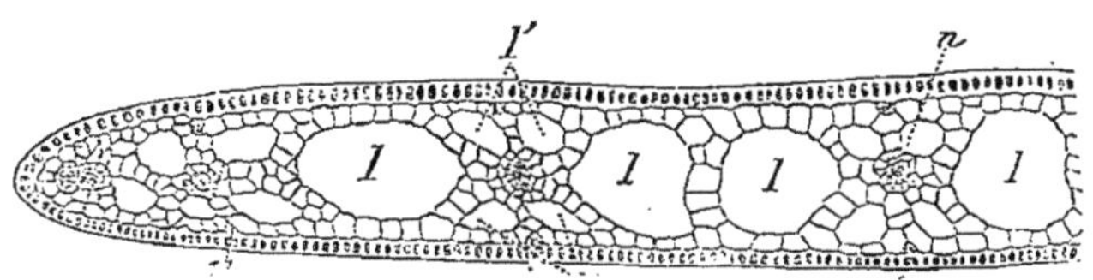

FIG. 134. — Coupe transversale d'une portion de feuille submergée du *Cymodocea æquorea*. — *l, l, l*, grandes lacunes; *l' l' l''* lacunes plus petites; *n*, faisceau fibro-vasculaire.

n'ayant aucun rapport entre elles; elles ne communiquent pas davantage avec l'extérieur, puisque la feuille est dépourvue de stomates.

Recouvertes d'une membrane protectrice fort mince, les feuilles aquatiques ne tardent pas à se faner lorsqu'elles sont exposées à l'air.

Les feuilles flottantes ressemblent par leur face supérieure aux feuilles aériennes et par leur face inférieure aux feuilles submergées, telles sont celles du nénuphar qu'on trouve en abondance dans les eaux tranquilles de nos rivières.

§ 8. **Durée des feuilles.** — La plupart des plantes vivaces de notre région perdent leurs feuilles à l'automne: ces feuilles sont dites *caduques;* dans le chêne, etc., il en est qui restent attachées à l'arbre jusqu'au printemps : on les appelle *marcescentes*.

Les feuilles du houx (*Ilex*), du buis (*Buxus*), des Conifères, sauf celles du mélèze (*Larix*), sont dites *persistantes*, elles durent plusieurs années et sont remplacées à mesure qu'elles disparaissent. La proportion des espèces à feuilles persistantes augmente à mesure qu'on s'approche de l'équateur : dans le midi de la France, il en existe déjà un assez grand nombre, ex. : le chêne-liège (*Quercus suber*), le chêne kermès (*Quercus coccifera*), l'olivier (*Olea*), etc. Dans les îles Canaries, la vigne est toujours couverte de feuilles. Sous les tropiques, où l'on ne compte que deux saisons, celle des pluies et celle des chaleurs, les feuilles, chez quelques espèces, tombent pendant cette dernière période. Sur le point de se détacher, les feuilles perdent leur couleur verte et prennent une teinte jaune plus ou moins pâle. Dans la vigne, la coloration de la feuille est en rapport avec celle du fruit. A l'époque de la vendange, on distingue fort bien, à une certaine distance, les ceps à fruits jaunes des ceps à fruits rouges : les feuilles des premiers sont d'un jaune clair, tandis que celles des seconds sont plus ou moins rougeâtres.

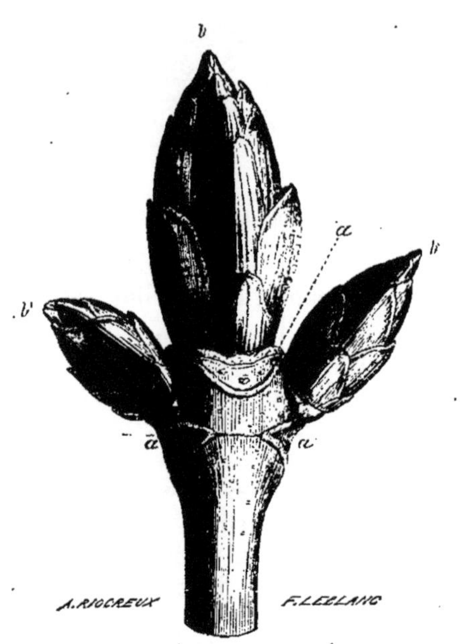

Fig. 135. — Extrémité d'un rameau du marronnier d'Inde. — En *a*, *a*, *a*, cicatrices laissées par les feuilles après leur chute ; sur la cicatrice supérieure on aperçoit les points de rupture des faisceaux fibro-vasculaires.

Mécanisme de la chute des feuilles. — Les feuilles de presque tous nos arbres se détachent comme si elles étaient articulées : les cicatrices qu'elles laissent sur les rameaux, se trouvent au sommet d'un petit renflement qu'on désigne sous le nom de *coussinet* (fig. 135). Voici par quel mécanisme elles se détachent : à l'approche de l'hiver, un tissu spécial se forme à la base de la feuille, et donne naissance à une lame transversale de liège. Les cellules vivantes de la feuille isolées peu à peu du reste de la plante par un tissu inerte meurent lentement ; celles qui adhèrent à la couche de liège s'en détachent, les faisceaux fibro-vasculaires se rompent mécaniquement et la feuille tombe. Dans une feuille morte du marronnier d'Inde (*Æsculus hippocastanum*), on distingue très bien les faisceaux fibro-vasculaires, figurant des clous plantés dans un sabot de cheval que représente la base du pétiole. A l'automne, lorsqu'il gèle pendant la nuit, les feuilles des arbres tombent en très grand nombre au lever du soleil ; il s'est formé à la base du pétiole un petit glaçon qui a rompu les faisceaux fibro-vasculaires et détruit toute adhérence avec le rameau qui le supporte.

Dans les palmiers, les feuilles restent sur la tige tant qu'elles ne sont pas détruites par les agents extérieurs.

La feuille qui tombe normalement cède auparavant à la plante tous ses principes utilisables ; elle ne renferme plus ni amidon, ni matière albuminoïde, ni phosphate de chaux. Lorsqu'au contraire, la chute est provoquée par une action morbide, la feuille desséchée entraîne tous ces principes : de là une perte sérieuse pour tout l'organisme végétal.

C. Physiologie de la feuille.

Les feuilles jouent dans la nutrition des plantes un rôle capital. Les fonctions qu'elles accomplissent, en partie communes à plusieurs autres organes de la plante, sont : 1° la respiration ; 2° l'absorption ; 3° l'assimilation ; 4° la transpiration ; 5° quelques-unes sont en outre le siège de mouvements plus ou moins étendus.

§ 9. **Respiration des feuilles.** — C'est presque inutile de dire que les feuilles respirent puisque nous avons vu que cette fonction est un attribut de tout organe vivant. Les feuilles, qui jouissent d'une puissante vitalité, respirent plus activement que les organes étudiés jusqu'à présent. Nous savons que de l'oxygène est absorbé, et qu'il se dégage un volume égal d'acide carbonique. Cette absorption d'oxygène est suivie probablement de phénomènes chimiques complexes dont nous ne connaissons que le dernier terme, c'est-à-dire un dégagement d'acide carbonique. Si l'oxygène est nécessaire aux plantes, il peut leur être nuisible comme il l'est aux animaux quand il se trouve sous une trop forte pression. Quels sont les matériaux qui fournissent le carbone dans ce phénomène d'oxydation ? Les matières azotées analogues à la légumine paraissent intervenir aussi bien que les substances hydro-carbonées, amidon, sucre, huile, etc. On admet aujourd'hui qu'elles se transforment en asparagine, par l'oxydation d'une partie de leur carbone et leur hydrogène; si l'on compare en effet la composition élémentaire de l'asparagine à celle de la légumine (1), on trouve une vérification de l'hypothèse précédente. Ce sont les plantes jeunes qui respirent le plus activement ; à basse température, la respiration est faible ; à 40 degrés, la plante souffre et peut mourir ; la lumière joue aussi dans ce phénomène un rôle important : est-ce entant que lumière, ou simplement à cause de la chaleur qui l'accompagne toujours? c'est ce que l'on ne saurait dire. Pendant la nuit, la respiration va décroissant; il semble que la plante ait besoin de se retremper à la lumière. Cette diminution dans l'activité respiratoire observée pendant la nuit, s'explique par ce fait, que les matériaux à brûler vont en s'épuisant : les matières azotées transformées en asparagine repassent à l'état de légumine sous l'influence de la lumière.

Les feuilles détachées d'une plante vivent et respirent encore pendant plusieurs jours, mais elles s'épuisent, meurent d'inanition, comme un animal dont on lierait les intestins au point où ils se joignent à l'estomac. Les feuilles mortes dégagent de l'acide carbonique, qui est produit par leur décomposition et non par la respiration.

§ 10. **Absorption par les feuilles.**—*Absorption des gaz.* — Les feuilles absorbent à l'extérieur de l'oxygène, de l'acide carbonique et de l'ammoniaque.

Comment les gaz peuvent-ils pénétrer dans la feuille, comment sont-ils rejetés au dehors lorsqu'ils n'y sont pas utilisés ?

		Carbone.	Hydrogène.	Azote.	Oxygène.
(1)	Asparagine	36,4	6,1	21	36,4
	Légumine	64,9	8,8	21	30,6

On serait tenté de croire que les gaz pénètrent par les ouvertures de la feuille, c'est-à-dire par les stomates; des expériences directes ont montré que la respiration est moins active à la face inférieure des feuilles qu'à la face supérieure, qui est la moins riche en stomates. On sait d'ailleurs qu'à travers des orifices très étroits comme le sont ceux des stomates, l'écoulement des gaz est d'autant plus difficile que leur densité est plus grande; or, l'acide carbonique, qui est le gaz le plus utile à la plante, se trouve être le plus dense; si donc les échanges gazeux s'effectuaient par la voie des stomates, l'acide carbonique serait le plus défavorisé, ce qui est inadmissible.

Tout le monde a vu tomber ces petits ballons, remplis de gaz d'éclairage, alors qu'ils sont encore complètement gonflés; à ce moment, l'air a remplacé le gaz plus léger qui s'est diffusé à l'extérieur.

C'est aussi par diffusion que les gaz pénètrent dans la plante; on peut d'ailleurs s'en rendre compte expérimentalement: à l'extrémité d'un tube de verre ouvert aux deux bouts, on applique l'épiderme d'une feuille dépourvu de stomates; pour le soutenir, on a préalablement introduit du plâtre qui est poreux à cette extrémité; le tube est rempli de mercure, puis renversé sur une cuve à mercure; on obtient de cette façon un véritable baromètre qui à l'origine indique la même pression que les baromètres voisins; mais après un certain temps, on observe un abaissement de la colonne mercurielle : du gaz de l'extérieur se trouve alors dans la chambre barométrique. En plaçant successivement l'appareil dans l'acide carbonique, dans l'oxygène et dans l'azote, on constate en comparant les dépressions barométriques que l'acide carbonique pénètre quinze fois plus vite que l'oxygène, et celui-ci sept fois plus vite que l'azote.

Les plantes aquatiques absorbent aussi par diffusion les gaz dissous dans l'eau ; les poissons pourvus de branchies ne respirent pas autrement.

Absorption de l'eau par les feuilles. — Les feuilles qui ne se laissent pas mouiller par l'eau, celles du chou (*Brassica*) par exemple, ne sauraient l'absorber par leur surface;

il en est de même de celles qui sont turgescentes, c'est-à-dire renfermant autant d'eau qu'elles peuvent en contenir. Mais, quand les racines ne peuvent faire face à la transpiration, les feuilles qui ont perdu leur turgescence sont capables d'absorber l'eau qui tombe ou qui se condense à leur surface.

§ 11. **Assimilation par les feuilles.**— La respiration est un phénomène d'oxydation, l'assimilation est un phénomène de réduction, c'est-à-dire que les aliments puisés au dehors (acide carbonique, eau, etc.) sont incorporés à la plante après avoir perdu de l'oxygène ; d'après plusieurs physiologistes, ces matières forment d'abord de l'amidon, duquel dérivent tous les hydrates de carbone : inuline, sucre, huile, etc. Se combinant ensuite avec les nitrates puisés dans le sol, l'amidon donnerait naissance à des matières albuminoïdes : on sait en effet que certains végétaux incolores nourris avec du sucre et des nitrates peuvent créer des matières albuminoïdes.

Pendant le jour, les feuilles renferment de l'amidon qui se dissout pendant la nuit. M. Schlœsing, ayant placé un pied de tabac dans des conditions anormales, le vit se gorger de matières amylacées, tandis que la proportion de nicotine, d'acide malique, etc., avait au contraire diminué en sens inverse, ce qui porte à croire que ces dernières substances proviennent de l'amidon. Au lieu de regarder l'amidon comme le premier terme de l'assimilation, comme un produit de synthèse, nous pourrions aussi bien le considérer comme un produit d'analyse résultant de la décomposition de matières albuminoïdes dont on ne peut déceler la présence à l'aide des procédés analytiques actuellement employés. En effet, pendant le jour, la masse chlorophyllienne contenue dans les cellules diminue sensiblement pour faire place à de l'amidon ; or nous savons que le grain de chlorophylle est constitué par une matière albuminoïde. Cette hypothèse n'a rien qui doive nous étonner : il est démontré que des animaux nourris exclusivement de matières quaternaires (renfermant du carbone, de l'hydrogène, de l'oxygène et de l'azote) produisent du glucose ; on sait aussi que les muscles (corps azotés) se décomposent en produisant du travail et donnent naissance à une espèce particulière de sucre.

Les considérations qui précèdent n'ont pas une grande importance au point de vue pratique, c'est pourquoi nous n'insisterons pas davantage sur ce sujet.

La température n'est pas sans influence sur l'assimilation, mais la lumière joue dans ce phénomène le rôle le plus important. Sur la lisière des bois, dans les allées des parcs, les branches dirigées vers la lumière se distinguent toujours des autres par de plus grandes dimensions. L'éclairement exigé par les diverses plantes varie de l'une à l'autre : certaines mousses et fougères ne poussent que dans des anfractuosités de rochers peu éclairées; le lierre, lorsqu'il forme un épais rideau, contre les vieux murs, ne reçoit que peu de lumière; cependant il reste vigoureux, tandis que beaucoup de plantes languissent dans nos appartements faute d'un éclairement suffisant.

On peut dire, d'une manière générale, que la valeur des récoltes fournies par les plantes agricoles est proportionnelle à la somme de lumière déversée par le soleil pendant leur végétation; dans les stations agronomiques bien organisées, les mesures actinométriques, c'est-à-dire les mesures de l'éclairement, sont l'objet de soins tout particuliers.

Les feuilles sont à peu près les seuls organes assimilateurs de la plante; nous avons vu que la tige possède de la chlorophylle dans l'écorce primaire ou enveloppe herbacée; mais cette quantité est presque insignifiante, si on la compare à celle qui se trouve dans les feuilles.

§ 11. **Transpiration.** — L'eau qui a charrié les matières nutritives de la plante est exhalée à la surface des feuilles par la voie des stomates; il résulte de là que la face inférieure des feuilles transpire plus activement que la face supérieure; ce fait se vérifie aisément, à l'aide du papier hygrométrique (il s'obtient en faisant tremper du papier ordinaire dans une dissolution de chlorure de palladium et de fer), employé aujourd'hui à la fabrication de ces fleurs et de ces figures qui se colorant plus ou moins suivant le degré d'humidité de l'atmosphère servent à la prévision du temps; celui qu'on applique sur la face inférieure *bleuit* bien plus que celui de la face supérieure.

Résistance des plantes à la sécheresse. — La transpiration paraît être un phénomène soumis aux mêmes lois physiques que l'évaporation; elle dépend de la température de l'air, de son état hygrométrique, de son degré d'agitation et de la pression atmosphérique. Son activité varie sensiblement dans les plantes de nature différente, suivant l'épaisseur de la cuticule. Les plantes aquatiques, telles que les potamogétons, les nénuphars, se flétrissent après une courte exposition à l'air; les plantes grasses de notre région, les sedums (*Sedum*), les joubarbes (*Sempervivum*), vivent longtemps après qu'on les a arrachées et abandonnées à la surface du sol; la pomme de terre, grâce au liège qui la recouvre, conserverait presque complètement son volume initial, si elle n'émettait à l'obscurité de longues pousses qui l'épuisent. Dans les pays chauds, les cactées, pourvues comme nos plantes grasses d'une cuticule épaisse, résistent fort bien à la sécheresse; afin de supporter les plus grandes chaleurs, les feuilles d'orchidées épiphytes de ces mêmes régions présentent une structure fort curieuse qui mérite d'être mentionnée. A leur face supérieure, on trouve, au-dessous de l'épiderme, une couche épaisse de cellules incolores, turgescentes, formant ce qu'on appelle un *hypoderme*. Cette couche cellulaire gorgée d'eau joue à la fois le rôle d'écran et de magasin; c'est un écran, car elle retarde la transpiration; c'est un réservoir, car elle s'épuise pour alimenter la partie verte à mesure que celle-ci se dessèche.

Rapport entre l'absorption par les racines et la transpiration par les feuilles. — Influence des brusques variations de température sur ces deux phénomènes. — Généralement, il y a égalité entre la quantité d'eau exhalée par la plante et celle qui est absorbée par les racines; dans ces conditions, les cellules restent turgescentes, peuvent s'agrandir et se multiplier; mais il arrive parfois que cet équilibre est troublé par suite d'une différence survenue brusquement entre la température de la tige et celle de la racine. Au lever du soleil, par exemple, ou pendant une éclaircie, la partie aérienne, frappée subitement par les rayons solaires, transpire plus qu'elle ne reçoit des racines et alors elle se flétrit. Lorsqu'on traverse un champ de betteraves, pendant une chaude journée d'été, il n'est pas rare de voir les feuilles pendantes et presque flétries à cause d'une transpiration excessive à laquelle les racines ne peuvent faire face. Le contraire arrive également : après une chaude journée, les racines continuent à absorber beaucoup d'eau, tandis que la transpiration est presque arrêtée à la surface des feuilles refroidies ; cette eau qui arrive en excès s'échappe parfois à l'état liquide et vient perler à l'extrémité des nervures; les gouttelettes liquides, qu'on observe fréquemment dans les champs de céréales en herbe, après le coucher du soleil, n'ont pas d'autre origine, et ne doivent pas être confondues avec la rosée ordinaire. A Madagascar, il existe un arbre où ce ne sont plus de rares gouttelettes qui s'échappent des feuilles refroidies pendant la nuit, mais une véritable pluie.

Influence des arrosages effectués alternativement avec des solutions de composition variable. — On peut se demander si les engrais, changeant la composition de la solution saline puisée par les racines, exercent une influence sur l'absorption et la transpiration. C'est là une question intéressante au premier chef, puisque ces deux phénomènes sont étroitement liés au phénomène d'assimilation; on comprend que plus il circulera de matières nutritives dans la plante, plus rapide sera son développement. L'action de chaque engrais en particulier n'a pas été étudiée, mais on sait qu'en arrosant les plantes avec des solutions de composition variable, tantôt avec de l'eau de pluie par exemple, tantôt avec du purin dilué, la transpiration et l'assimilation sont plus énergiques que si l'on employait exclusivement l'une ou l'autre d'entre elles. Il semble donc que la variété dans l'alimentation soit aussi profitable aux plantes qu'aux animaux. M. Vesque, auquel on doit la découverte de ces faits intéressants, a obtenu, par des arrosages pratiqués comme nous venons de le dire, des feuilles de chou d'une épaisseur de $0^m,0012$ environ, celles des feuilles normales ne dépasse pas $0^m,0004$.

Conséquences pratiques. — Nous connaissons le rôle physiologique des feuilles, il nous reste à discuter certains faits pratiques d'une réelle importance. La plupart des plantes cultivées sont soumises à des binages plus ou moins répétés; le soin avec lequel on évite de recouvrir de terre leurs organes foliacés, se trouve suffisamment justifié, quand on se rappelle qu'une feuille à l'abri de la lumière ne saurait créer de la matière organisée.

Dans les petites exploitations, où l'on cultive des betteraves, on a généralement l'habitude d'en couper les feuilles inférieures pendant l'été, pour les donner aux bestiaux. Cette pratique ne saurait être trop combattue : la racine, qu'elle soit sucrière ou fourragère, privée d'une partie de ses organes de nutrition, ne prendra qu'un développement limité; il faut bien se persuader que ces feuilles, qui ne constituent d'ailleurs qu'un fourrage aqueux et peu nourrissant, ont une valeur comme aliment bien inférieure à celle des matières azotées, sucrées et autres qu'elles sont chargées d'organiser. Il arrive une époque, il est vrai, où les feuilles inférieures cessent d'assimiler, et alors on peut les supprimer sans inconvénient; malheureusement cette époque ne saurait être indiquée d'une manière exacte, car des expériences précises, dirigées dans ce sens, font entièrement défaut.

La suppression des feuilles, connue sous le nom d'effeuillement ou d'*épamprement*, se pratique particulièrement sur la vigne, pendant les années humides, au moment où les raisins ont atteint leur volume définitif; les grappes ne recevant plus autant de matières élaborées mûrissent plus vite. Cette opération se fait en deux ou trois fois; à Thomery, on ne la néglige jamais; c'est elle qui contribue à donner au chasselas cette belle couleur fauve si estimée.

Époque des plantations. — Les plantes perdant beaucoup d'eau par la transpiration des feuilles, on ne saurait impunément les déplanter pendant la période active de la végétation; c'est à l'automne ou au printemps que ces opérations s'effectuent; quand, par hasard, elles doivent être exécutées à une époque où les feuilles sont développées, on supprime le limbe de la plupart d'entre elles, le pétiole reste pour protéger le bourgeon, qui se trouve à l'aisselle de la feuille. Pour amoindrir encore la transpiration, on abrite les plantes, quand leurs dimensions le permettent, à l'aide d'une cloche de verre couverte de blanc d'Espagne.

§ 13. **Mouvements des feuilles.** — Les mouvements des feuilles se divisent en deux catégories : *a*, les mouvements de veille et de sommeil ; *b*, les mouvements provoqués par une cause extérieure, un choc, une brûlure, etc.

Les feuilles du robinier faux acacia fournissent un exemple bien connu des premiers : pendant le jour, les folioles s'étendent horizontalement ; pendant la nuit, les folioles opposées s'appliquent l'une contre l'autre par leur face supérieure.

Nous avons déjà eu occasion de parler de la feuille de la gobe-mouche, qui emprisonne les insectes pour s'en nourrir ensuite.

Tous ces mouvements qui paraissent mystérieux sont dus à des causes purement mécaniques.

Nous expliquerons brièvement ce qui se passe chez la sensitive, dont les mouvements sont de connaissance vulgaire. Chacun a pu remarquer, à la base de son pétiole principal ou rachis (fig. 136), un renflement long de 0m,005 à 0m,006 et d'une épaisseur de 0m,002 à 0m,003 environ. Il est constitué par un faisceau fibro-vasculaire central, entouré d'un tissu entièrement parenchymateux, dont les cellules arrondies laissent entre elles des méats intercellulaires très grands et remplis d'air au voisinage du faisceau, plus petits et remplis d'eau dans la couche extérieure ; l'épiderme n'a que peu d'épaisseur. Touche-t-on le renflement, dont nous venons de parler, le pétiole principal s'abaisse et les folioles viennent graduellement s'appliquer l'une contre l'autre par leur face supérieure (fig. 137).

Le renflement moteur devient flasque lorsqu'il est abaissé ; en se redressant, il reprend sa turgescence ; ses deux moitiés n'interviennent pas également dans le mécanisme du mouvement : ainsi, en supprimant sa moitié supérieure, la feuille peut encore se mouvoir, mais elle perd de sa sensibilité; lorsqu'on coupe au contraire sa moitié inférieure, le pétiole se renverse pour ne plus se relever. Quand on excite la plante, les cellules de la moitié inférieure du renflement abandonnent une partie de leur eau, qui passe dans les méats environnants, puis dans ceux de la partie supérieure et dans les vaisseaux du faisceau fibro-vasculaire : peu à peu la zone inférieure redevient turgescente et la feuille inclinée

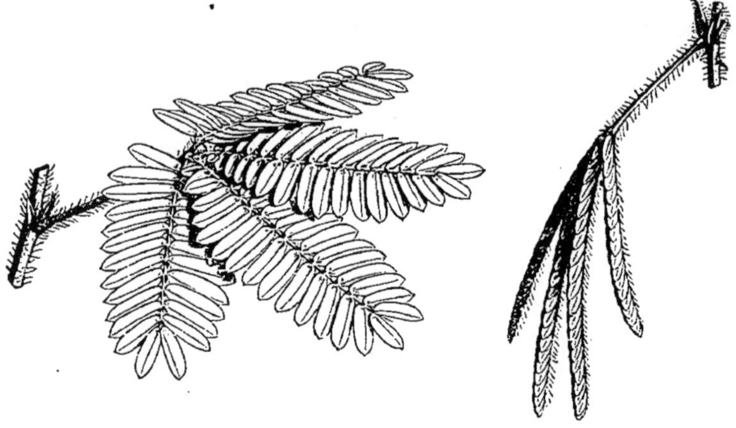

FIG. 136. — Feuille de sensitive (*Mimosa pudica*), dans sa position naturelle.

FIG. 137. — Feuille de sensitive, après une excitation.

se redresse progressivement. Ce qui prouve bien qu'il y a déplacement du liquide contenu dans le renflement moteur, lorsque la feuille s'abaisse, c'est la diminution de volume de la moitié inférieure, correspondant à une augmentation de celui de la moitié supérieure; en même temps le tissu de cette dernière prend une couleur plus foncée; or ce fait s'observe dans une plante verte, seulement lorsque de l'air se trouve remplacé par de l'eau.

§ 14. **Valeur économique des feuilles.**—Les feuilles qui absorbent dans l'atmosphère une quantité notable d'éléments nutritifs, rendent parfois au sol plus qu'elles ne lui ont emprunté, de sorte que ce dernier va toujours en s'enrichissant;

on s'explique alors cette prodigieuse fécondité des terres défrichées couvertes antérieurement de prairies ou d'anciennes forêts.

Si l'on excepte les fleurs, les feuilles sont dans la plante les organes les plus riches en matières nutritives: aussi les cultivateurs obéissent-ils à une sage inspiration, lorsqu'en manipulant les herbes des prairies, et surtout celles des prairies artificielles, trèfle et luzerne, ils s'efforcent de prévenir la chute des feuilles sèches par un fanage modéré; la valeur alimentaire de ces dernières varie considérablement aux différentes époques de leur existence : maximum, pendant la durée de leur accroissement, elle diminue ensuite progressivement jusqu'au moment où elles tombent. Durant cette période d'épuisement, les matières albuminoïdes, l'amidon, le phosphate de chaux émigrent dans les fleurs et surtout dans les fruits, c'est pourquoi la *récolte des fourrages doit toujours précéder la maturation des graines;* les lapins mangent volontiers les jeunes feuilles de robinier, ils les refusent absolument après la floraison.

Les feuilles de mûrier, qui servent à la nourriture des vers à soie, renferment, quand elles sont desséchées, jusqu'à 17 pour 100 de matières azotées, tandis que le foin des prairies naturelles n'en contient en moyenne que 8,5 pour 100, et celui de luzerne 14,4 pour 100. Les feuilles vertes des autres arbres de nos climats en renferment 4 à 7 pour 100, celles des betteraves, seulement 2 pour 100. Dans beaucoup d'endroits, on coupe, à la fin de septembre, les jeunes rameaux de peuplier, d'orme, de charme, de frêne et même de pin maritime; on les lie en bottillons après que les feuilles sont desséchées, et l'on obtient ainsi, pour servir à la nourriture des moutons, pendant l'hiver, un fourrage désigné sous le nom de *feuillard*. Les fromages bien connus du Mont-Dore sont fabriqués avec le lait de chèvres nourries de feuilles de vigne qu'on laisse fermenter dans de vieux tonneaux, après les y avoir entassées et pressées suffisamment.

Applications.

§ 15. **Arrosages.** — Nous savons que les plantes ne

peuvent s'accroître si leurs cellules ne sont turgescentes; on conçoit alors toute l'importance des irrigations, des arrosages, dans tous les sols un peu secs et couverts d'une puissante végétation.

Les arrosages multiples sont particulièrement favorables au développement des légumes herbacés, choux, salades, épinards, etc., qu'ils rendent plus tendres et plus succulents. Une trop grande humidité est au contraire préjudiciable aux plantes cultivées pour leurs fruits, lesquelles tendent à ne produire que des feuilles.

La température de l'eau, le moment de la journée où il faut l'employer ont trop d'importance pour que nous ne nous arrêtions pas un instant sur ce sujet.

Influence de la température sur la valeur des eaux d'arrosage.—L'eau froide, en diminuant la température des racines,amoindrit leur faculté d'absorption, et la tige, transpirant plus qu'elle ne reçoit, souffre nécessairement; que la tige soit plus froide que les racines, l'inconvénient n'est plus le même, puisque l'eau partant de ces dernières rétablit bien vite l'équilibre de température entre les deux parties de l'axe : les prés fameux des environs de Milan connus sous le nom de *marcites*, doivent leur valeur à la température élevée des eaux qui servent à l'irrigation et prolongent la durée de la végétation.

Nous ne condamnons pas les eaux froides d'une manière absolue; ce serait au contraire une faute de ne pas les utiliser; seulement avant d'être employées, il est bon de les forcer à se déverser dans un bassin où elles puissent s'échauffer au contact de l'air.

Moments propices à la pratique des arrosages. — Il est reconnu que les meilleurs arrosages sont ceux qu'on pratique à partir du moment où la température va décroissant, c'est-à-dire depuis trois heures du soir environ. La tige se refroidit à peu près aussi vite que l'air environnant (1), tandis que la racine échauffée par la chaleur

(1) Ce que nous disons là ne s'applique nullement aux plantes dont les tiges acquièrent de grandes dimensions; chez ces dernières la température ambiante se propage toujours avec plus ou moins de difficulté.

du jour et recouverte de terre rayonne difficilement; l'eau d'arrosage, généralement plus froide qu'elle, tend à la ramener à une température voisine de celle de la tige; la plante tout entière va se refroidissant, les gaz qu'elle contient se contractent, et le vide intérieur favorise l'introduction de l'eau. Pendant toute la nuit, la plante conserve sa turgescence en même temps qu'une faible quantité d'eau est enlevée par l'évaporation à la surface du sol et des feuilles.

Le matin, la plante profite immédiatement des arrosages, car la tension de son atmosphère intérieure a diminué par suite du rayonnement nocturne; mais le soleil, frappant le sol bientôt après, enlève une grande partie de l'eau employée; de plus la plante ne reste que pendant un temps fort court en état de turgescence.

Pendant la journée, lorsque le soleil est ardent, les arrosages sont préjudiciables, car ils refroidissent la racine et diminuent sa faculté d'absorption; d'un autre côté, la tige s'échauffant, les gaz intérieurs se dilatent, ce qui contribue encore à réduire la quantité d'eau absorbée.

L'eau projetée sur les jeunes plantes, les romaines, les melons, etc., échauffées par le soleil, se dépose parfois en gouttelettes qui jouent le rôle de lentilles et brûlent le tissu qu'elles recouvrent, ce que les maraîchers expriment en disant que ces arrosages intempestifs font *moucheter* les légumes.

§ 16. **Bassinages.** — Au milieu du jour, on fait parfois tomber l'eau en pluie fine sur les feuilles des plantes. Cette opération connue sous le nom de bassinage s'effectue surtout dans les serres. On enlève ainsi les poussières qui, souvent en trop grande abondance, retardent les échanges gazeux qui s'effectuent entre l'atmosphère et les tissus de de la feuille; enfin, cette eau ainsi déversée accélère l'absorption des racines en refroidissant la tige et par conséquent les gaz qu'elle renferme.

Les arboriculteurs bassinent les poires et les pommes qui sont sur le point de mûrir afin qu'elles prennent une coloration plus vive.

C'est par des bassinages répétés qu'on entretient dans les serres chaudes ce degré d'humidité sans lequel certaines plantes exotiques ne pourraient y vivre.

CHAPITRE X

ORGANES DÉRIVÉS ET BOURGEONS

§ 1. **Stipules.** — Les stipules sont de petits appendices ordinairement foliacés qui accompagnent la base du pétiole dans certaines plantes, ex. : le rosier (fig. 138), la fève, la mauve, etc.; leur présence est constante dans toutes les plantes d'une même famille, et fournit de bons caractères pour leur détermination; les épines qui se trouvent à la base des feuilles du robinier (fig. 123) sont des stipules modifiées. Dans les pays chauds des épines ayant la même origine atteignent chez certains arbustes jusqu'à $0^m,10$ de longueur.

Fig. 138.— Stipules du rosier soudées avec le pétiole.

Les stipules se développent avant les feuilles qu'elles accompagnent et les protègent pendant quelque temps. Dans la gesse sans feuilles (*Lathyrus aphaca*), plante commune dans nos moissons, ce sont les stipules qui remplacent les feuilles : celles-ci se sont transformées en vrilles.

§ 2. **Vrilles.** — Les vrilles sont des organes filiformes, à l'aide desquels certaines plantes peuvent trouver un appui dans les corps environnants. Leur présence dénote un certain degré de faiblesse chez les végétaux qui en possèdent. Ce sont ou des feuilles (vesces, pois) ou même des portions d'axe qui se sont modifiées (vigne). Dans la vigne (fig. 139), les fruits que portent quelquefois les vrilles témoignent nettement de la nature morphologique de ces derniers organes.

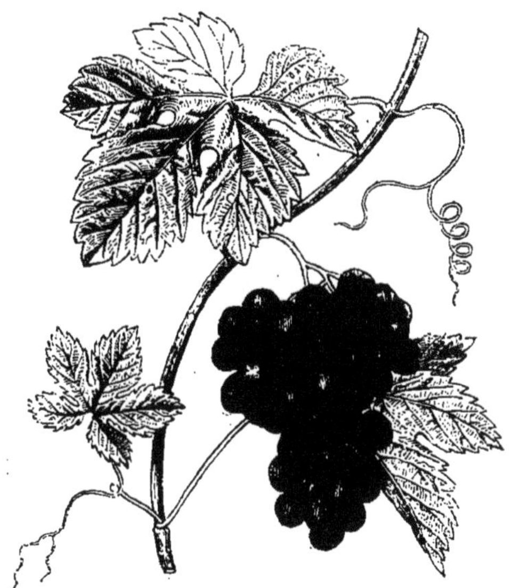

FIG. 139. — Sarment de vigne pourvu de deux vrilles.

La vrille est douée de sensibilité; son extrémité se met en quête d'un appui pour la plante, et quand elle l'a trouvé elle s'y applique et s'y enroule progressivement. Mais cet enroulement, de son extrémité libre à sa base, nécessite une torsion qui finirait par la rompre; aussi, les vrilles qui se roulent un grand nombre de fois, celles de la bryone (*Bryonia dioica*, fig. 140), par exemple, sont-elles tordues en sens différent aux deux extrémités, comme une corde retenue aux deux bouts qu'on roulerait au milieu. Les vrilles de la vigne vierge présentent de petites éminences comparables aux pelotes qu'on observe sous les pattes des grenouilles appelées rainettes; au moyen de ces pelotes adhésives, elles peuvent se fixer contre les murs même les plus polis.

Les plantes munies de vrilles se développent mal quand elles ne trouvent pas de tuteurs, c'est pour ce motif qu'on sème les vesces avec du seigle qui leur sert de support.

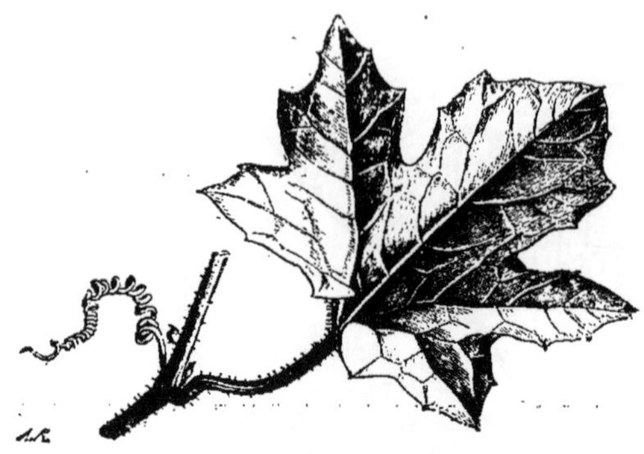

Fig. 140. — Rameau de bryone montrant une vrille roulée en deux sens différents.

§ 3. **Aiguillons. Épines.** — Les aiguillons de même que les épines sont des organes protecteurs.

Fig. 141. — Feuille de groseillier avec un triple aiguillon à sa base.

Fig. 142. — Branche d'épine-vinette, pourvue d'une épine trifurquée.

Les aiguillons (fig. 141) naissent de l'écorce et s'en détachent facilement comme dans le rosier, les ronces, les groseilliers; les épines (fig. 142), au contraire, qui sont des rameaux modifiés, ne peuvent être arrachées qu'en faisant une blessure au bois. C'est aux épines dont ils sont armés que le prunellier (*Prunus spinosa*) et surtout l'aubépine (*Cratægus*) doivent d'être employés à la formation des haies. Dans les pays chauds, les haies sont composées principalement de cactus épineux.

§ 4. **Bourgeons.** — Les bourgeons sont des organes de nature complexe renfermant l'ébauche des rameaux, des feuilles et des fruits ; ce sont, comme on le voit, de véritables graines; aussi les appelle-t-on quelquefois des *embryons fixes*, rappelant par là qu'ils ne peuvent se développer si on les isole de la plante qui leur a donné naissance. Les bourgeons sont, dans nos régions, presque toujours protégés par des écailles imbriquées imperméables à l'eau ; dans quelques-uns, dans le marronnier d'Inde, par exemple, cette protection est rendue plus efficace encore par une sorte de résine qui recouvre les écailles, et par de la bourre, mauvaise conductrice de la chaleur, appliquée à leur intérieur. Les plantes des pays chauds qui n'ont pas à résister au froid possèdent ordinairement des bourgeons nus.

FIG. 143. — Extrémité d'un rameau de poirier. — *b*, bourgeon terminal florifère ; *b'*, *b'*, bourgeons latéraux foliifères.

Les bourgeons naissent à l'aisselle des feuilles ou à l'extrémité des rameaux : les premiers sont appelés *bourgeons latéraux* et les seconds *bourgeons terminaux* (fig. 143).

La disposition des feuilles fait prévoir celle des bourgeons et par conséquent celle des rameaux ; ainsi les rameaux du frêne sont opposés comme ses feuilles et ses bourgeons. Les palmiers n'ont qu'un bourgeon terminal ; ils ne peuvent donc avoir qu'une tige simple.

A l'aisselle d'une feuille très jeune on aperçoit déjà un petit mamelon qui est un jeune bourgeon. Les jardiniers lui donnent le nom d'*œil* ou *bouton*.

Les bourgeons grossissent pendant la période active de la végétation ; ils restent stationnaires pendant l'hiver et se développent au printemps. Cependant, sur des arbres vigoureux, il en est qui s'épanouissent l'année même de leur naissance; les arboriculteurs les nomment *prompts bourgeons*, *faux bourgeons* ou *bourgeons anticipés ;* leur apparition est toujours regrettable, surtout pour les arbres fruitiers, car les rameaux qui en proviennent n'ont pas le temps de se lignifier, de *s'aoûter*, comme disent les arboriculteurs, et peuvent être détruits par les froids rigoureux de l'hiver. Chez le mûrier dont les feuilles sont récoltées de bonne heure pour la nourriture des vers à soie, ce développement anticipé est très fréquent; il est toujours le résultat d'un afflux de sève, provoqué surtout par la suppression des feuilles ou des rameaux voisins.

Suivant la nature des organes qu'ils renferment, les bourgeons ont été divisés en trois catégories : 1° les *bourgeons foliifères;* 2° les *bourgeons florifères*, 3° les *bourgeons mixtes*.

1° Les *bourgeons foliifères* ou *bourgeons à bois* ne contiennent que des rameaux feuillés, qui prennent ordinaire-

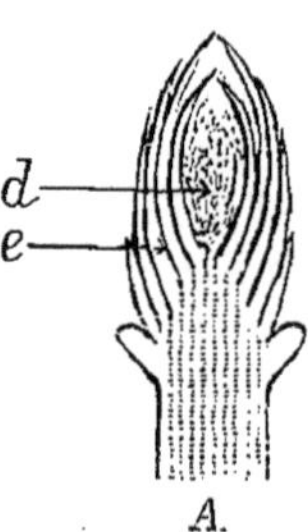

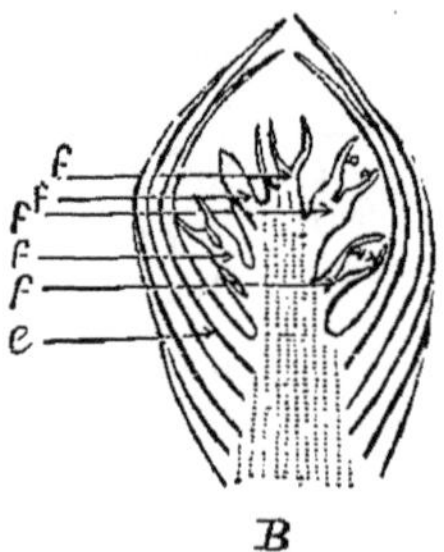

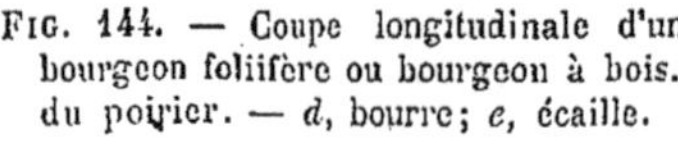

FIG. 144. — Coupe longitudinale d'un bourgeon foliifère ou bourgeon à bois du poirier. — *d*, bourre; *e*, écaille.

FIG. 145. — Coupe longitudinale (faite en décembre) d'un bourgeon florifère ou bourgeon à fleurs du poirier. — *f,f, f,f,f*, fleurs rudimentaires ; *e*, écaille.

ment un grand développement dans nos arbres fruitiers; ils sont plus ou moins allongés et se terminent généralement en pointe (fig. 144).

2° Les *bourgeons florifères* ou *bourgeons à fleurs* renferment presque toujours quelques feuilles, mais la pousse qu'ils fournissent reste petite et se termine par des fleurs (fig. 145). Leur volume et leur forme globuleuse les font reconnaître facilement dans le poirier (*Pyrus*), le pêcher (*Amygdalus*), le cerisier (*Cerasus*), etc., où les fleurs s'épanouissent avant les feuilles.

3° Les *bourgeons mixtes* donnent naissance à la fois à des fleurs et à des feuilles comme dans la vigne et le rosier.

Un fait digne de remarque, c'est que les bourgeons à fruits ne se développent que sur des rameaux de moyenne vigueur; c'est par des mutilations connues sous les noms de *taille d'hiver* et de *taille d'été* que l'on peut forcer un rameau déterminé à se couvrir de bourgeons à fleurs.

§ 5. **Bourgeons adventifs.** — On appelle bourgeons *normaux* ceux qui se développent sur les jeunes pousses à l'aisselle des feuilles. Les bourgeons *adventifs* apparaissent sur des organes d'un âge avancé et en un point quelconque de leur étendue.

Quand on coupe certaines essences forestières, il se forme autour de la plaie un bourrelet cicatriciel qui donne naissance à des bourgeons adventifs. Les *drageons* (fig. 61) qui se développent sur de nombreuses racines proviennent de bourgeons adventifs.

On admet que les bourgeons adventifs, pour la tige du moins, sont des bourgeons latéraux ordinaires qui ne se sont pas développés, et que l'écorce épaissie a emprisonnés. Quand on vient à supprimer des organes voisins, ils reçoivent de la sève en abondance et percent l'écorce.

Applications. — *Recepage.* — L'opération du recepage consiste à couper la tige d'un arbre à quelques centimètres au-dessus du sol. Elle est pratiquée lorsqu'on veut refaire promptement la charpente des arbres mal formés, gelés ou décrépits.

Dans les pépinières on recèpe également les jeunes arbres après un an de repiquage pour obtenir une tige vigoureuse et bien droite.

La suppression de la partie aérienne fait affluer toute la

sève des racines dans les bourgeons adventifs qui se développent avec une grande rapidité : le plus vigoureux choisi pour former la nouvelle tige est fixé soit à un tuteur, soit comme l'indique là figure 146 à la portion décortiquée *c* qui termine le tronçon de tige *d*.

Loupes ou broussins. — Lorsqu'on supprime les bourgeons adventifs issus de la tige ou de la racine, il s'en développe rapidement de nouveaux à la base des premiers ; en continuant de les mutiler à mesure qu'ils apparaissent au dehors, il arrive un moment où ces bourgeons très nombreux, mais peu vigoureux, sont recouverts par le bois ; les excroissances qu'on observe alors en ce point sont désignées sous le nom de *loupes* ou de *broussins* (fig. 147) ; les Conifères en possèdent rarement. Les loupes, à cause de leurs nombreuses veinures, sont recherchées par les ébénistes.

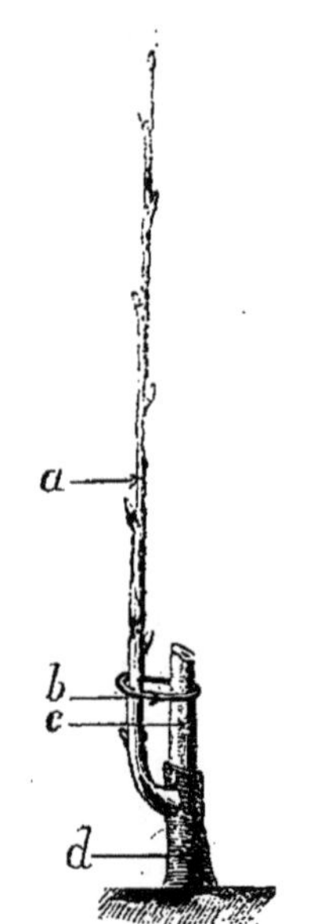

FIG. 146. — Arbre recepé. — *a*, pousse provenant d'un bourgeon adventif.

Les plus estimées sont celles de l'orme, du noyer, de l'aune, du bouleau, de l'érable, du peuplier et du tilleul ; quand elles s'étendent sur tout le pourtour du tronc, elles peuvent entraîner la mort de l'arbre. Ces exostoses arrêtent la sève descendante, exactement comme si l'on enlevait à cet endroit un anneau d'écorce.

Les loupes étant coupées rez tronc, et la plaie recouverte d'un englûment, l'arbre déformé reprend sa vigueur première, si l'on a soin de pratiquer dans l'écorce des incisions longitudinales qui appelent la sève descendante et préviennent la production de nouveaux bourgeons adventifs.

§ 6. **Bourgeons souterrains ou turions.** — Il serait superflu de dire, étant donnée la définition des rhizomes, que ces productions portent des bourgeons souterrains, si nous ne devions ajouter que beaucoup d'entre eux viennent s'épanouir seulement à la lumière ; on leur donne le nom de *turions*. Les pointes d'asperges en sont un exemple.

§ 7. **Bourgeons mobiles ou bulbilles.** — Quelques plantes offrent cette particularité curieuse de posséder des bourgeons qui peuvent s'isoler du pied-mère et se comporter comme de véritables bulbes. Ces bourgeons spéciaux

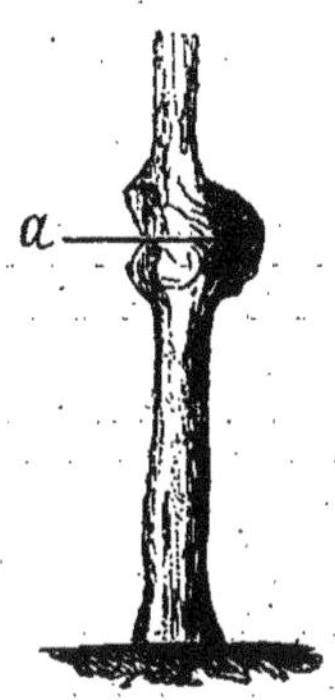

Fig. 147. — Tronc de platane. — *a*, loupe.

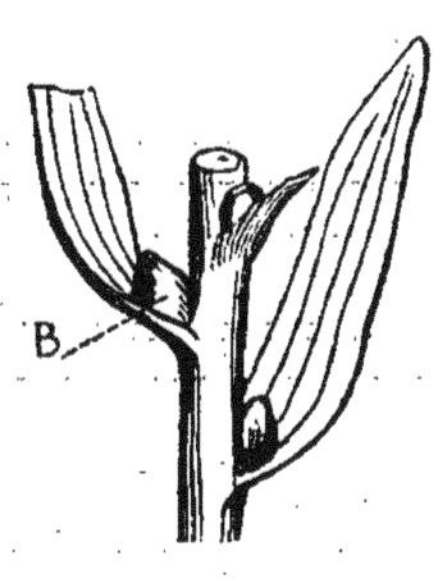

Fig. 148. — B, bulbille d'un lis bulbifère.

qui existent à l'aisselle des feuilles dans le lis bulbifère (fig. 148), et quelquefois à la place des fleurs dans plusieurs espèces du genre ail, ont reçu le nom de *bulbilles*. Les *caïeux* dont nous connaissons l'histoire sont aussi des bourgeons mobiles qui naissent à l'aisselle de feuilles ayant une configuration spéciale.

Distinction des Graminées fourragères.

1 Base du limbe garnie de dents semi-lunaires qui embrassent la tige. Presque toutes ont les feuilles roulées dans le jeune âge........ 2
Base du limbe dépourvue de dents........ 7

2 Gaines fermées........ 3
Gaines fendues........ 4

3 Feuilles plissées. *Lolium perenne* (ivraie vivace, ray-grass).
Feuilles roulées. *Lolium italicum* (ivraie d'Italie).

4 Gaines velues.. 5
Gaines glabres ou pourvues seulement de quelques cils........ 6
5 *Hordeum secalinum* (orge faux seigle, orge des prés), *murinum* (orge des murs, orge queue de souris); *Festuca aspera* (fétuque sauvage).
6 *Triticum repens, caninum* (froment sauvage); *Elymus arenarius* (élyme des sables); *Festuca gigantea* (fétuque élancée), *arundinacea* (fétuque roseau), *pratensis* (fétuque des prés).
7 Couronne de longs cils à la place de la ligule.................. 8
Ligule membraneuse courte ou longue......................... 9
8 *Phragmites communis* (roseau commun); *Molinia cærulea* (molinie bleue); *Triodia decumbens; Andropogon ischæmum* (barbon pied de poule); *Cynodon Dactylon* (chiendent commun).
9 Gaine fermée jusque près de la base du limbe................ 10
Gaine fendue... 14
10 Ligule courte terminée à l'opposé du limbe par une aigrette membraneuse. — *Melica uniflora* (mélique uniflore).
Ligule sans cette aigrette.................................. 11
11 Feuilles roulées; tiges cylindriques.......................... 12
Feuilles plissées; tiges plus ou moins comprimées............. 13
12 Bords des feuilles rudes de bas en haut :
Briza media (brize intermédiaire).
Bords lisses ou rudes de bas en haut :
Melica nutans (mélique penchée), *ciliata* (mélique ciliée); *Festuca inermis; Lolium italicum* (ivraie d'Italie).
13 Longueur de la ligule égalant ou dépassant la moitié de la largeur de la feuille :
Glyceria spectabilis, fluitans (glycérie flottante), *aquatica* (glycérie aquatique); *Dactylis glomerata* (dactyle aggloméré).
Ligule très courte ne formant le plus souvent qu'un rebord jaune verdâtre :
Festuca erecta (fétuque dressée); *Sesleria cærulea* (seslerie bleuâtre); *Avenastrum pubescens; Lolium perenne* (ivraie vivace).
14 Feuilles plissées.. 15
Feuilles roulées... 18
15 Feuilles très étroites.................................... 16
Feuilles planes ou un peu creuses........................... 1
16 Ligule ne formant qu'un rebord court recouvert par la base de la feuille opprimée :
Poa pratensis (paturin des prés), *compressa* (paturin comprimé); *Cynosurus cristatus* (cynosure à crêtes).
Ligule courte arrondie, formant de chaque côté une petite oreillette arrondie : *Festuca*.
Ligule longue, tubuleuse, brusquement terminée :

Aira flexuosa (canche flexueuse); *Nardus stricta* (nard roide).

Ligule aiguë terminée par une ou deux longues pointes ou par deux ou plusieurs dents triangulaires :

Avenastrum pratense (avoine des prés); *Aira cœspitosa; Corynephorus canescens* (Corynéphore blanchâtre); *Agrostis canina* (Agrostide des chiens); *Aira uliginosa; Glyceria distans* (glycerie écartée), *maritima* (glycerie maritime).

17 *Cynosurus cristatus* (Cynosure à crêtes); *Poa compressa* (paturin comprimé), *pratensis* (paturin des prés), *trivialis* (paturin commun), *nemoralis* (paturin des bois), *serotino; Kœleria cristata* (kœlérie à crêtes).

18 Gaines fortement velues :

Holcus lanatus (houlque laineuse), *mollis* (houlque molle); *Anthoxanthum odoratum* (flouve odorante); *Brachypodium pinnatum* (brachyopode corniculé), *sylvaticum* (brachyopode des forêts).

Gaines glabres ou garnies de quelques poils................... 19

19 Ligule au moins moitié moins large que longue :

Avenastrum elatius; Alopecurus geniculatus (vulpin genouillé), *fulvus; Phleum pratense* (phléole des prés); *Baldingera arundinacea* (Baldingère bigarré); *Calamagrostis; Milium effusum* (millet étalé); *Agrostis alba* (agrostide blanche).

Ligule très courte réduite à un rebord brunâtre :

Agrostis vulgaris (agrostide vulgaire); *Alopecurus pratensis* (vulpin des prés), *arundinaceus* (vulpin bigarré).

DEUXIÈME PARTIE

FONCTIONS DE REPRODUCTION

Nous avons déjà eu occasion d'indiquer divers modes de multiplication des végétaux : multiplication par greffes, boutures, marcottes, tubercules, bulbes et bulbilles. C'est par ces moyens, avons-nous dit, que l'homme peut en quelque sorte imposer sa volonté aux plantes et les forcer à conserver certaines particularités qui lui sont utiles ou agréables. Dans la nature, les plantes se reproduisent presque toujours à l'aide de graines. Celles-ci ne naissent pas directement sur la tige ou sur les rameaux; elles sont la fin d'un long travail organique du végétal : les feuilles se modifient d'abord d'une manière spéciale pour constituer une fleur et une partie seulement de cette dernière, survivant aux autres, produit un fruit qui abrite une ou plusieurs graines.

CHAPITRE PREMIER

FLEUR

§ 1. **Définition de la fleur.** — *Ses diverses parties.* — Les fleurs sont des organes formés de feuilles modifiées, disposées ordinairement en quatre verticilles tellement rapprochés, qu'ils paraissent emboîtés les uns dans les autres.

Ces verticilles sont à partir de l'extérieur : 1° le *calice*, composé de pièces appelées *sépales* (fig. 149); 2° la *corolle*, composée de *pétales* (fig. 150); 3° l'*androcée* (de ἀνδρός, mâle, et οἶκος, demeure), formé d'*étamines*; 4° le *gynécée* ou *pistil* (de γυνή, femelle, et οἶκος, demeure), composé d'un ou de plusieurs *carpelles*.

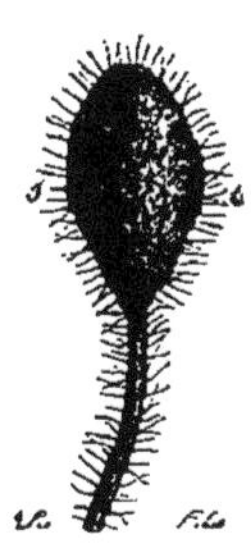

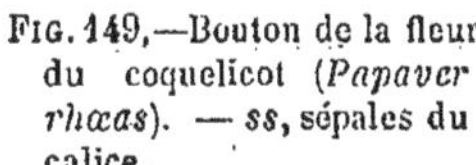

FIG. 149.—Bouton de la fleur du coquelicot (*Papaver rhœas*). — *ss*, sépales du calice.

FIG. 150.—Fleur épanouie du coquelicot (*Papaver rhœas*). — *c*, *c*, pétales de la corolle; *e*, étamines; *p*, pistil.

Le calice et la corolle sont des enveloppes protectrices; leur importance est donc secondaire; il n'en est pas de même de l'androcée et du gynécée qui sont les organes sexuels; les étamines représentent les organes mâles, et les carpelles, les organes femelles.

On donne le nom de *pédoncule* au support de la fleur; l'extrémité élargie où s'attachent les verticilles, a reçu le nom de *réceptacle*, ou encore celui de *torus* ou *thalamus* (en latin signifie *lit nuptial*). Quand le pédoncule fait défaut, la fleur est dite *sessile*.

Les fleurs *incomplètes* sont celles qui ne possèdent pas à la fois les quatre verticilles dont nous venons de parler.

On désigne fréquemment les enveloppes florales, calice et corolle sous les noms de *périanthe* (de περί, autour, et ἄνθος fleur) ou *périgone*.

Le périanthe est simple ou double suivant qu'il possède une ou deux enveloppes florales. Le périanthe simple est ordinairement un calice. La fleur peut être dépourvue de calice et de corolle, mais alors elle est presque toujours protégée par des feuilles modifiées, connues sous le nom de bractées (carex) ; rarement elle est complètement nue (frêne).

Les fleurs chez lesquelles on observe à la fois des étamines et des carpelles sont appelées *hermaphrodites;* quand elles ne renferment que des étamines sans carpelles ou réciproquement, on les dit *unisexuées*.

Quelques fleurs ne possèdent ni étamines, ni carpelles, on les appelle fleurs neutres ou *fleurs stériles*, ex. : les fleurs extérieures du bleuet (*Centaurea Cyanus*), et de beaucoup d'autres Composées.

Les plantes qui réunissent sur un même pied des fleurs unisexuées mâles et femelles sont dites *monoïques* (de μόνος, un seul, et οἶκος, habitation), ex. : le noyer (*Juglans*), le noisetier (*Corylus*), le mûrier (*Morus*), le pin (*Pinus*), le bouleau (*Betula*), les courges (*Cucurbita*), les melons (*Cucumis melo*), le maïs (*Zea*), etc.

Dans les plantes appelées *dioïques* (de δύο, deux, et οἶκος, habitation), on trouve sur un même individu soit des fleurs mâles, soit des fleurs femelles, à l'exclusion de toute autre, ex. : le chanvre (*Cannabis*), le houblon (*Humulus*), la mercuriale (*Mercurialis*).

On nomme plantes *polygames* (de πολύς, plusieurs, et γαμέω, je me marie) celles qui portent sur un même pied des fleurs mâles, des fleurs femelles et des fleurs hermaphrodites; ex. : la pariétaire (*Parietaria*), les érables (*Acer*).

§ 2. **Anomalies observées dans les fleurs.** — Quand un rameau se termine par une fleur, il ne grandit plus; celle-ci absorbe toutes les matières nutritives qui pourraient servir à son allongement; cependant il arrive parfois, mais ce cas est très rare, que l'énergie exagérée de la végétation détermine l'allongement du pistil en un rameau feuillé qui va s'éteindre dans une seconde fleur imparfaitement développée. Cette anomalie s'observe dans les roses dites *prolifères* (fig. 151).

Nous avons dit que les verticilles de la fleur sont composés de feuilles modifiées. La structure des sépales du calice, leur couleur ordinairement verte, dévoilent leur nature morphologique; les pièces de la corolle et des organes sexuels ont éprouvé des modifications plus profondes; par là culture, on obtient quelquefois des *monstruosités* dans lesquelles toutes ces parties offrent l'aspect de feuilles ordinaires. Les fleurs *doubles* du merisier (fig. 152) et surtout celles du fraisier des Alpes fournissent de curieux exemples de ce retour des verticilles à l'état de feuilles vertes.

§ 3. **Bractées.** — Les bractées sont des feuilles situées dans le voisinage des fleurs, et qui ont subi des changements de forme, de consistance et de couleur. La feuille qui accompagne

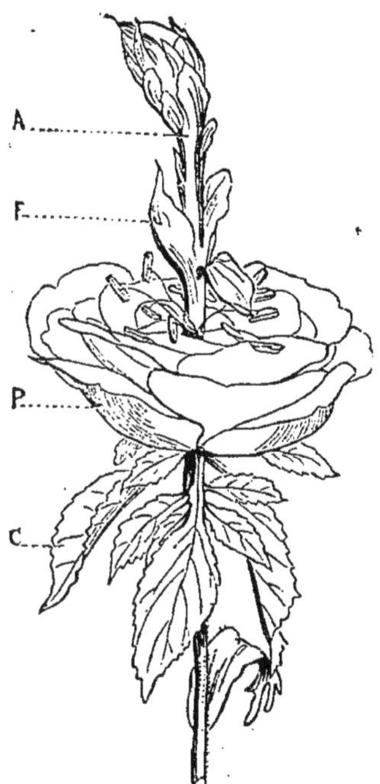

FIG. 151. — Rose prolifère. — C, calice transformé en feuilles; P, pétales multipliés aux dépens des étamines; A, axe prolongé portant une fleur imparfaite; F, lames colorées représentant des carpelles avortés.

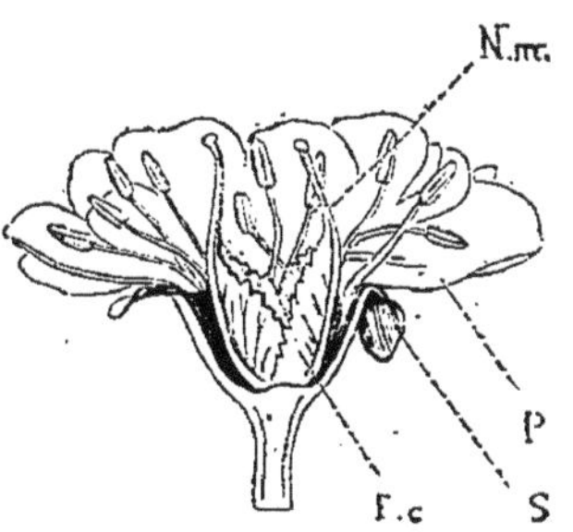

FIG. 152. — Fleur double du merisier. — S, sépales; P, pétale; F.c, feuille carpellaire; en N.m, sa nervure médiane ou style.

la fleur du tilleul (fig. 153) en est un exemple remarquable.

Dans les Composées et la plupart des Ombellifères, les bractées sont disposées circulairement autour des fleurs et constituent ce qu'on appelle un *involucre* (fig. 154) ou une *collerette*. Elles forment dans les mauves (*Malva*), l'hellébore d'hiver (*Helleborus hyemalis*), l'œillet (*Dianthust*, etc.), comme un second calice situé au-dessous du calice normal, et auquel on donne le nom de *calicule* (fig. 155).

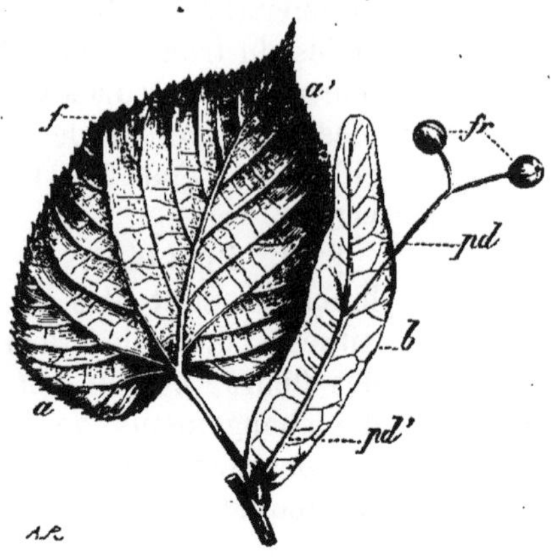

FIG. 153. — *b*, bractée du tilleul, accompagnant le pédoncule *pd*, *pd'* des deux fruits *fr* ; *f*, feuille normale.

FIG. 154. — Fleur composée de l'*Helminthia echioïdes*, pourvue d'un involucre formé par une rangée externe, *i*, de bractées.

La *cupule* qui accompagne les fruits du chêne (*Quercus*) (fig. 156) et du noisetier (*Corylus*) résulte de la soudure de bractées ; la cupule épineuse du châtaignier (*Castanea*) diffère de la précédente en ce qu'elle renferme plusieurs fleurs ; les feuilles comestibles de l'artichaut (*Cynara*) sont des bractées.

Les axes secondaires des Graminées portent généralement

des fleurs réunies en groupes auxquels on donne le nom d'*épillets;* chacun de ces der-

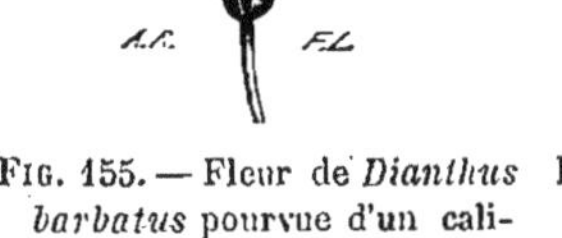

Fig. 155. — Fleur de *Dianthus barbatus* pourvue d'un calicule composé de six bractées.

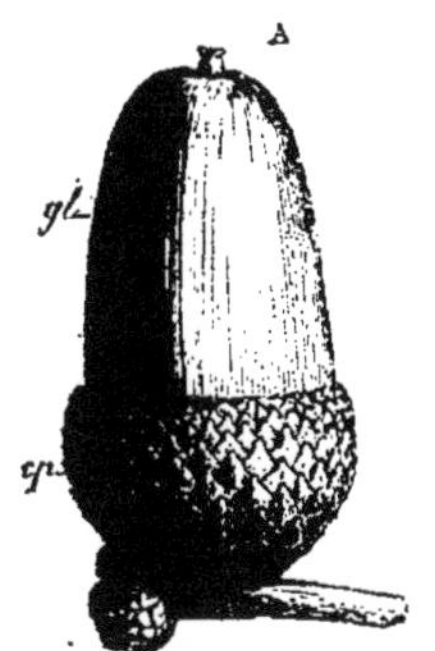

Fig. 156. — Gland du *Quercus robur* entouré à sa base d'une cupule *cp*.

niers présente à sa base deux petites bractées *g*, *g*, opposées l'une à l'autre et formant ensemble une petite enveloppe appelée *glume* (fig. 157).

Les fleurs en nombre variable de l'épillet sont ordinairement accompagnées chacune de folioles écailleuses qui ensemble forment une enveloppe appelée *glumelle* ou *balle* (fig. 158). Plus à l'intérieur de cette enveloppe on en trouve une deuxième formée de deux ou trois petites écailles *g'* (même figure), appelées paléoles, et dont la réunion forme la *glumellule*.

§ 4. **Inflorescence.** — On désigne sous le nom d'*inflorescence,* la disposition que les fleurs affectent sur la tige ou sur les rameaux.

Dans certaines plantes, comme le mouron (fig. 128), par exemple, les fleurs, séparées les unes des autres par des feuilles normales, sont dites *solitaires*. Dans d'autres, au con-

Fig. 157.

Fig. 157. — Épi du ray-grass (*Lolium perenne*). — *g*, *g*, *g*, glumes.

traire, elles sont réunies en groupes et séparées ou non par des bractées; on donne aussi à cet ensemble le nom d'*inflorescence*. Comme on le voit, le mot inflorescence a deux significations différentes.

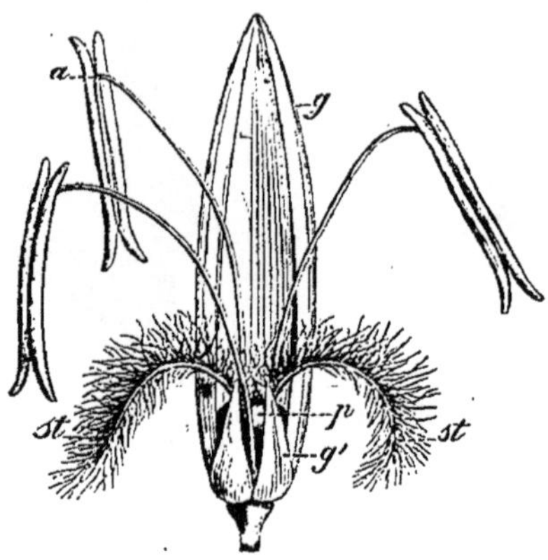

Fig. 158. — Fleur du ray-grass (*Lolium perenne*). — *g*, foliole de la glumelle ; *g'*, paléole de la glumellule; *p*, pistil avec ses deux stigmates plumeux, *st*, *st*; *a*, point d'attache d'une anthère.

Dans un groupe de fleurs, il y a lieu de distinguer un *axe primaire*, pédoncule commun, d'où naissent tous les autres; on le désigne aussi quelquefois sous le nom de *rachis;* ses divisions portent les noms *d'axes secondaires, tertiaires*, etc., d'après leur situation par rapport à l'axe primaire. Comme les bourgeons dont elles proviennent, les fleurs peuvent être *terminales* ou *axillaires*, c'est-à-dire situées à l'extrémité de la tige et des rameaux ou seulement à l'aisselle des feuilles. Quand une fleur termine un rameau, ce dernier cesse de se développer; on dit dans ce cas que l'inflorescence est *terminale* ou *définie*. L'inflorescence est *axillaire* ou *indéfinie*, lorsque la tige et les rameaux terminés par un bourgeon à bois s'allongent indéfiniment, et ne portent des fleurs qu'à l'aisselle des feuilles.

Qu'elles soient solitaires ou réunies par groupes, les fleurs peuvent appartenir à une inflorescence définie ou indéfinie.

I. Inflorescences indéfinies. — La longueur relative

de l'axe primaire et de ses divisions, la nature sexuelle des fleurs groupées, ont fait distinguer plusieurs types d'inflorescences indéfinies : l'*épi*, le *chaton*, le *cône*, le *spadice*, le *capitule*, la *grappe*, le *thyrse*, le *corymbe* et l'*ombelle*.

L'*épi* est un mode d'inflorescence dans lequel l'axe primaire plus ou moins long, porte latéralement un nombre indéterminé de fleurs sessiles, ex : le plantain (*Plantago*) (fig. 159), la digitale (*Digitalis*).

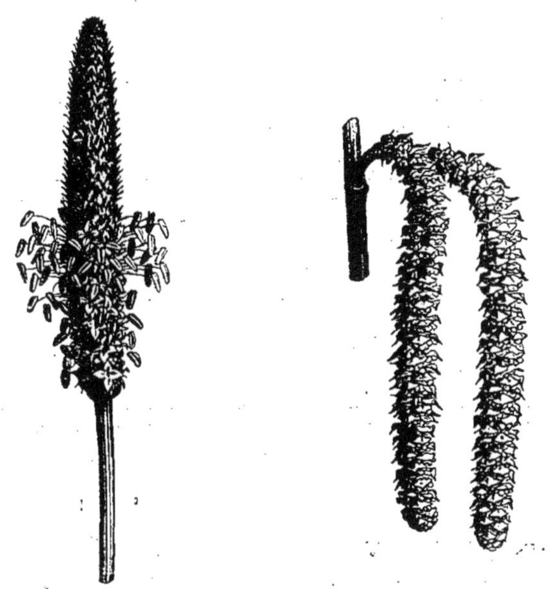

FIG. 159.— Épi du plantain lancéolé (*Plantago lanceolata*).

FIG. 160. — Chatons du noisetier d'Amérique (*Corylus americana*).

Le *chaton* est composé de fleurs sessiles unisexuées, mâles, disposées comme dans l'épi, et l'axe primaire est articulé de manière à pouvoir se détacher tout d'une pièce après la fécondation. Le noisetier (*Corylus*) (fig. 160), le noyer (*Juglans*), le saule (*Salix*), le châtaignier (*Castanea*) en fournissent des exemples.

Le *cône* ou *strobile* est l'inflorescence des arbres verts, nommés pour cette raison Conifères. Les fleurs sessiles qu'il renferme sont unisexuées, femelles, et accompagnées de larges bractées; celles-ci sont ligneuses dans le pin (*Pinus*), le sapin (*Abies*), etc., et membraneuses dans le houblon (*Humulus*).

'IG. 161. — *Arum maculatum* montrant un spadice ; à droite, on voit l'axe charnu isolé portant les fleurs.

Le *spadice*, de même que les précédentes inflorescences, e se compose que de fleurs sessiles unisexuées. Il est caracérisé par un axe charnu qui porte à sa base des fleurs feelles et à son sommet des fleurs mâles. L'ensemble est protégé par une large bractée appelée *spathe*, ex. : l'*Arum maculatum* (fig. 161). Dans les palmiers, le spadice ramifié porte le nom de *régime*.

Le *capitule* est une inflorescence dans laquelle les fleurs sessiles sont fixées au sommet d'un axe primaire, élargi de manière à former une surface plane ou plus ou moins arrondie qu'entoure un involucre, ex. : le pissenlit (*Taraxacum*), le chardon (*Carduus*), le grand soleil (*Helianthus annuus*), la scabieuse (*Scabiosa*) et autres plantes de la famille des Composées et des Dipsacées.

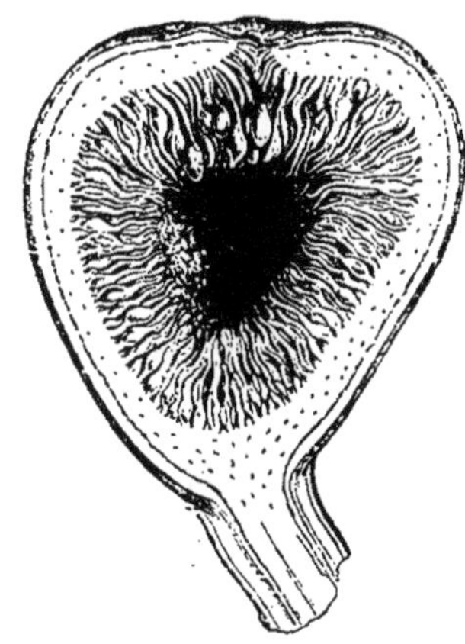

Fig. 162. — Figue coupée longitudinalement pour montrer les fleurs qui en tapissent l'intérieur.

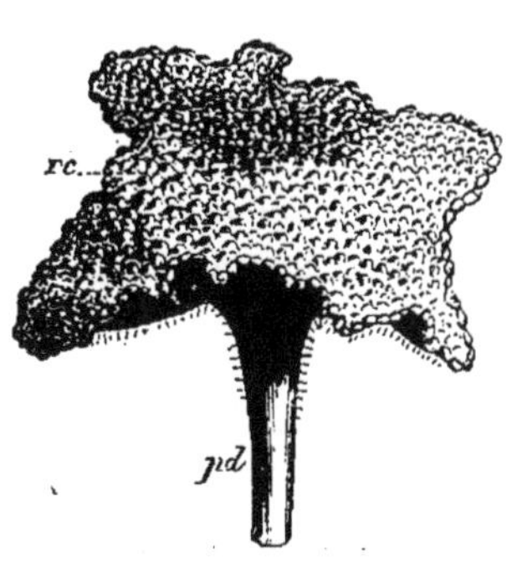

Fig. 163. — Capitule du *Dorstenia*. — *pd*, pédoncule ; *rc*, réceptacle.

L'inflorescence de la figue (fig. 162) est un capitule dont le réceptacle se creuse et rapproche ses bords, au lieu de rester sensiblement horizontal, comme cela a lieu généralement. On aperçoit aisément sur les bords de l'ouverture appelée vulgairement l'*œil* de la figue, un certain nombre de petites écailles : ce sont les bractéoles de l'involucre. La cavité intérieure est tapissée de fleurs mâles et de fleurs femelles.

L'inflorescence du *Dorstenia* (1) (fig. 163) est intermédiaire

(1) La racine du *Dorstenia* est un remède employé en Amérique contre la morsure des serpents.

entre les capitules normaux et la curieuse inflorescence de la figue : le réceptacle large et charnu se relève légèrement sur ses bords, et supporte des fleurs mâles et des fleurs femelles entremêlées

Le réceptacle commun du capitule est souvent chargé d'écailles, de paillettes ou de soies séparant les fleurs. Ces productions de formes diverses représentent des bractées.

L'*ombelle* (fig. 164) est une inflorescence dans laquelle les axes secondaires partent du même point, et se terminent chacun par une fleur; ils divergent comme les rayons d'un parasol. Ici, les bractées forment, comme dans le capitule, un involucre auquel on donne le nom de *collerette*.

La *grappe* est un mode d'inflorescence, dans lequel l'axe pri-

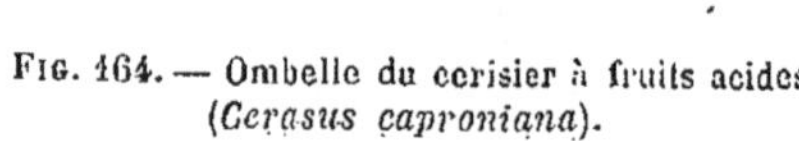

Fig. 164. — Ombelle du cerisier à fruits acides (*Cerasus caproniana*).

Fig. 165. — Grappe du groseillier ordinaire (*Ribes rubrum*).

maire allongé porte un nombre variable d'axes secondaires à peu près égaux entre eux et terminés chacun par une fleur, ex. : le groseillier commun (*Ribes rubrum*) (fig. 165), le muguet (*Convallaria majalis*).

Le *thyrse* est une sorte de grappe dont les axes secondaires de la partie moyenne, plus grands que ceux de la base et du sommet, donnent à l'ensemble une forme ovoïde, ex. : le lilas.

Le *corymbe* est formé d'un axe primaire duquel partent, à des niveaux différents, des axes secondaires qui se terminent à la même hauteur et figurent une sorte de parasol à rayons inégaux, ex. : le cerisier de Sainte-Lucie (*Cerasus mahaleb*), le poirier (*Pyrus*) (fig. 166).

FIG. 166. — Corymbe du poirier commun (*Pyrus communis*).

On peut faire dériver de la grappe tous ces modes d'inflorescence : en allongeant inégalement ses axes secondaires, on obtient le thyrse et le corymbe; si au contraire, les axes secondaires deviennent plus courts, on passe tout naturellement à l'épi, au chaton, au cône et au spadice; l'axe primaire étant réduit de façon que les axes secondaires partent du même point, on obtient une ombelle. Enfin, lorsque les axes de différents degrés sont raccourcis et confondus en un réceptacle commun, l'inflorescence devient un capitule.

Jusqu'alors, nous avons supposé seulement deux degrés de ramifications; les axes secondaires peuvent se ramifier de la même façon que les axes primaires, et alors on obtient la *grappe composée* ou *panicule*, ex. : le marronnier d'Inde (*Æsculus Hippocastanum*), l'avoine (*Avena*), le paturin (*Poa*), l'agrostide (*Agrostis*) (fig. 167), le brome (*Bromus*), etc.; l'*épi*

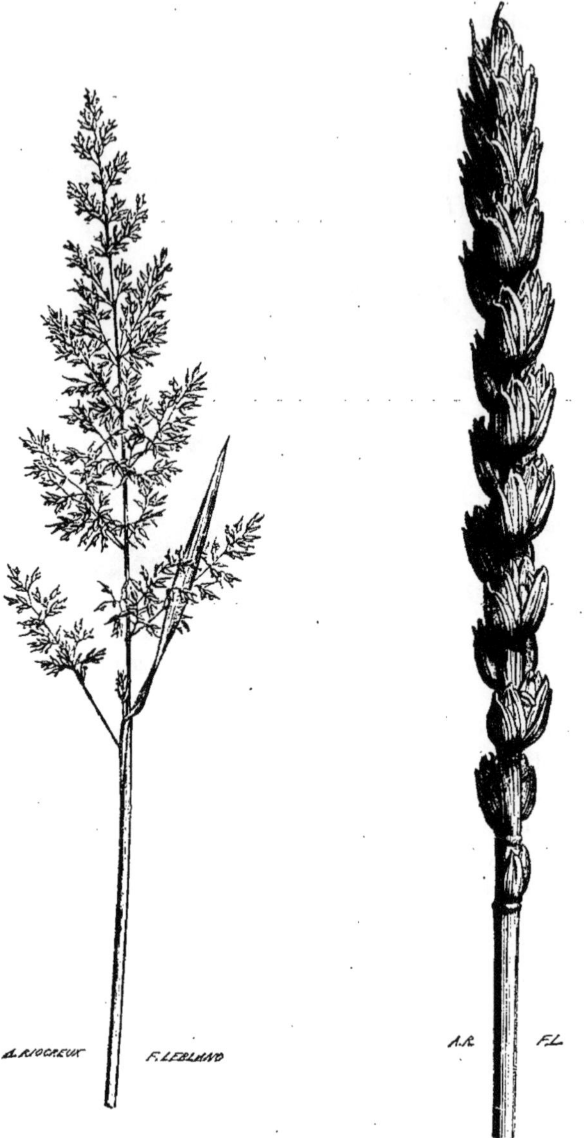

FIG. 167. — Grappe composée ou pani- de l'*Agrostis alba*.

FIG. 168. — Épi composé du froment cultivé (*Triticum sativum*).

composé, formé d'épis simples ou *épillets*; ex. : le blé (*Triticum*) (fig. 168), l'ivraie (*Lolium*); l'*ombelle composée*, formée d'*ombellules* garnies de petits involucres ou *involucelles*, ex. : la carotte (*Daucus*), le persil (*Petroselinum*), le fenouil (*Fœniculum*) (fig. 169).

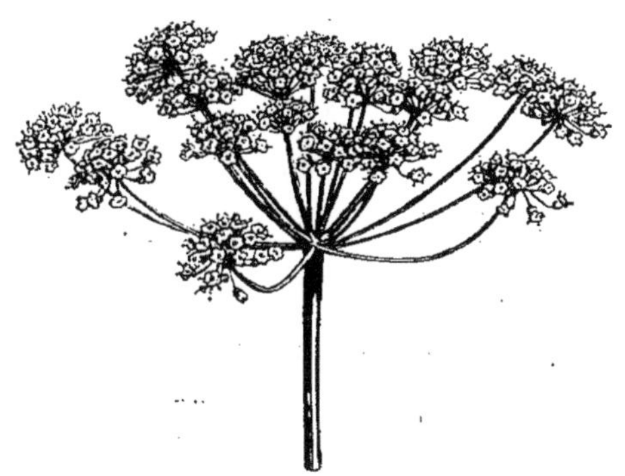

FIG. 169. — Ombelle composée du fenouil (*Fœniculum officinale*).

Dans les inflorescences que nous venons de passer en revue, les fleurs aînées sont celles de la base et de la partie externe; on dit que la floraison est *centripète*, c'est-à-dire qu'elle marche de la circonférence vers le centre du groupe de fleurs.

II. INFLORESCENCES DÉFINIES. — Les inflorescences définies ont reçu le nom collectif de *cymes*. En général, à la base d'une fleur portée par un axe primaire, se trouvent une ou plusieurs bractées, de l'aisselle desquelles partent des axes florifères secondaires, qui se comportent comme les axes primaires; l'inflorescence, au lieu de s'allonger, s'accroît en largeur à partir de la fleur centrale, ex. : le céraiste (*Cerastium*) (fig. 170), la petite centaurée (*Erythræa centaurium*).

Les cymes peuvent affecter la forme d'épis (campanule), de corymbe (sureau), d'ombelle (chélidoine), mais alors la floraison est *centrifuge*, c'est-à-dire qu'elle marche du centre vers la circonférence.

Dans la *cyme scorpioïde*, les fleurs figurent une grappe qui se roule comme la queue d'un scorpion : de là vient son nom. L'axe primaire se termine par une fleur qui porte une bractée à sa base; à l'aisselle de cette dernière apparaît un axe florifère secondaire qui se comporte comme celui dont il émane;

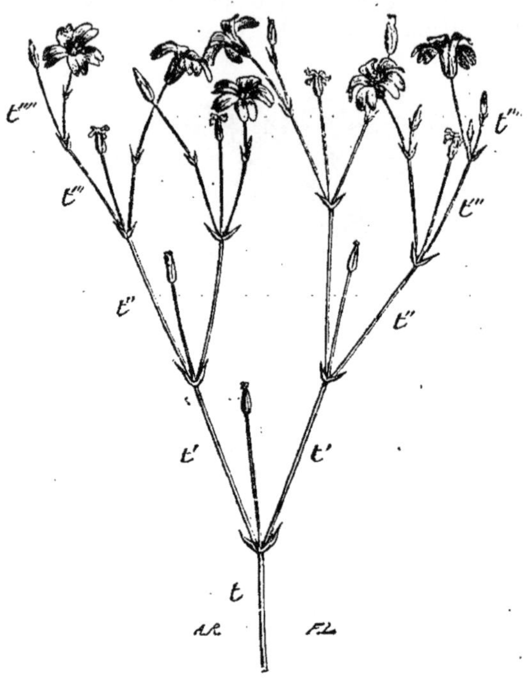

Fig. 170. — Cyme du céraiste (*Cerastium*).

ces axes subordonnés les uns aux autres naissent toujours du même côté, et forment une ligne brisée qui se recourbe en crosse, ex. : la grande consoude (*Symphytum asperrimum*) (fig. 171).

III. Inflorescences mixtes. — Dans certaines plantes, l'inflorescence générale peut différer des inflorescences partielles, c'est-à-dire de celles qu'on observe sur les axes secondaires.

Dans les Labiées, le lamier blanc (*Lamium album*), par exemple, l'inflorescence générale est indéfinie, puisque l'axe primaire n'est pas terminé par une fleur ; les inflorescences partielles, au contraire, sont définies.

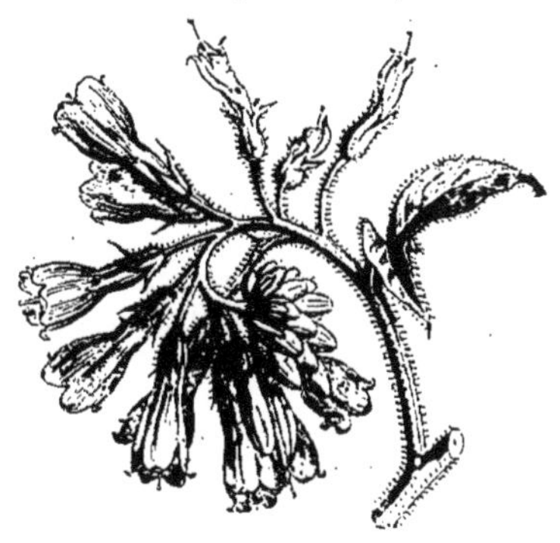

FIG. 171. — Cyme scorpioïde de la grande consoude (*Symphytum asperrimum*).

Dans le seneçon (*Senecio*), l'achillée (*Achillea*), l'inflorescence générale est un corymbe, et les inflorescences partielles, des capitules (1).

---

(1) On peut représenter clairement les divers modes d'inflorescence à

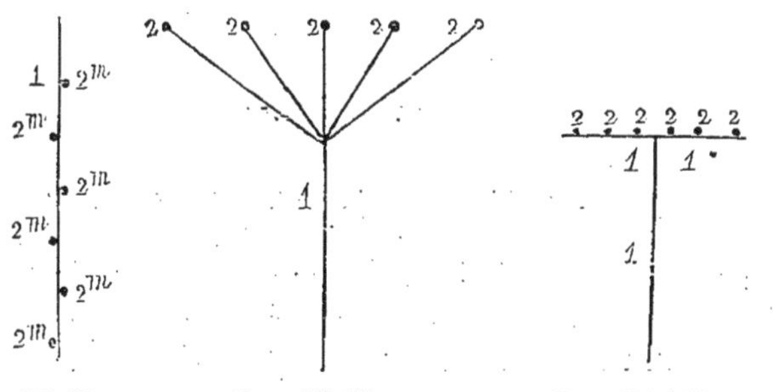

FIG. 172 (*). FIG. 173 (**). FIG. 174 (***).

l'aide de figures schématiques, dans lesquelles les axes sont représentés

(*) FIG. 172. — Figure schématique du chaton : 1, axe primaire; 2m, fleurs mâles sessiles fixées directement sur l'axe primaire.

(**) FIG. 173. — Figure schématique de l'ombelle simple : 1, axe primaire ; 2, axes secondaires portant des fleurs.

(***) FIG. 174. — Figure schématique du capitule : 1, axe primaire ; 2, axes secondaires portant des fleurs.

Résumé des diverses sortes d'inflorescences.

I Inflorescences axillaires ou indéfinies à floraison centripète.	Épi simple........	Ex. :	digitale, plantain.
	Épi composé......	Ex. :	blé, ivraie.
	Chaton...........	Ex. :	noisetier, noyer, saule.
	Cône.............	Ex. :	pin, sapin, genévrier, houblon.
	Spadice..........	Ex. :	gouet.
	Régime...........	Ex. :	palmiers.
	Capitule.........	Ex. :	pissenlit, chardon, figue.
	Ombelle simple....	Ex. :	cerisier.
	Ombelle composée.	Ex. :	carotte, persil.
	Grappe simple.....	Ex. :	groseillier, muguet.
	Grappe composée ou panicule........	Ex. :	avoine, marronnier d'Inde.
	Thyrse............	Ex. :	lilas.
	Corymbe simple...	Ex. :	cerisier de Sainte-Lucie.
	Corymbe composé..	Ex. :	alisier des bois.
II Inflorescences terminales ou définies à floraison centrifuge.	Cyme dichotome..	Ex. :	céraiste.
	Cyme scorpioïde..	Ex. :	grande consoude, myosotis.
III inflorescences mixtes		Ex. :	Labiées, seneçon.

par de simples traits portant les numéros 1, 2, 3, etc., suivant qu'il s'agit d'axes primaires, d'axes secondaires, d'axes tertiaires, etc.

Si les fleurs de l'inflorescence sont unisexuées, on affecte les numéros des indices *m* ou *f*, lesquels indiquent que les axes portent des fleurs mâles ou des fleurs femelles.

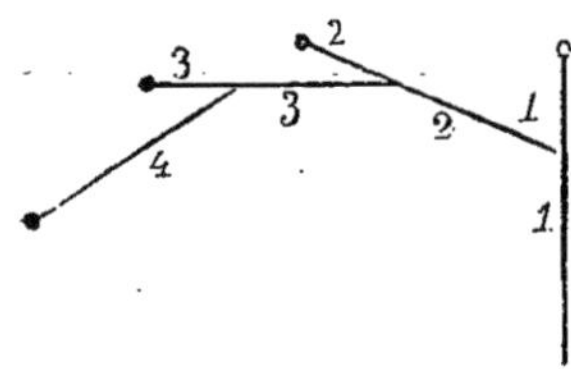

FIG. 175 (*).

Pour bien faire comprendre notre pensée, nous donnons des figures schématiques du chaton (fig. 172), de l'ombelle simple (fig. 173), du capitule (fig. 174), et de la cyme scorpioïde (fig. 175).

(*) FIG. 175. — Figure schématique de la cyme scorpioïde : 1, axe primaire ; 2, 3, 4, axes secondaires, tertiaires et quaternaires.

§ 5. **Floraison.** — La floraison, qu'on désigne encore sous le nom d'*anthèse*, est l'époque où les plantes fleurissent. Les espèces annuelles développent nécessairement leurs fleurs pendant leur année d'existence. Les plantes bisannuelles, betteraves, carottes, oignons, fleurissent normalement pendant la deuxième année; il faut ajouter que plusieurs d'entre elles fleurissent et fructifient comme des plantes annuelles; ce fait s'observe fréquemment pendant les étés pluvieux.

L'âge auquel les végétaux ligneux commencent à fleurir varie de l'un à l'autre; celui des jeunes pousses sur lesquelles les fleurs apparaissent exclusivement n'est pas moins variable. Ainsi, les bourgeons florifères sont portés dans le poirier et le pommier par des rameaux âgés ordinairement de trois ans, et dans le pêcher par des rameaux d'un an.

Toutes les causes qui affaiblissent une plante (taille, greffe, transplantation) avancent l'époque de l'apparition des premiers bourgeons à fleurs, de même qu'elles contribuent à en augmenter le nombre. Bien souvent, de petits poiriers âgés d'un an lors de leur plantation, et qui ont souffert de cette opération, se couvrent de fleurs dès le printemps suivant.

Influence de la chaleur sur la floraison. — Une plante déterminée, la violette, par exemple plantée en pleine terre, fleurit plus tard que celle qui est conservée dans une serre chaude; elle est fleurie à Nice quand, aux environs de Paris, elle ne possède pas encore de feuilles. D'après Schübler, la floraison éprouve suivant qu'on s'approche ou qu'on s'éloigne de l'équateur un retard ou une avance de quatre jours pour une différence de latitude de 1 degré.

Influence de la lumière.—L'absence de lumière n'empêche pas les plantes de produire des fleurs; celles-ci quand elles se développent à l'obscurité conservent leur aspect ordinaire, à l'exception toutefois du calice, dont les sépales, lorsqu'ils sont verts, blanchissent, aussi bien que tous les organes présentant cette couleur. Si donc on veut empêcher une plante de fleurir, il faut la placer dans un frigidarium et non à l'obscurité.

Les fleurs de nos arbres, dont les bourgeons se sont formés avant l'hiver, durent seulement quelques jours; il n'en est pas de même pour les plantes dont les bourgeons naissent et se développent la même année : la floraison dure pendant toute la bonne saison, ex. : le mouron (*Anagallis*). Dans les pays chauds, beaucoup d'espèces à végétation continue produisent des fleurs sans interruption : nous citerons la vigne, par exemple, qui, jusqu'au 35e degré de latitude, porte en même temps sur une même grappe des fleurs, des fruits verts et des fruits mûrs; c'est précisément cette circonstance qui en rend la culture impossible au point de vue économique.

Nous possédons sous notre climat des plantes qui fleurissent plusieurs fois dans l'année, ex. : le mouron des oiseaux.

Les horticulteurs sont parvenus, en profitant des modifications apportées par la culture, à changer les habitudes de certaines plantes; aujourd'hui, la plupart de nos rosiers fleurissent deux fois pendant une même période végétative; on leur donne, à cause de cette particularité, le nom de *plantes remontantes*.

Épanouissement. — Les fleurs, emprisonnées d'abord dans des boutons, finissent par s'ouvrir, et laissent voir au dehors les organes qui les composent : on donne à ce phénomène le nom d'épanouissement. Il est bien rare que les fleurs, une fois épanouies, se ferment pour toujours; en général, elles s'entr'ouvrent et se referment chaque jour à des moments déterminés. Linné donne le nom d'*horloge de Flore* à une liste de plantes qu'il a groupées d'après l'heure à laquelle leurs fleurs s'épanouissent sous le climat d'Upsal (Suède) (1). L'horloge du savant suédois, aussi bien que son calendrier, ne peuvent convenir à tous les points du globe; ils retardent dans les contrées au sud d'Upsal, et ils avancent sur les points qui sont à une latitude plus élevée.

On appelle *fleurs météoriques* celles dont l'épanouissement est influencé par l'état du ciel; telles sont les fleurs de chi-

(1) Son calendrier de Flore se compose également d'une liste de plantes dressée au même endroit, laquelle indique l'époque de l'année où s'ouvrent les premières fleurs de ces plantes.

corée, qui se ferment à l'approche de la pluie ; il en est de même de celles de la pâquerette, dont les jolis petits capitules blancs ou légèrement rosés émaillent nos gazons dès le commencement du printemps ; cette circonstance curieuse les fait désigner quelquefois sous le nom de baromètre du pauvre.

§ 6. **Représentation d'une fleur.** — Trois figures au moins sont nécessaires pour représenter une fleur d'une manière complète :

1° Une projection verticale. C'est, à proprement parler, le portrait de la fleur ;

2° Une projection horizontale (fig. 176). On la désigne en botanique sous le nom de *diagramme*. C'est une figure schématique qui permet d'embrasser d'un seul coup d'œil le nombre des pièces de chaque verticille et leur position relative.

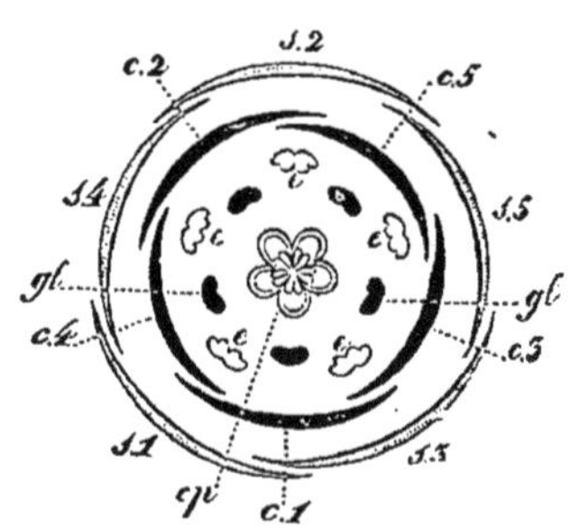

Fig. 176. — Diagramme de la fleur du *Sedum rubens*.— s1, s.2, s.3, s.4, s.5, sépales ; c.1, c.2, c.3, c.4, c.5, pétales ; e, e, e, e, e, étamines ; gl, gl, disques produisant du nectar ; cp, gynécée ou pistil.

Un fait curieux à noter, c'est que dans les plantes dicotylédones, le nombre des pièces de chaque verticille floral est ordinairement cinq ou un multiple de cinq ; dans les plantes monocotylédones, ce nombre est généralement trois, six ou neuf, etc.

Presque toujours, les pièces de chaque verticille se correspondent de deux en deux, ou, ce qui est la même chose, les pièces de l'un alternent avec celles du verticille suivant : ainsi, les sépales alternent avec les pétales, ceux-ci avec les étamines, et les étamines avec les carpelles.

3° Une coupe verticale (fig. 177). Lorsqu'un plan vertical peut diviser la fleur en deux moitiés semblables, il suffit de représenter une seule coupe effectuée suivant ce plan de symétrie ; il faudrait figurer les deux moitiés si elles différaient l'une de l'autre.

§ 7. **Calice.** — *Ses diverses parties.* — Le calice est le verticille extérieur ou inférieur de la fleur.

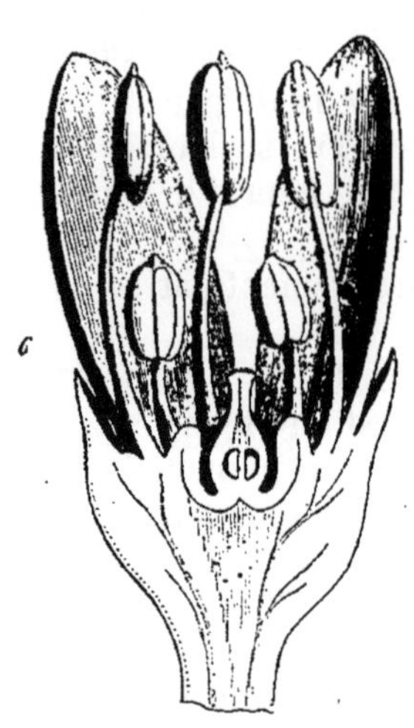

Fig. 177. — Coupe verticale d'une fleur du *Balsamodendron Myrrha* (arbre produisant la myrrhe).

Fig. 178. — Fleur du tabac (*Nicotiana Tabacum*). — *s*, calice gamosépale; *c*, tube de la corolle; *c'*, gorge; *c''*, limbe.

Il est *gamosépale* (de γάμος, union), ou *monosépale* (de μόνος, un seul), quand les sépales qui le composent sont soudés entre eux sur une plus ou moins grande étendue (fig. 178).

Le calice *polysépale* (de πολὺς, plusieurs), est formé de plusieurs sépales distincts, leur nombre varie dans les diverses plantes : il en existe deux dans le pavot (*Papaver*), quatre dans la giroflée (*Cheiranthus*), cinq dans le fraisier (*Fragaria*).

Dans un calice gamosépale, on distingue le *tube*, le *limbe* et la *gorge* (fig. 178).

Le *tube* comprend la partie inférieure cylindrique du calice où s'est opérée la soudure des sépales; le *limbe* est la partie étalée ordinairement restée libre; la *gorge* est l'orifice du tube calicinal.

Les formes que revêt le tube du calice gamosépale sont très nombreuses; il est *cylindrique* dans l'œillet, *vésiculeux* ou en forme de vessie dans l'alkékenge, *turbiné* ou en forme de toupie dans la bourdaine, *urcéolé* ou en forme de grelot dans la jusquiame, etc.

De même que les feuilles, le calice est dit *denté*, *fendu* (*fide*), *partagé* (*partite*), suivant la forme des pièces du limbe calicinal et leur longueur par rapport à celle du tube. Pour indiquer à la fois et le nombre et la nature des découpures, on ajoute aux expressions précédentes les mots *bi*, *tri*, *quadri*, etc., dont on connaît la signification. Ainsi, un calice à quatre divisions est appelé *quadridenté*, *quadrifide* ou *quadripartite*, alors qu'il est denté, fendu ou partagé.

Calice régulier. Calice irrégulier. — Le calice polysépale est *régulier* lorsqu'il est formé de sépales égaux et équidistants insérés à la même hauteur ; ex. : le fraisier (*Fragaria*), l'œillet (*Dianthus*). Il est encore régulier, lorsque les sépales étant inégaux et insérés à des hauteurs différentes, ces irrégularités se reproduisent régulièrement ; ex. : la giroflée (*Cheiranthus*), qui possède deux sépales plus grands, alternant avec deux sépales plus petits.

Fig. 179. — Calice irrégulier de l'aconit napel (*Aconitum Napellus*).

Le calice gamosépale est régulier, quand les sépales, supposés isolés les uns des autres, réalisent les conditions énumérées précédemment.

Dans le cas contraire, le calice, qu'il soit d'ailleurs gamosépale ou polysépale, est *irrégulier*, ex. : la sauge (*Salvia*), l'aconit napel (*Aconitum Napellus*) (fig. 179).

Nous ajouterons ici, pour ne plus y revenir, que les notions précédentes, relatives à la régularité du calice, s'appliquent également aux autres verticilles floraux, corolle, androcée et gynécée.

Si l'on considère la fleur entière, on dit qu'elle est régulière, lorsque tous les verticilles sont eux-mêmes réguliers.

Il ne faut pas confondre *la régularité* avec la *symétrie*. Celle-ci suppose qu'un plan vertical au moins, appelé *plan de symétrie*, peut diviser la fleur en deux moitiés semblables; la fleur de l'aconit, qui est irrégulière, possède un plan de symétrie (fleurs zygomorphes).

Rapport du calice avec le pistil. — Le calice *libre* est indépendant du pistil (pavot, colza). Il est *adhérent*, quand il se soude à ce dernier sur une étendue plus ou moins grande; les folioles situées au sommet de la poire, de la pomme, du coing, représentent le limbe d'un calice adhérent; les aigrettes en forme de parasol renversé, qui accompagnent les fruits du pissenlit (*Taraxacum*), du salsifis (*Tragopogon*) (fig. 180), etc., proviennent aussi du limbe calicinal, qui s'est modifié.

FIG. 180. — Calice du salsifis formé d'aigrettes plumeuses (*Tragopogon*).

STRUCTURE DU CALICE. — Le calice est ordinairement vert et présente la même structure que la feuille. Parfois, il ressemble à la corolle, et contribue à donner de l'éclat à la fleur; dans ce cas, on dit que le calice est *pétaloïde*, ex. : l'aconit (*Aconitum*), la dauphinelle (*Delphinium*).

Durée du calice. — Le calice est appelé *fugace* lorsqu'il tombe dès que la corolle s'épanouit, ex. : le pavot (*Papaver*), les Crucifères; il est dit *tombant* ou *caduc*, quand il disparaît en même temps que cette dernière. Le calice *persistant* dure jusqu'à la maturité du fruit; mais si pendant le développement de celui-ci il se flétrit, tout en restant en place, comme cela s'observe dans la mauve (*Malva*), on le désigne sous le nom de calice *marcescent*. Le calice *accrescent* persiste et s'accroît parallèlement au fruit qu'il accompagne (alkékenge, fig. 181).

Rôle du calice. — Le calice sert à protéger les verticilles plus délicats qui se trouvent à son intérieur. Parfois il est tellement réduit, que son utilité à cet égard est contestable.

§ 8. **Corolle.** — *Ses diverses parties.* — La corolle est le verticille floral situé en dedans et au-dessus du calice. Les feuilles modifiées qui la composent portent le nom de *pétales*.

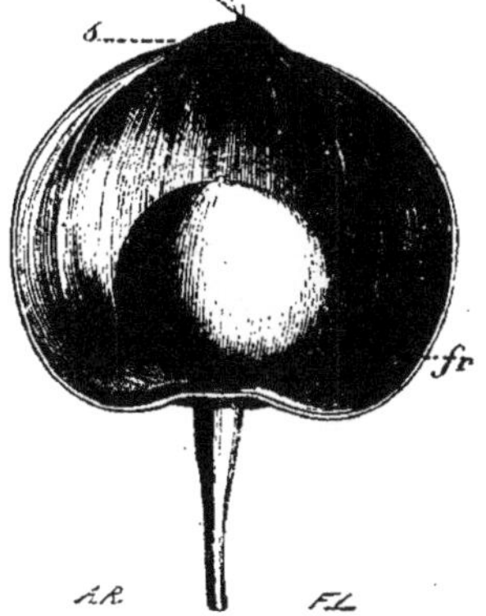

Fig. 181. — *s*, calice accrescent de l'alkékenge ; *fr*, fruit qu'il enveloppe.

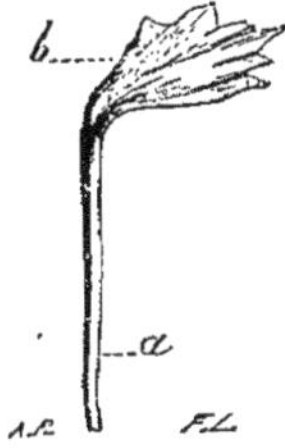

Fig. 182. — Pétale de l'œillet barbu (*Diantus barbatus*). — *a*, onglet ; *b*, lame.

Un pétale isolé se compose de deux parties : l'une inférieure, étroite, plus ou moins longue, est appelée *onglet* (fig. 182) ; l'autre, supérieure, plane, élargie, est désignée sous le nom de *lame*. Quand l'onglet fait défaut, la lame est dite *sessile*, ex. : les renoncules (*Ranunculus*).

L'onglet peut être *nectarifère*, c'est-à-dire présenter à sa base une glande qui, à l'époque de la fécondation, sécrète un liquide sucré appelé *nectar*. C'est surtout dans les pétales creux, comme ceux de l'ancolie (*Aquilegia*), qu'on rencontre du nectar.

Les pétales sont ordinairement colorés des teintes les plus variées, qui font la beauté des fleurs.

Beaucoup de personnes ignorant la constitution, et surtout le rôle de la fleur, envisagent la corolle comme en étant la partie la plus importante, et admettent qu'une plante n'a pas de fleurs, lorsque la corolle de ces dernières fait défaut, ou qu'étant peu développée, sa coloration reste faible (1).

La corolle est *monopétale* ou *gamopétale*, quand les pétales

(1) En botanique, on dit qu'un organe est coloré, lorsqu'il présente une couleur autre que la couleur verte.

qui la composent sont soudés entre eux sur une plus ou moins grande étendue, ex. : le tabac (*Nicotiana*) (fig. 183), le mouron (*Anagallis*), les véroniques (*Veronica*).

La corolle *polypétale* est celle dont les pétales restent distincts les uns des autres.

De même que le calice, la corolle, qu'elle soit monopétale ou polypétale, est *régulière* ou *irrégulière*.

Dans une corolle monopétale, comme dans un calice formé d'une seule pièce, on distingue trois parties : le *tube*, la *gorge* et le *limbe*.

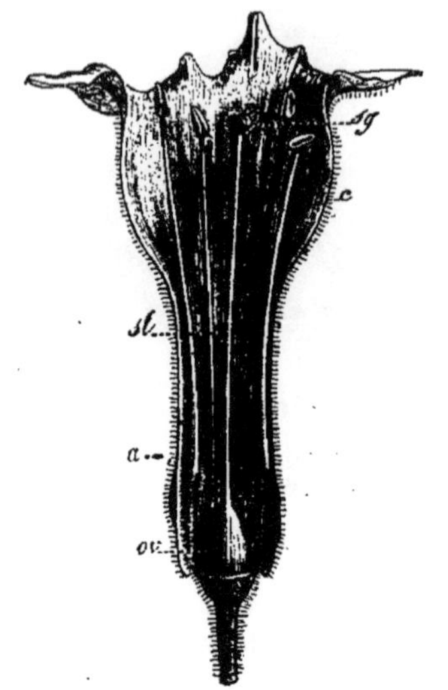

Fig. 183. — Fleur de tabac (*Nicotiana Tabacum*). — *c*, corolle gamopétale ouverte dans toute sa longueur ; *ov*, ovaire ; *sl*, style ; *sg*, stigmate.

Corolle gamopétale régulière. — La corolle gamopétale régulière affecte les formes les plus diverses ; elle est dite *campanulée*, lorsqu'elle ressemble à une cloche (campanule) ; *infundibuliforme*, quand elle figure un entonnoir, ex. : le liseron (*Convolvulus*). La corolle, *urcéolée* ressemble à un grelot, ex. : la bruyère (*Érica*), la corolle *rotacée*, à une roue, ex. : le mouron (*Anagallis*), et la corolle *étoilée*, à une étoile, ex. : le caille-lait (*Galium*).

Les découpures de la corolle gamopétale la font désigner par des noms identiques à ceux que nous avons vu appliquer au calice.

Corolle gamopétale irrégulière. — La corolle gamopétale irrégulière est dite *labiée* lorsque le limbe est partagé transversalement en deux divisions ou lèvres, comme dans la sauge, le lamier (fig. 184 et 185). La lèvre supérieure est formée de deux pièces plus ou moins soudées ; quand elle est entière et présente une concavité dirigée vers le centre de la fleur, on lui donne le nom de *casque ;* la lèvre inférieure est formée de trois pétales réunis. Parfois, la lèvre supérieure étant profondément divisée, les deux pétales qui la composent se

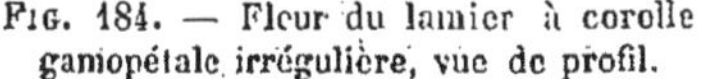

Fig. 184. — Fleur du lamier à corolle gamopétale irrégulière, vue de profil.

Fig. 185. — Fleur du lamier à corolle gamopétale irrégulière, vue de face.

soudent aux trois pétales inférieurs, de manière à ne figurer qu'une seule lèvre; ex. : les Germandrées.

La corolle *personnée* ou en *masque* a son limbe aussi divisé en deux lèvres; mais la gorge est fermée au lieu d'être largement ouverte, comme dans les Labiées, ex. : le muflier (*Antirrhinum majus*) (fig. 186).

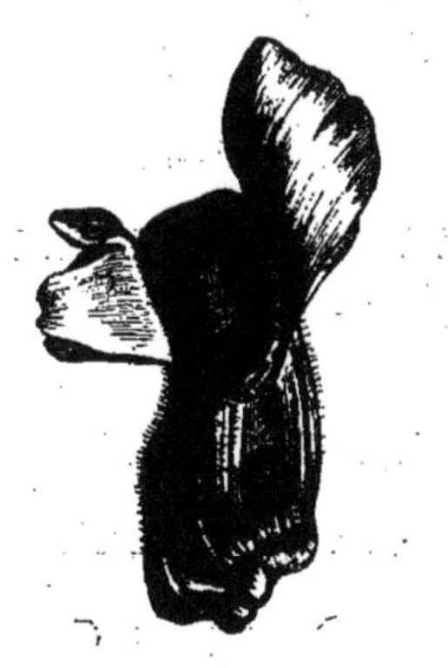

Fig. 186. — Corolle personnée du muflier à grandes fleurs (*Antirrhinum majus*).

La corolle *ligulée* se compose d'un tube terminé par une languette finement dentée à son extrémité; on peut admettre qu'elle est formée d'une corolle régulière, généralement à cinq divisions, fendue sur une longueur variable. Les fleurs à corolle ligulée sont presque toujours réunies en capitule sur un réceptacle commun entouré d'un involucre; on leur donne le nom de *demi-fleurons* (fig. 187); le capitule est dit *demi-flosculeux* ou *liguliflore*, quand il porte uniquement des demi-fleurons; ex. : le pissenlit (*Taraxacum*). Parfois, ces derniers sont situés à la circonférence du capitule; leurs ligules, déjetés en dehors, figurent les rayons d'une roue, dont le centre ou moyeu serait représenté par des *fleurons*, petites fleurs monopétales, régulières, à cinq divisions (fig. 188). Dans ce cas, la fleur est dite *radiée*, ex. : la chrysanthème (*Chrysanthemum*). Si le réceptacle du capitule ne supporte que des fleurons, on donne à celui-ci le nom de *flosculeux* ou *tubuliflore*.

Corolle polypétale régulière. — La corolle polypétale régulière formée de quatre pétales disposés en croix est

B

FIG. 187. — Demi-fleuron de l'*Anthemis rigescens*.

A

FIG. 188. — Fleuron de l'*Anthemis rigescens*.

dite *cruciforme*, ex. : le colza (*Oleifera*), la giroflée (*Cheiranthus*) et autres plantes de la famille des Crucifères. Elle est dite *rosacée*, quand elle se compose de cinq pétales étalés à onglet nul ou court, ex. : le rosier (*Rosa*), le fraisier (*Fragaria*).

Corolle polypétale irrégulière. — La corolle polypétale irrégulière est appelée *papilionacée* (fig. 189), lorsque sa forme rappelle grossièrement celle d'un papillon prêt à s'envoler. Elle se compose de cinq pétalés, le supérieur étendu embrasse tous les autres; on le nomme *étendard;* les deux latéraux sont connus on le nomme *ailes;* enfin, les deux inférieurs, généralement soudés, portent, à cause de leur forme, le nom de *carène*, ex. : le haricot (*Phaseolus*), le pois (*Pisum*), la luzerne (*Medicago*), le cytise (*Cytisus*), etc.

La corolle polypétale irrégulière qui n'est point papilionacée, est dite *anomale*, ex. : l'aconit (*Aconitum*), la pensée (*Viola tricolor*).

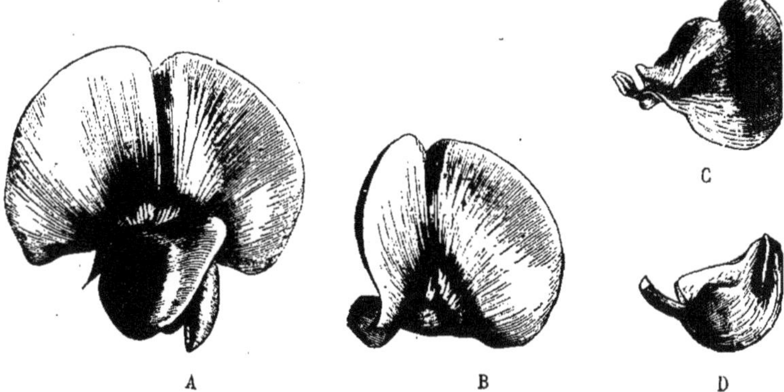

Fig. 189. — Corolle polypétale irrégulière dite papilionacée de la gesse à larges feuilles (*Lathyrus latifolius*). — A, corolle entière ; B, l'étendard ; C, une des ailes ; D, la carène.

Structure de la corolle. — Les pétales, de même que les feuilles normales, se composent d'un tissu parenchymateux, compris entre deux lames épidermiques, et constitué par de grandes cellules irrégulières laissant entre elles de vastes méats remplis d'air; les faisceaux fibro-vasculaires correspondant aux nervures, ne sont guère représentés que par des trachées.

Les pétales sont rarement riches en stomates; quand les cellules épidermiques se soulèvent en cône de peu de hauteur, la surface prend un aspect velouté, très apparent dans la pensée (voy. fig. 23, p. 60).

Rôle de la corolle. — La corolle est le moins important des verticilles floraux : quand elle sécrète du nectar, elle attire les insectes qui sont les agents les plus importants de la fécondation.

Corolle charnue des fleurs de Bassia. — Il existe dans l'Inde un arbrisseau, le *Bassia*, dont les fleurs possèdent une corolle monopétale riche en sucre, très épaisse, ayant grossièrement l'apparence d'une petite figue; depuis un an environ (1880), il en arrive des quantités considérables à Marseille, où elles sont employées à la fabrication d'un alcool, qui, malheureusement, n'a pu être débarrassé jusqu'alors, du goût infect qui le déprécie. Nous avons cru utile de signaler l'existence de cette corolle singulière, qui semble devoir, dans un avenir prochain, jouer un rôle important dans la fabrication de l'alcool et dans celle des vins de raisins secs.

§ 9. **Androcée.** — *Ses diverses parties.* — L'androcée (de ἀνὴρ ἀνδρὸς, homme ou mâle, et οἶκος, demeure) est le troisième verticille d'une fleur complète, en partant de l'extérieur; il se compose des organes mâles ou *étamines*.

Une étamine (fig. 190) est formée d'un *filet* et d'une *an-*

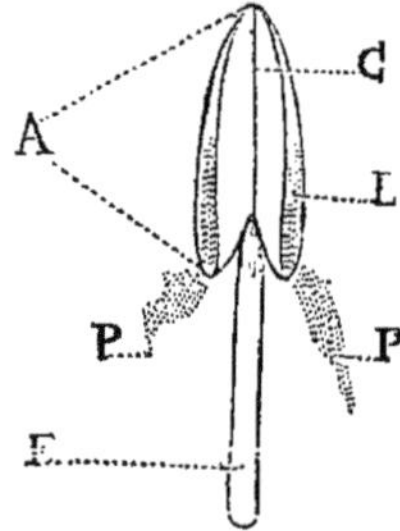

Fig. 190. — Étamine de giroflée. — A, anthère; F, filet; C, nervure du connectif; L, loge; P, P, pollen qui s'en échappe.

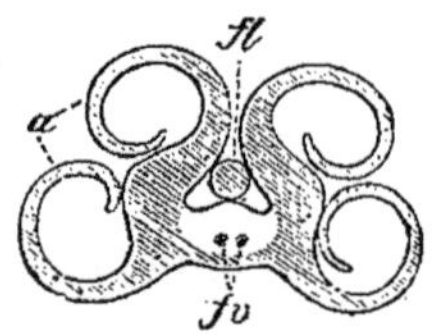

Fig. 191. — Coupe transversale d'une anthère. — Les loges se sont ouvertes en *a*; *fl*, filet; *fv*, faisceau fibro-vasculaire du connectif.

thère; le filet joue par rapport à l'anthère le même rôle que le pétiole à l'égard du limbe d'une feuille. L'anthère est un sac membraneux généralement à deux loges, que sépare un tissu formé par le prolongement du filet et qui porte le nom de *connectif* (fig. 191). Rarement, le filet manque, et l'anthère est dite *sessile.* L'anthère contient le *pollen,* qui est l'agent essentiel de la fécondation.

Le connectif varie beaucoup dans sa forme et dans ses dimensions. Les loges de l'anthère sont tantôt allongées, ovoïdes, globuleuses, etc.

Dimensions relatives des étamines. — Les étamines d'une fleur peuvent ne pas avoir la même longueur; les inégalités qu'on observe à cet égard fournissent de bons caractères pour la classification des plantes.

Les étamines *didynames* (de δύο, deux, et δύναμις, grandeur) sont au nombre de quatre, deux grandes et deux petites ; ex : le lamier (*Lamium*) (fig. 185), la sauge (*Salvia*), la scrofulaire (*Scrofularia*) et beaucoup d'autres plantes de la famille des Labiées et de celle des Scrofulariées.

Les étamines de la famille des Crucifères sont *tétradynames* (de τέτρα, quatre) ; sur six il y en a quatre grandes et deux petites.

Soudure des étamines. — Les étamines sont dites *monadelphes* (de μόνος, un seul, ἀδελφός, frère, c'est-à-dire unies comme des frères) (fig. 192) lorsqu'elles sont réunies par leurs filets en un seul faisceau, ex. : la mauve (*Malva*) ; *diadelphes*, quand elles forment deux faisceaux (fig. 193), ex.: le pois (*Pisum*), la fumeterre (*Fumaria*), etc. ; *polyadelphes*, quand il existe trois ou un plus grand nombre de faisceaux, ex. : le millepertuis (*Hypericum*).

FIG. 192. — Étamines monadelphes de la mauve.

FIG. 193. — Étamines diadelphes de la fumeterre ; au centre on aperçoit l'extrémité du pistil.

Si la soudure ne porte que sur les anthères, les étamines sont dites *synanthérées* (de σύν, avec, indiquant l'union), (fig. 194). Les anthères soudées en tube existent dans les fleurs de la grande famille des Composées, à laquelle on donne quelquefois le nom de famille des Synanthérées.

Les pièces de l'androcée se soudent fréquemment aux autres parties de la fleur; ainsi, dans les fleurs monopétales, les étamines adhèrent à la corolle.

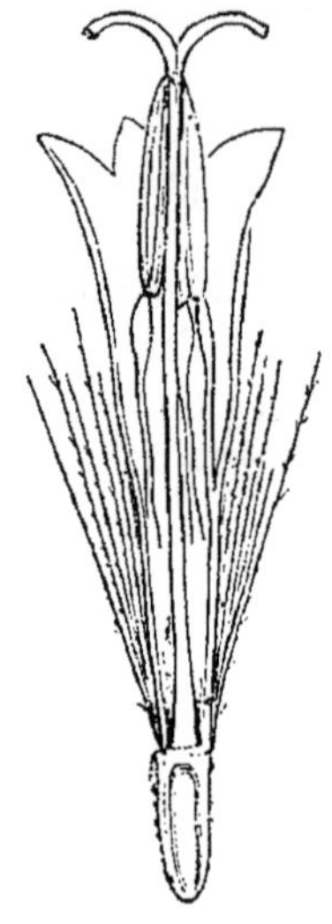

FIG. 194. — Fleuron du seneçon montrant des étamines synanthérées.

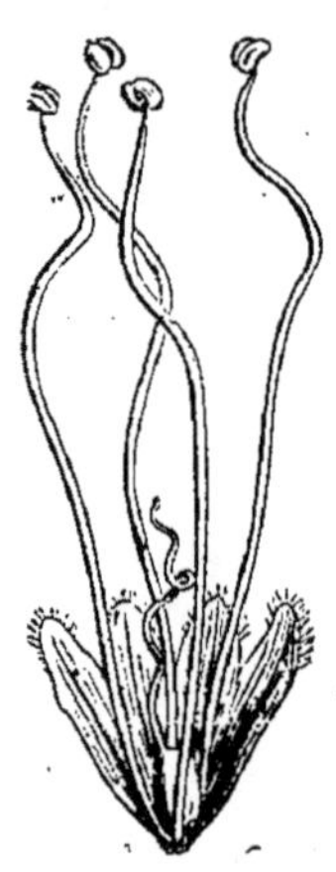

FIG. 195. — Fleur de la sensitive à étamines hypogynes.

Position relative des étamines. — Relativement à leur situation par rapport au pistil, les étamines sont divisées en trois catégories : les étamines *hypogynes*, *périgynes* et *épigynes* (de ὑπὸ, sous, περὶ, autour, ἐπὶ, sur, au-dessus, γυνή, femme, pour femelle ou pistil). Les étamines hypogynes (fig. 195) s'insèrent au-dessous du pistil, c'est-à-dire au fond même de la fleur, ex. : les renoncules (*Ranunculus*). Les étamines périgynes sont fixées sur le calice à une certaine hauteur au-dessus de la base de l'ovaire, ex : le rosier (*Rosa*), le cerisier (*Cerasus*), le poirier (*Pyrus*) (fig. 196). Les étamines épigynes s'insèrent immédiatement sur l'ovaire comme dans la carotte (*Daucus*), le fenouil (*Fœniculum*) (fig. 197), le caille-la

(*Galium*) et autres plantes de la famille des Ombellifères et des Rubiacées.

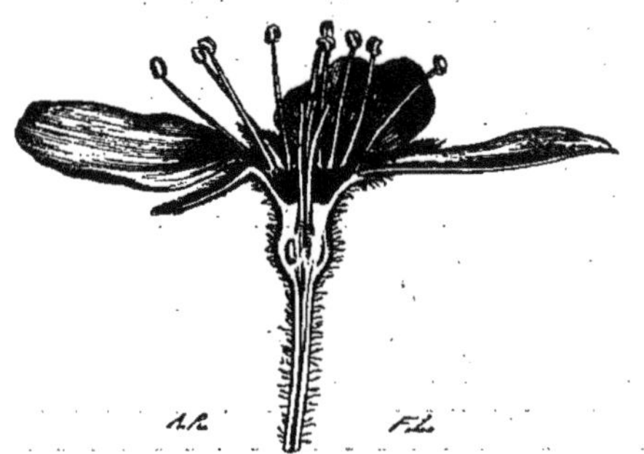

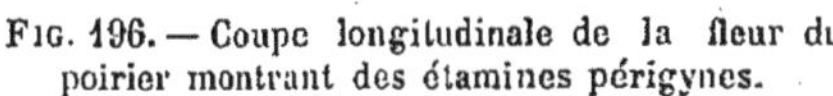

Fig. 196. — Coupe longitudinale de la fleur du poirier montrant des étamines périgynes.

Fig. 197. — Coupe de la fleur du fenouil montrant des étamines épigynes.

Les étamines sont appelées *gynandres* lorsqu'elles se soudent avec le gynécée (Orchis).

Structure des étamines. — Le filet se compose de trois parties : 1° d'un faisceau central formé de trachées qui se terminent dans le connectif; 2° d'une couche cellulaire; 3° d'un épiderme.

L'anthère formée à l'origine de deux loges divise ensuite chacune d'elles en deux logettes, pendant que son tissu cellulaire, d'abord homogène, va se différenciant. On y trouve, en partant de l'extérieur (fig. 198) : 1° un épiderme; 2° une ou plusieurs couches de cellules fibreuses, épaissies irrégulièrement, auxquelles on donne le nom de *mésothèque* (de μέσος, au milieu, et θήκη, loge); 3° des cellules polygonales à contenu granuleux ayant des parois minces peu consistantes; c'est l'*endothèque* (de ἔνδον, en dedans, et θήκη, loge) qui se résorbe lorsque l'anthère est sur le point de s'ouvrir; 4° les *cellules mères du pollen*, qui se distinguent par leur forme arrondie et leurs dimensions des cellules polygonales dont nous venons de parler; elles se divisent d'abord en deux, les cellules filles se segmentent encore une fois; en définitive, une cellule mère pollinique donne naissance à quatre cellules renfermant chacune un grain de pollen.

Lorsque l'anthère vieillit, l'endothèque se résorbe, avons-nous dit; comme il forme la cloison intermédiaire aux deux logettes de chaque loge, il en résulte que chacune de ces dernières ne présente plus qu'une cavité unique; en outre, les cellules extérieures à l'endothèque, situées sur le prolongement de la paroi initiale commune aux logettes, se résorbent à leur tour, mais seulement d'un côté de l'anthère, donnant ainsi naissance au sillon par lequel s'effectue la sortie du pollen.

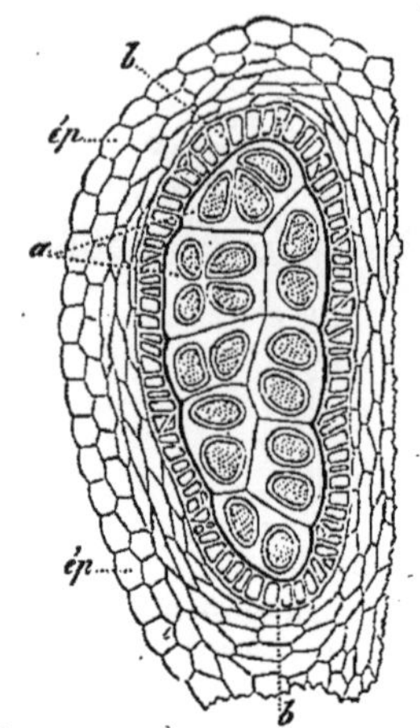

Fig. 198. — Coupe transversale d'une logette de l'étamine d'une courge. — ep, épiderme : b, b, endothèque; entre l'épiderme et l'endothèque se trouve le mésothèque; a, cellules mères du pollen.

Déhiscence de l'anthère. — L'ouverture des loges de l'anthère porte le nom de déhiscence. Elle s'effectue lorsque les grains de pollen ou cellules mâles sont prêtes à féconder

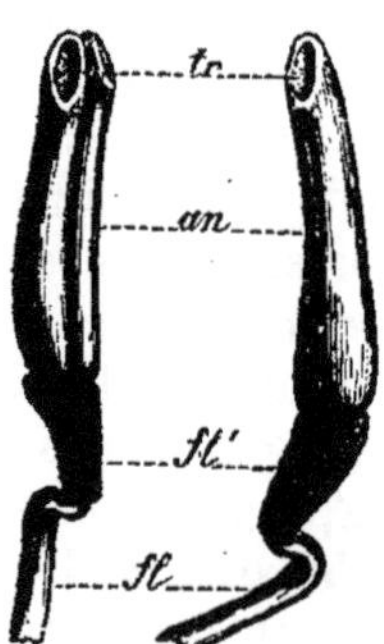

Fig. 199. — Étamine du *Dianella cærulea* s'ouvrant en *tr* par des pores terminaux. — *an*, anthères ; *fl*, *fl'*, filets.

Fig. 200. — Étamine du Cannellier s'ouvrant en *a* *a''* par des valves. — *e*, *e'* étamines imparfaites.

les cellules femelles. Généralement, chaque loge anthérique

s'ouvre par une fente longitudinale correspondant à la cloison persistante ou résorbée qui divisait à l'origine chaque loge en deux logettes (fig. 191). Plus rarement, la fente est transversale. Le pollen s'échappe quelquefois par le sommet de l'anthère (fig. 199) comme dans la pomme de terre (*Solanum tuberosum*), ou par l'ouverture que laisse une sorte de valve qui se soulève latéralement, ex. : l'épine-vinette (*Berberis*), le cannellier (*Cinnamonum Zeylanicum*) (fig. 200).

L'anthère est *introrse*, quand l'ouverture par laquelle se fait la déhiscence regarde le centre de la fleur ; elle est *extrorse*, quand elle regarde le périanthe, et *latérale*, lorsque la situation de l'ouverture est intermédiaire aux deux précédentes.

Mécanisme de la déhiscence de l'anthère. — Il ne suffit pas que les grains de pollen trouvent une issue, il faut encore que celle-ci soit largement ouverte; c'est alors qu'interviennent les cellules résistantes du mésothèque; l'épiderme de l'anthère se dessèche et se contracte; les cellules du mésothèque conservant des dimensions à peu près constantes se trouvent entraînées par la rétraction de celles de l'épiderme. Le mésothèque, qui était la couche enveloppée devient la couche enveloppante : le mécanisme de la déhiscence de l'anthère est identique à celui du thermomètre métallique de Bréguet, formé, comme on le sait, de lames métalliques soudées, qui sont inégalement dilatables.

Pollen. — Le pollen est ordinairement composé de grains jaunâtres de formes très variables (fig. 201), ayant l'aspect d'une fine poussière. Dans les forêts de pins, il est tellement abondant qu'il colore le sol en jaune. C'est la chute de ce pollen transporté par les vents à une grande distance qui, dans quelques circonstances, a pu faire croire à des pluies de soufre.

Dans les Orchidées, les grains de pollen s'échappent en deux masses, désignées sous le nom de *pollinies*, et supportées chacune par un pédicule fixé sur une base glanduleuse aplatie nommée *rétinacle* (fig. 202). Les pollinies adhérant parfois à la tête des insectes qui butinent dans ces sortes de fleurs, laissent croire que ces petits animaux sont pourvus d'antennes en forme de massue.

Un grain de pollen se compose d'une double enveloppe, et d'un contenu protoplasmique au milieu duquel on trouve un noyau.

L'enveloppe extérieure, appelée *exine* ou *exhyménine*, est épaisse, résistante et souvent couverte de proéminences en forme de pointes, de tubercules, d'ailes de dimensionss variables; elle offre des ponctuations qui correspondent à des amincissements et représentent la cuticule des autres organe de la plante.

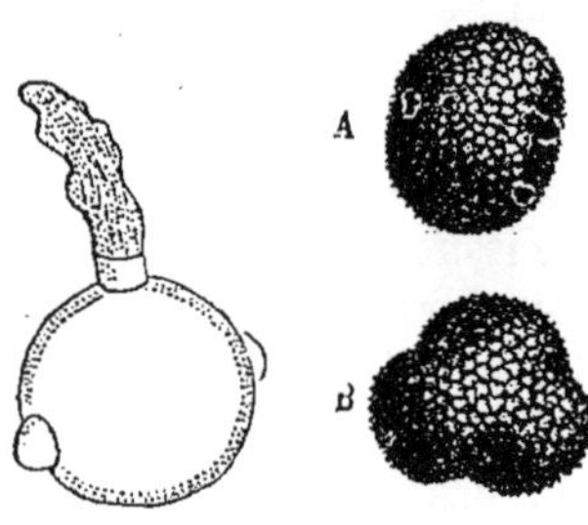

Fig. 201. — Grains de pollen. — A gauche, grain de pollen du Cerisier mûr et lançant la fovilla; A et B, grain de pollen du *Pelargonium zonale* vu de deux côtés.

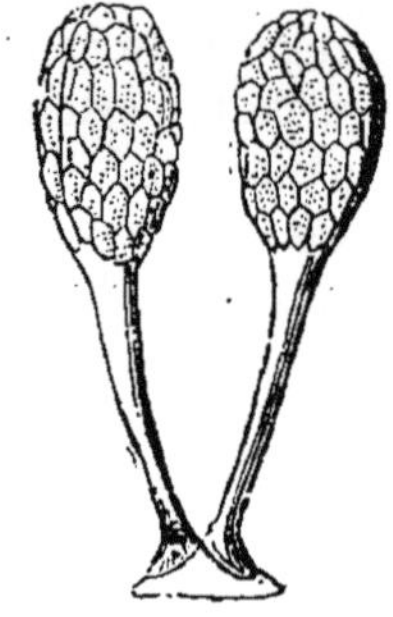

Fig. 202. — Deux pollinies d'orchis supportées chacune par un pédicule fixé à sa base sur le rétinacle.

La membrane interne connue sous le nom d'*intine* ou d'*endhyménine* analogue à la membrane cellulosienne ordinaire est mince et extensible; quand on mouille un grain de pollen, le liquide intérieur se gonfle et chasse l'intine devant lui; celle-ci se fait jour au niveau des ponctuations et laisse voir au dehors une sorte de hernie appelée *boyau pollinique*, graine de pollen du cerisier (fig. 201).

Les formes des grains de pollen sont variées; très fréquemment, ces corpuscules sont ellipsoïdes avec trois plis longitudinaux qui s'effacent lorsque le grain se trouvant en contact avec l'eau se gonfle et prend une forme sphérique. D'autres fois ils sont aplatis, triangulaires et le boyau pollinique sort par les trois angles (Borraginées) ou sphériques avec un nombre variable de ponctuations. Tantôt, la surface du pollen est lisse, tantôt ornée de perles d'une finesse extrême, de stries de configurations diverses ou d'un élégant réticule.

Le liquide enveloppé par les membranes que nous venons d'examiner, n'est autre que le protoplasma de la cellule; il porte le nom de *fovilla*. C'est lui qui doit féconder les cellules femelles. Il est épais, transparent et contient une foule de corpuscules très petits de nature amylacée qui, vus sous le microscope, sont animés de mouvements rapides (mouvements browniens); cette mobilité des corpuscules polliniques n'implique pas du tout leur vitalité. Brown a montré en effet que les corps très petits, même de nature minérale, s'agitent quand ils sont placés dans un liquide.

§ 10. **Pistil ou gynécée.** — *Ses diverses parties.* — Le pistil ou gynécée (de γυνή, femme, femelle, et οἶκος, demeure, famille), est le verticille central de la fleur; il en termine l'évolution, de même que la fleur termine celle du rameau à l'extrémité duquel elle se développe. Les feuilles modifiées qui constituent le pistil ont reçu le nom de *carpelles* (*carpellum*, diminutif de καρπὸς, fruit).

Fig. 203. — Pistil de la fumeterre officinale (*Fumaria officinalis*). — *ov*, ovaire; *sl*, style; *sg*, stigmate.

Un carpelle se compose de trois parties : l'*ovaire*, le *style* et le *stigmate* (fig. 203).

L'*ovaire*, situé à la base du carpelle, est une cavité close provenant d'une feuille repliée dont le limbe s'est soudé par ses bords; on donne le nom de *suture ventrale* (de *sutura*, couture) à la ligne suivant laquelle les deux bords de la feuille carpellaire se réunissent. La nervure médiane est désignée sous le nom de *suture dorsale*.

Le *style* est une petite colonne creuse formée par le prolongement de la nervure médiane de la feuille carpellaire.

Le *stigmate*, situé à l'extrémité libre du style, est un organe très diversement figuré; couvert de poils ou de papilles, il sécrète un liquide visqueux, destiné à retenir le pollen au moment de la fécondation; le style manque quelquefois, alors le stigmate est sessile, ex : le pavot (*Papaver*). Dans l'ovaire, se trouvent les *ovules* (diminutif de *ovum*, œuf), ou rudiments des graines. Ce sont de petites productions dont la grande masse est comparable à une dent de feuille carpellaire et qui renferme un organe nouveau, le nucelle; elles

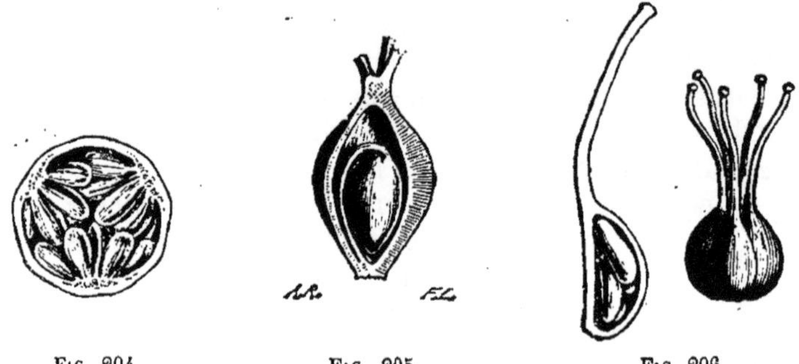

Fig. 204. Fig. 205. Fig. 206.

Fig. 204. — Coupe transversale de l'ovaire de la violette montrant trois placentas pariétaux.

Fig. 205. — Coupe longitudinale de l'ovaire de l'*Armeria maritima* montrant un long funicule qui fixe l'ovule au placenta

Fig. 206. — B, pistil pluricarpellé du *Spiræa Fortunei* à ovaires distincts.— *C*, un carpelle ouvert montrant les ovules qui sont à l'intérieur.

apparaissent sur les bords du limbe qui se sont soudés entre eux. Les ovules sont reliés à l'axe de la fleur par des faisceaux fibro-vasculaires qui, en pénétrant dans l'ovaire, forment une saillie plus ou moins sensible, nommée *placenta* (fig. 204); les ovules se fixent au placenta par l'intermédiaire d'un petit corps cylindrique nommé *funicule* (diminutif de *funis*, corde) ou *cordon ombilical* (fig. 205).

Pistil monocarpellé. — Pistil pluricarpellé. — Le pistil est *monocarpellé* (de μόνος, un seul) quand il renferme un carpelle unique (haricot), *pluricarpellé* quand il en renferme plusieurs.

Dans un pistil pluricarpellé, les ovaires peuvent être *simples* ou distincts les uns des autres, ex. : les renoncules

(*Ranunculus*), les spirées (*Spiræa*) (fig. 206), *composés*, c'est-à-dire réunis en un seul corps, ex. : l'œillet (*Dianthus*), le poirier (*Pyrus*) (fig. 207), le pommier (*Malus*). Un pistil composé présente ordinairement autant de loges qu'il existe de carpelles soudés, ex. : l'œillet (*Dianthus*) ; cependant, il arrive que les feuilles carpellaires restent planes et se soudent entre elles par leurs bords, pour former un ovaire *uniloculaire*, c'est-à-dire à une seule loge, ex. : la violette (*Viola tricolor*) (fig. 208).

On reconnaît le nombre des carpelles soudés d'un ovaire composé uniloculaire, soit au nombre des styles ou des stigmates, soit au nombre des lignes de placentation des ovules.

Fig. 207. Fig. 208. Fig. 209.

Fig. 207. — Coupe transversale de l'ovaire pluricarpellé du poirier, formé par la réunion de cinq carpelles (placentation axile).

Fig. 208. — Coupe transversale de l'ovaire de la violette à placentation pariétale.

Fig. 209. — Coupe longitudinale de l'ovaire de la lysimaque vulgaire à placentation centrale. — *fr*, paroi de l'ovaire ; *pl*, placenta ; *g*, ovule.

Placentation. — Dans un ovaire composé, on donne le nom de *placentation* à la distribution des ovules résultant de la position des placentas à l'intérieur de l'ovaire.

La placentation est *axile* (fig. 207) quand le placenta occupe l'angle correspondant à la suture ventrale ; *pariétale* (de *paries*, paroi) quand les placentas sont situés contre les parois de l'ovaire (réséda, orchis, violette) (fig. 208), *centrale*, lorsque les placentas forment au centre de l'ovaire une colonne indépendante des parois et chargée d'ovules, ex. : le céraiste (*Cerastium*), la lysimaque vulgaire

(*Lysimachia vulgaris*) (fig. 209). Lorsque le pistil est monocarpellé, les ovules sont fixés au niveau de la suture ventrale.

Rapports de situation du pistil avec les autres organes floraux. — Un ovaire libre de toute adhérence avec les autres verticilles floraux est désigné sous le nom d'ovaire

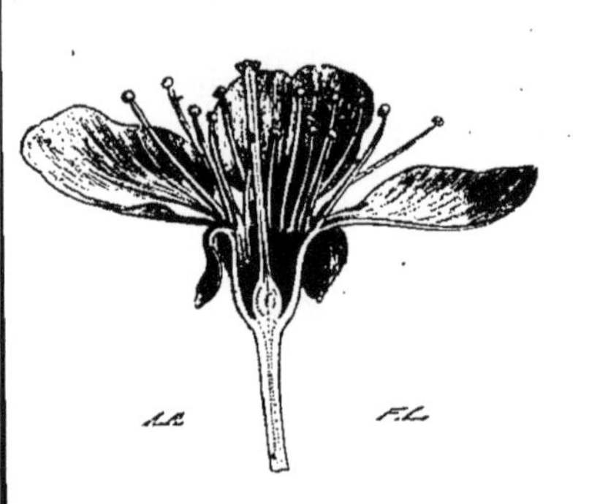

ig. 210. — Coupe longitudinale de la fleur du cerisier à ovaire supère.

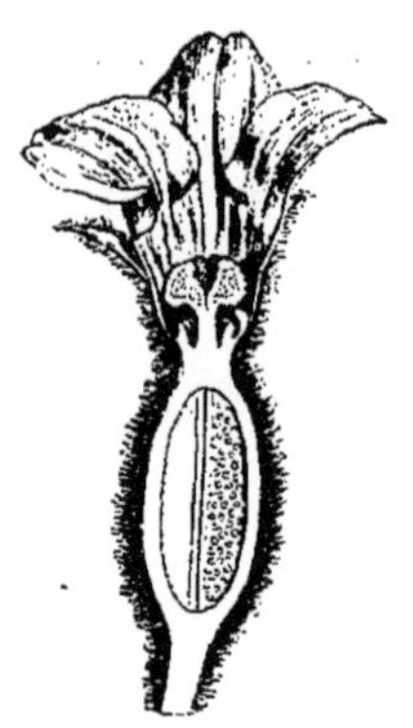

Fig. 211. — Coupe longitudinale de la fleur du melon à ovaire infère.

bre ou *supère* (pavot, œillet, cerisier) (fig. 210), tandis qu'on ppelle ovaire *adhérent* ou *infère* celui qui est soudé au cace (melon, fig. 211).

Ovule. — Nous avons appris précédemment quelle est la ature morphologique de l'ovule, il nous faut maintenant onnaître son organisation avant d'aborder l'étude de ce phénomène mystérieux, connu sous le nom de *fécondation*.

L'ovule le plus complexe (fig. 212) offre une portion cenale parenchymateuse appelée *nucelle*, entourée d'une ou deux enveloppes ou téguments superposés qui sont, en rtant de l'extérieur, la *primine* et la *secondine*. Chacun de s téguments présente une ouverture qui, pour la primine, a çu le nom d'*exostome* (de ἔξω, en dehors, et στόμα, bouche, u bouche extérieure) et pour la secondine, celui d'*endoome* (de ἔνδον, en dedans et στόμα, bouche, ou bouche intéeure). Par suite du développement de l'ovule, l'exostome et l'endostome finissent par se superposer, et constituer un canal unique, correspondant au sommet du nucelle, et dont l'ouverture porte le nom de *micropyle* (de μικρὸς, petit, et πύλη, ouverture). Le micropyle représente le sommet organique de l'ovule; la base est représentée par la *chalaze*, c'est-à-dire par cette petite masse due à l'épanouissement sur l'ovule du faisceau vasculaire qui se trouve dans le funicule.

Le *hile* ou *ombilic* est le point d'attache de l'ovule avec le funicule, il représente la base de l'ovule, tandis que le micropyle en représente le sommet.

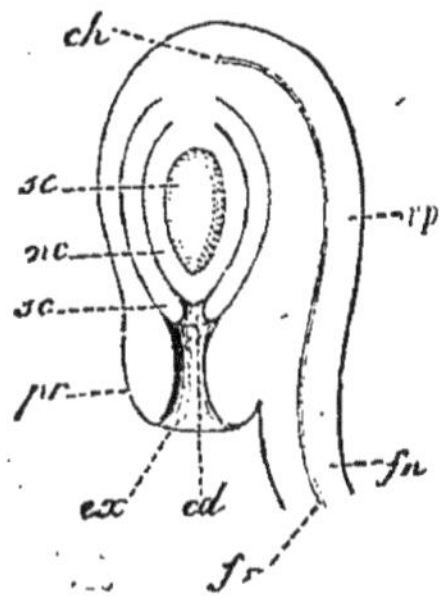

FIG. 212. — Coupe longitudinale d'un ovule. — *pr*, primine; *sc*, secondine; *ex*, exostome; *ed*, endostome; *nc*, nucelle; *sc*, sac embryonnaire; *fn*, funicule; *fv*, faisceau vasculaire; *rp*, raphé; *ch*, chalaze.

FIG. 213. — Coupe d'un ovaire du sarrasin (*Fagopyrum esculentum*) montrant un ovule orthotrope.

La position que l'ovule occupe dans l'ovaire est généralement constante dans les plantes de la même famille; il est donc nécessaire de signaler les différences qu'il présente à cet égard, à cause de leur importance au point de vue de la classification des végétaux.

L'ovule est *orthotrope* (de ὀρθὸς, droit, et de τρόπος, forme) quand ses diverses parties se sont développées uniformément; le hile et le micropyle sont diamétralement opposés (fig. 213).

L'ovule est *anatrope* ou *réfléchi* (de ἀνὰ, en haut) lorsqu'il se développe inégalement sur tout son pourtour et se renverse de manière que le micropyle se rapproche du hile; celui-ci est très éloigné de la chalaze et le funicule soudé latéralement à l'ovule forme une petite saillie qu'on nomme *raphé* (fig. 212).

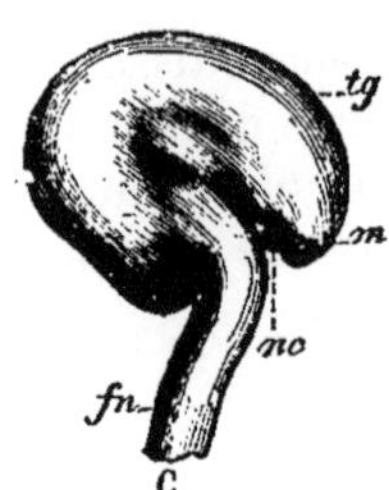

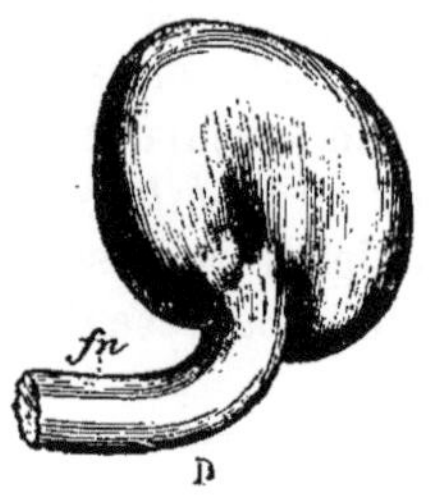

FIG. 214. — Ovule campylotrope du *Cheiranthus Cheiri*. — B, C, D, trois états successifs de développement; *fn*, funicule; *tg*, tégument externe ou primine; *m*, micropyle; *nc*, nucelle.

Les ovules anatropes sont de beaucoup les plus répandus.

L'ovule est *campylotrope* (de καμπύλος, courbé) quand son grand axe se recourbe au lieu de rester rectiligne, comme dans les deux cas précédents; le mycropyle est situé au voisinage du hile (fig. 214).

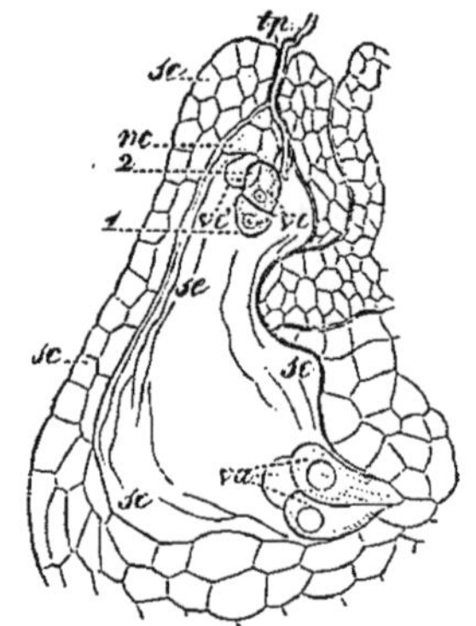

FIG. 215. — Coupe d'un ovule de l'ail odorant (*Allium odorans*). — La primine est supprimée; *sc*, secondine; *nc*, restes du nucelle; *sc*, sac embryonnaire; *tp*, extrémité du tube pollinique qui a opéré la fécondation; *vc*, *ve'*, vésicules embryonnaires; *va*, vésicules antipodes.

Dans le principe, le nucelle se compose d'un tissu cellulaire homogène et délicat; bientôt, une des cellules qui en forment, pour ainsi dire, l'axe longitudinal, grandit notablement aux dépens de ses voisines; on lui a donné le nom de *sac embryonnaire*. Le noyau du sac embryonnaire se divise plusieurs fois pour donner naissance à des cellules désignées sous divers noms (fig. 215); celles qui se trouvent près du micropyle sont appelées *vésicules embryonnaires;* les autres, situées à l'extrémité opposée de la grande cellule primordiale, ont reçu, à cause de leur situation, le nom de *vésicules antipodes*, leur rôle physiologique est inconnu; au centre deux noyaux se confondent en un seul pour constituer le noyau propre du sac embryonnaire. Des vésicules embryonnaires, une seule donnera naissance à l'embryon; on lui applique le nom d'*œuf*, pour rappeler le rôle qu'elle doit remplir.

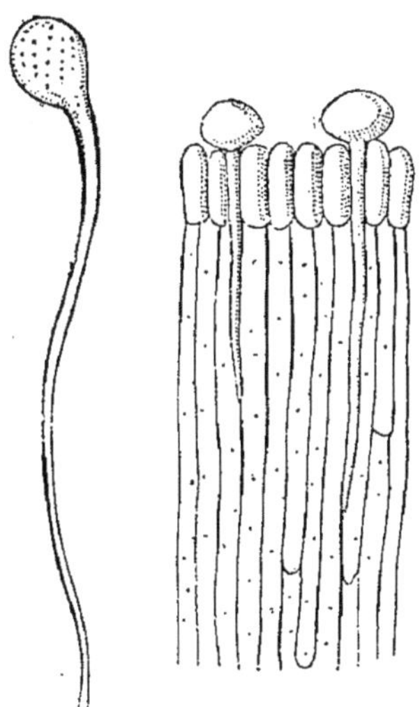

Fig. 216. — A gauche grain de pollen qui a émis son boyau pollinique; à droite style fendu longitudinalement pour montrer la marche de deux boyaux polliniques.

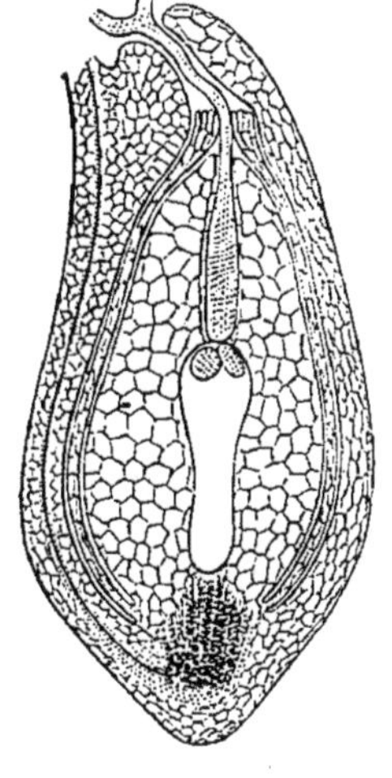

Fig. 217. — Ovule coupé verticalement au moment de la fécondation, et montrant le tube pollinique dont l'extrémité s'est mise en contact avec le sac embryonnaire; à l'intérieur et au sommet de ce sac on voit les deux vésicules embryonnaires: l'une s'atrophiera, l'autre produira l'embryon.

§ 11. **Fécondation.** — La fécondation est un acte par lequel la substance du pollen ou cellule mâle se mélange avec celle de la vésicule embryonnaire ou cellule femelle. Ce phénomène s'opère de la manière suivante : le pollen tombant sur le stigmate humide s'allonge en un *boyau pollinique* (fig. 216) qui pénètre dans le canal situé au centre du style. Arrivé dans l'ovaire, il s'engage dans les ovules qui lui présentent les ouvertures béantes de leurs micropyles, et de là, il s'avance jusqu'aux vésicules embryonnaires (fig. 217).

Dès que la fécondation est opérée, toute l'activité de la plante se concentre sur l'ovaire qui produira un *fruit*, et sur l'ovule qui deviendra une *graine :* le style, le stigmate, les anthères se dessèchent et tombent; les filets des étamines, les pétales persistent généralement plus longtemps, mais ils finissent également par mourir; quant au calice, il disparaît à son tour; parfois, comme nous l'avons dit, il persiste et s'accroît en même temps que le fruit (alkékenge, mûrier).

Les débris de la fleur, qui persistent plus ou moins, ont reçu le nom d'*induvie.*

Aussitôt que l'ovaire commence à grossir, on dit que le fruit est *noué.*

Coulure. — Lorsque l'ovaire n'a pas été fécondé, il meurt avec tout le reste de la fleur; on dit vulgairement que le fruit a *coulé.* Les plantes cultivées qui souffrent le plus de la coulure sont les céréales, les abricotiers et autres espèces à fruits à noyaux; la vigne y est particulièrement sujette; dans le midi, il existe certains vignobles tellement exposés à cet accident, qu'on les désigne vulgairement sous le nom de *coulards.*

La coulure doit être attribuée à diverses circonstances; les froids, les brouillards, et surtout les pluies excessives ou prolongées qui entraînent le pollen sur le sol, ou le font éclater avant que la fécondation puisse s'opérer, en sont les causes habituelles; elle peut aussi tenir à la faiblesse des plantes, à la mauvaise culture du sol.

Les causes de la coulure étant connues, les moyens préventifs le sont également; on peut l'empêcher ou au moins en atténuer les effets, soit à l'aide d'abris, soit par des fumures, ou de bonnes façons données au sol. Les vignerons ont remarqué que l'incision annulaire et le pincement des bourgeons agissent dans le même sens. De ces divers moyens, l'emploi des abris est certainement le plus sûr; malheureusement, il est impraticable dans la grande culture.

Fécondation croisée. — Nous avons vu précédemment que les cellules sexuées peuvent naître côte à côte ou appartenir à des fleurs distinctes, situées ou non sur la même plante. La parenté des cellules sexuées n'est pas sans influence sur le phénomène de la fécondation ; des expériences nombreuses ont démontré que l'union de cellules trop proches parentes est préjudiciable à la conservation de l'espèce. Dans les espèces monoïques, dioïques et polygames, la fécondation est toujours *croisée*, c'est-à-dire qu'elle ne peut avoir lieu qu'entre des fleurs différentes. Dans les plantes monoïques, les fleurs mâles sont fréquemment placées au-dessus des fleurs femelles, de sorte que le pollen par son propre poids arrive à féconder ces dernières. La possibilité de la fécondation est souvent augmentée par ce fait que les fleurs mâles sont très nombreuses et produisent beaucoup de pollen; c'est le cas du noisetier, par exemple, dont les fleurs s'épanouissent avant l'apparition des feuilles qui pourraient contrarier la dissémination de la poussière fécondante. On serait tenté de croire que dans une fleur hermaphrodite, l'*autofécondation* ou l'union des cellules sexuées nées sur le même réceptacle est la règle générale ; il n'en est rien cependant : la nature emploie nombre de moyens pour empêcher cette union, que Darwin appelle illégitime. Parfois, dans les fleurs hermaphrodites, les anthères s'ouvrent brusquement en dehors de la fleur, et projettent leur pollen en une fine poussière qui se met en rapport avec les cellules femelles voisines.

Il arrive aussi très souvent que les cellules sexuées de ces mêmes fleurs complètes mûrissent à des époques différentes et sont incapables de se féconder.

Pour que la fécondation soit possible dans les fleurs hermaphrodites, il faut en effet que la déhiscence des anthères et l'apparition sur le stigmate de la matière visqueuse destinée à retenir le pollen se produisent simultanément. A celles qui ne réalisent pas cette condition on donne le nom de *dicho-*

ames (de δίχα, séparément, et γαμέω, je me marie), et on les distingue en fleurs dichogames *protérandres* (de πρῶτος, premier, et ἀνδρὸς, mâle) et en fleur dichogames *protogynes* (de πρῶτος, premier, et γύνη, femelle), suivant que ce sont les organes mâles ou les organes femelles qui mûrissent les premiers.

Dans une fleur dichogame protérandre, une plus jeune fleur féconde une fleur plus âgée; le contraire a lieu pour les fleurs dichogames protogynes. Les Géraniacées, les Malvacées, les Ombellifères possèdent des fleurs protérandres dichogames; les Juncacées et beaucoup de Graminées sont protogynes dichogames. Au point de vue physiologique, les fleurs dichogames sont de véritables fleurs unisexuées.

Beaucoup de fleurs hermaphrodites peuvent mûrir simultanément leurs organes sexuels et cependant offrir encore un exemple de fécondation croisée. Si l'on examine plusieurs pieds de primevère (*Primula*), de pulmonaire (*Pulmonaria*), on trouve que les uns portent exclusivement des fleurs avec de longs styles et d'autres avec des styles plus petits. Quant au point d'attache des étamines, il varie également d'un individu à l'autre.

Des expériences de fécondation artificielle ont prouvé que dans ces plantes à fleurs *dimorphes* (de δὶ et μορφὴ, forme), si une fleur se féconde avec son propre pollen ou celui de fleurs semblables, les graines — quand il s'en produit — sont toujours mal conformées et en très petite quantité.

Le vent intervient également pour aider à la dissémination du pollen; dans les Graminées, par exemple, les anthères ixées en un seul point à l'extrémité de filets longs et déliés s'ébranlent au moindre souffle et abandonnent leur pollen.

Les insectes attirés par le nectar que sécrètent certaines fleurs sont les agents les plus puissants de la fécondation croisée.

Les fleurs qu'ils visitent ont toujours de vives couleurs qui les leur font remarquer aisément; il est facile d'observer que les fleurs non fécondées par l'intermédiaire des insectes, les Conifères, les Graminées, sont incolores.

Le miel est toujours sécrété en un point tel que l'insecte est obligé, pour s'en emparer, de venir au contact des anthères et du stigmate ; sa peau inégale et les poils qui

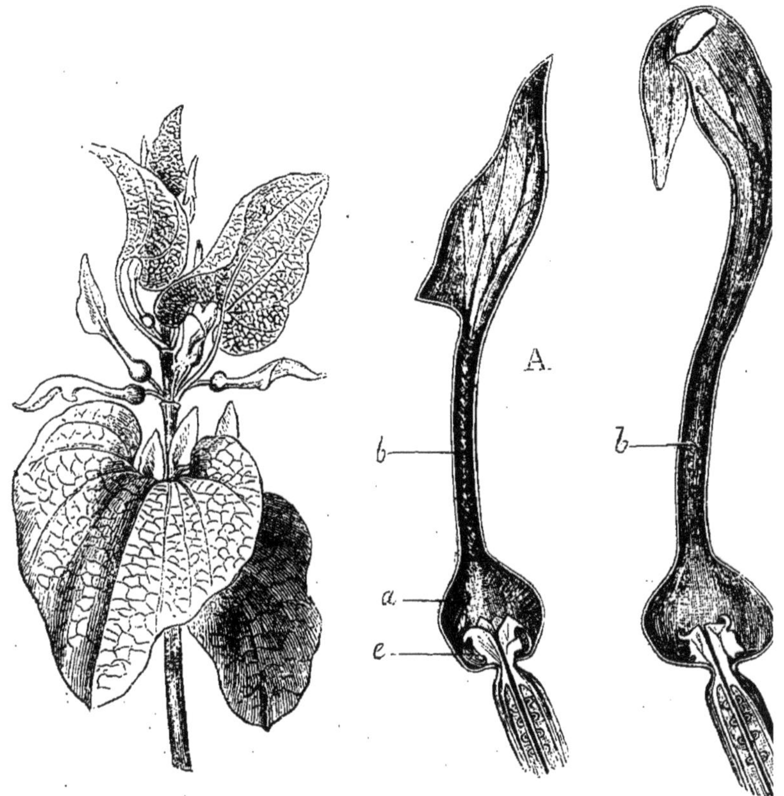

Fig. 218. — Fragment de tige de l'Aristoloche clématite portant plusieurs fleurs. — A, fleur isolée avant la fécondation ; *a*, insecte qui a pénétré dans la dilatation du tube floral ; *b*, poils hérissés qui retiennent l'insecte prisonnier ; *c*, anthères recouvertes par les lobes du stigmate. — B, la même fleur après la fécondation ; on voit en *b* la trace des poils qui sont tombés.

la recouvrent généralement jouent le rôle de brosses vis-à-vis du pollen que le stigmate visqueux enlève ensuite et retient aisément.

Nous allons citer deux exemples curieux de ce dernier mode de fécondation.

Fécondation par les insectes de l'aristoloche clématite et de la sauge des prés. — La fleur de l'aristoloche (*Aristolochia clematitis*) (fig. 218) se compose d'un périanthe ayant la forme d'un cornet dilaté à sa base et terminé par un lobe unique; tant que le stigmate n'a pas été recouvert de pollen, la fleur, largement ouverte, est portée par un pédicelle dressé. Des poils nombreux, mobiles autour de leur point d'attache, et dirigés de haut en bas, hérissent le tube du périanthe (en *b*, fig. A); les lobes du stigmate recouvrent les anthères. Les petites mouches (*a*, fig. A) pénètrent facilement jusqu'à la dilatation, mais elles se trouvent emprisonnées à cause des poils qui font du périanthe une véritable nasse. L'insecte s'agite dans sa prison, et laisse tomber sur le stigmate le pollen dont son corps est chargé. La fécondation opérée, les lobes du stigmate se redressent, les anthères s'ouvrent, en même temps que les poils du tube se dessèchent (*b*, fig. B); de plus, le fond du périanthe s'élargit et permet à l'insecte de circuler désormais au milieu des an-

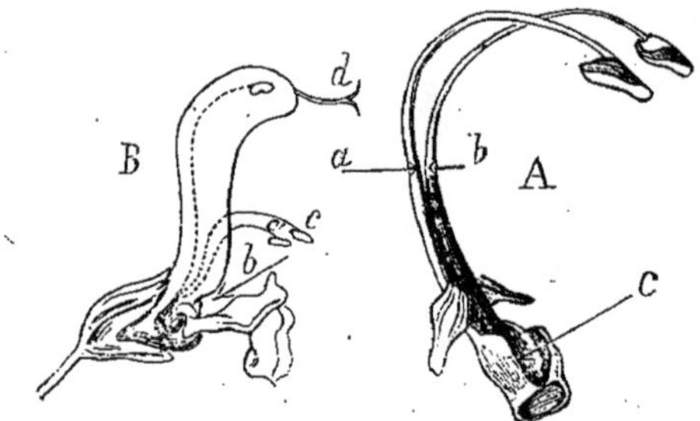

Fig. 219. — Fleur de la sauge des prés (*Salvia pratensis*). — A, deux étamines isolées avec leurs deux longs connectifs *a* et *b* soudés en *c* et supportés par deux courts filets fixés aux côtés de la gorge de la corolle. — B, fleur vue de côté: *d*, stigmate bifide ; une ligne ponctuée indique la position des étamines à l'intérieur de la corolle; *c*, *c'*, les deux étamines rabattues après le contact de l'insecte en *b*.

thères, et de se couvrir d'une nouvelle quantité de pollen; les poils ne lui faisant plus obstacle, il s'échappe pour aller visiter une autre fleur; aussitôt, le périanthe se renverse, le lobe ferme la fleur et en défend l'accès aux mouches, dont l'intervention est désormais inutile.

Dans la sauge des prés (*Salvia pratensis*), la fécondation s'effectue d'une manière très élégante. Les deux filets des étamines (fig. 219) sont terminés chacun par de longs connectifs soudés entre eux qui peuvent osciller autour de leurs points d'attache ; les deux grandes branches sont libres de toute adhérence, et se terminent chacune par une demi-anthère, tandis que les petites branches soudées entre elles en sont dépourvues. Quand un bourdon vient (en suivant la flèche *b*) sucer le nectar situé au fond de la corolle, il effleure le style bifide (*d*), qui se charge du pollen dont le corps de l'insecte est couvert: celui-ci se heurte contre le petit bras de levier; il le soulève, tandis que les bras portant les anthères se rabattent en avant (*c*, *c'*) et le couvrent de pollen.

Fécondation artificielle. — L'homme intervient quelquefois directement pour assurer la fécondation des plantes. Depuis des siècles, les Arabes secouent, au milieu de l'inflorescence femelle du dattier, des rameaux chargés de fleurs mâles qu'ils vont couper dans le désert. Dans quelques exploitations, deux hommes promènent une corde dans les céréales en fleur pour favoriser la chute du pollen par l'agitation des chaumes. (Nous ne saurions dire si cette pratique produit de bons résultats.)

Des plantes exotiques cultivées dans nos serres, telles que les orchis, resteraient infécondes faute d'insectes pour transporter le pollen, si les horticulteurs n'y suppléaient. Les anthères sont détachées à l'aide d'une petite pince, au moment où elles commencent à s'ouvrir ; si les fleurs sur lesquelles on vient les appliquer ne s'épanouissent que plusieurs jours après, le pollen est conservé entre deux verres de montre soudés avec de la gomme arabique et recouverts d'une feuille d'étain; par ce procédé, il peut garder ses propriétés fécondantes pendant une année entière ; le pollen est déposé sur le stigmate visqueux du pistil à l'aide d'un pinceau très fin.

§ 12. **Hybridation.** — Jusqu'alors, nous ne nous sommes occupés que de l'union de cellules issues de plantes de même nom; il arrive parfois que les cellules sexuées de plantes différentes se combinent facilement; le produit de ce croisement porte le nom d'*hybride*.

Le croisement ou l'hybridation ne se réalise qu'entre des plantes ayant entre elles une certaine affinité naturelle, et le nombre des hybrides produits est d'autant plus considérable que les plantes croisées se ressemblent davantage; ainsi, on connaît plus d'hybrides de variétés que d'hybrides d'espèces, et plus de ceux-ci que d'hybrides de genres. La facilité avec laquelle certaines plantes peuvent se croiser devient en horticulture la cause de beaucoup de mécomptes. Des melons de bonne qualité tels que les cantaloups, par exemple, fécondés par le pollen de variétés insipides cultivées dans le voisinage, fournissent des graines de qualité très inférieure. Ce sont les plantes à races et variétés nombreuses, telles que les melons, les courges, les choux et beaucoup de plantes d'ornement qui s'abâtardissent le plus facilement. Les horticulteurs éloignent avec soin les porte-graines dont ils redoutent le croisement; quelquefois même l'inflorescence est enveloppée d'une gaze qui empêche la visite des insectes. Il serait avantageux dans la culture des melons et des courges d'opérer la fécondation artificiellement pour obtenir des graines conservant exactement les caractères de leurs ascendants. C'est par des hybridations artificielles que les horticulteurs ont créé de nombreuses variétés de dahlias, de bruyères, etc. Il est rare qu'un hybride participe également des caractères de ses ascendants; il se rapproche plus ou moins du père ou de la mère; tantôt les caractères de ces derniers restent parfaitement distincts, tantôt ils se fondent complètement.

Les hybrides ont une tendance à varier; après un petit nombre de générations, ils font ordinairement retour à l'un des types primitifs. De ces derniers, ils se distinguent souvent par des feuilles plus développées, des fleurs plus durables et plus odorantes; par contre, les étamines s'atrophient plus ou moins ou se transforment en pétales; quant aux ovules, ils sont généralement mal constitués, et si, par hasard, on obtient des graines fécondes, elles sont peu nombreuses et produisent des plantes qui restent toujours faibles.

Un hybride se désigne en joignant au nom générique les noms spécifiques des deux parents, et en commençant par l'espèce qui a fourni le pollen. Ainsi l'hybride provenant de la digitale jaune (*Digitalis lutea*) et de la digitale rouge (*Digitalis purpurea*) porte le nom de digitale jaune-rouge, si c'est la digitale rouge qui a reçu le pollen de la digitale jaune. Les hybrides de plantes spontanées sont assez rares; cependant, on connaît des hybrides de digitales, de gentianes et de molènes.

CHAPITRE II

FRUIT

Le fruit est l'ovaire fécondé et parvenu à sa maturité, c'est-à-dire renfermant des graines capables de germer.

Il se compose de deux parties : le *péricarpe* et la *graine*.

§ 1. **Péricarpe.** — Le péricarpe (de περὶ, autour, et καρπός, fruit) sert à protéger les graines; il est formé par les parois ovariennes, et comme la feuille carpellaire, il se compose de trois parties, qui sont, en partant de l'extérieur : l'*épicarpe* (de ἐπὶ, sur, au-dessus, et καρπὸς, fruit), le *mésocarpe* (de μέσος, au milieu, et καρπὸς, fruit) et l'*endocarpe* (de ἔνδον, en dedans, et καρπὸς, fruit).

L'épicarpe, c'est la peau du fruit; le mésocarpe, situé au-dessous de l'épicarpe, provient du *mésophylle* (de μέσος, placé au milieu, et φύλλον, feuille) de la feuille carpellaire; dans quelques fruits, comme la pêche (fig. 220), la pomme, etc., son parenchyme s'accroît notablement et devient succulent, tandis que les faisceaux fibro-vasculaires restent très réduits. Le mésocarpe charnu est aussi appelé *sarcocarpe;* quelques cellules du sarcocarpe peuvent s'épaissir, et donner naissance à ces grains très durs qui se trouvent dans les poires dites pierreuses.

L'endocarpe tapisse la cavité qui renferme les graines; dans la pomme, il a la consistance du parchemin; c'est lui qui forme le noyau dans la prune, la cerise, etc.; c'est encore l'endocarpe qui rend les pois et les haricots verts si désagréables à manger lorsqu'ils sont un peu âgés. Dans les oranges et les citrons, c'est de l'endocarpe qu'émane la partie comestible de ces fruits.

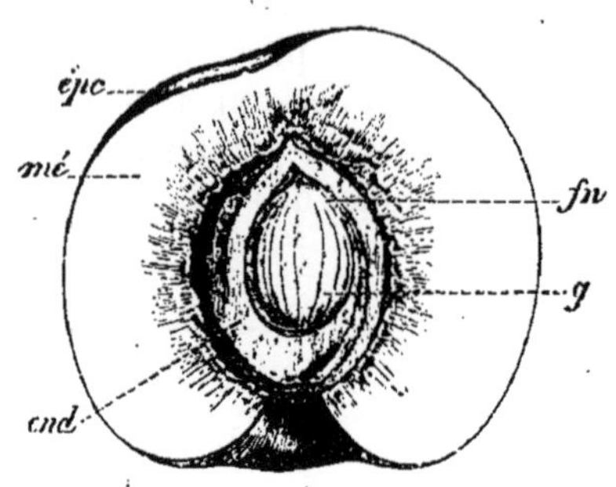

Fig. 220. — Coupe longitudinale d'une pêche. — *épc*, épicarpe ; *mé*, mésocarpe ; *end*, endocarpe ; *g*, graine ; *fu*. funicule.

§ 2. **Déhiscence du péricarpe.** — La déhiscence est l'acte par lequel le péricarpe mûr d'un fruit sec s'ouvre et laisse échapper ses graines au dehors. Les *fruits déhiscents* sont ceux qui s'ouvrent spontanément (haricot, ellébore); les *fruits indéhiscents* sont: 1° les fruits charnus dont le péricarpe se détruit pour mettre les graines en liberté; 2° les fruits secs dont l'enveloppe ne se déchire que sous la pression de la graine qui germe (blé, sarrasin).

Dans un fruit *simple*, c'est-à-dire formé par un seul carpelle, la déhiscence s'effectue de diverses manières : 1° par une fente unique longitudinale, correspondant aux bords soudés de la feuille capellaire (ellébore) ; 2° par deux fentes également longitudinales, correspondant, l'une aux bords de la feuille capellaire, l'autre à sa nervure médiane (haricot).

Dans un fruit *composé*, la déhiscence peut être *septicide* (de *septa scindens*, fendant les cloisons) ; *loculicide* (*loculos scindens*, fendant les loges) ou *septifrage* (de *septa frangens*, ou brisant les cloisons).

Dans ces trois cas, le péricarpe du fruit se partage en un certain nombre de pièces distinctes, appelées *valves*.

La déhiscence est *septicide* (fig. 221) lorsque les carpelles soudés s'isolent d'abord les uns des autres et s'ouvrent ensuite longitudinalement (colchique, digitale, tabac).

La déhiscence est *loculicide* (fig. 222) lorsqu'elle s'effectue seulement selon la nervure médiane de la feuille carpellaire ; il en résulte que chaque valve est formée de deux moitiés de carpelles différents (tulipe, lis).

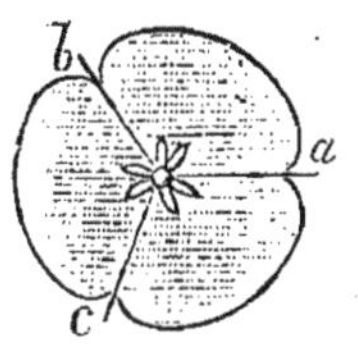

Fig. 221.

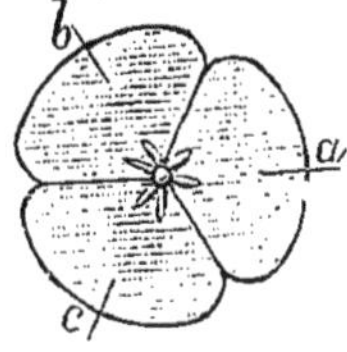

Fig. 222.

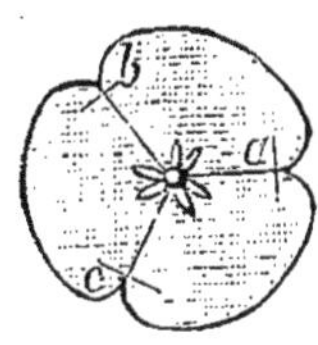

Fig. 223.

Fig. 221. — Schéma de la déhiscence septicide. — *a*, *b*, *c*, lignes où se fendront les cloisons.

Fig. 222. — Schéma de la déhiscence loculicide.— *a*, *b*, *c*, lignes où seront fendues les loges.

Fig. 223. — Schéma de la déhiscence septifrage.— *a*, *b*, *c*, lignes où se briseront les cloisons.

Dans la déhiscence *septifrage* (fig. 223), la paroi externe des loges se détache sans entraîner les cloisons, qui restent intactes au centre du fruit (pomme épineuse).

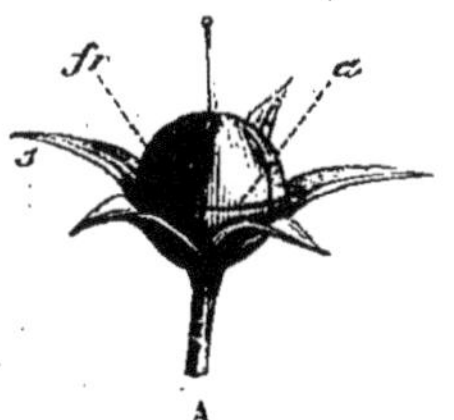

Fig. 224.— A, fruit entier de l'*Anagallis arvensis*: *s*, calice persistant ; *a*, ligne transversale où se fera la rupture du péricarpe. — B, le même fruit après la déhiscence ; *a* et *b*, les deux parties du péricarpe ; *g*, graines.

Dans les divers modes de déhiscence que nous avons passés en revue, les fentes qui se produisent sont longitudinales ; quelques fruits seulement s'ouvrent par une fente transversale qui divise le péricarpe en deux parties (fig. 224) ; la supérieure se soulève comme le couvercle d'une boîte à savonnette (plantain, jusquiame, mouron rouge) ; dans ce cas, la déhiscence est dite *transversale*.

Les graines peuvent aussi s'échapper par de petites ouvertures appelées *pores*. Le muflier (*Antirrhinum*) (fig. 225) nous fournit un exemple de ce mode de déhiscence, qu'on désigne sous le nom de *poricide*.

Fig. 225. — Fruit du muflier percé à son sommet de trois pores par où s'échappent les graines.

Enfin, dans le céraiste, l'œillet, etc., les feuilles carpellaires s'écartent légèrement à leur sommet, pour donner issue aux graines.

§ 3. **Classification des fruits.** — On les divise généralement en deux catégories. Dans la première sont compris les fruits qui proviennent d'un pistil simple ou unicarpellé; on les nomme *fruits apocarpés*. Ceux de la seconde catégorie proviennent d'un pistil composé ou pluricarpellé; on les désigne sous le nom de *fruits syncarpés* (de σὺν, avec, ensemble, et καρπὸς, fruit).

Nous distinguerons aussi dans cette classification les fruits secs des fruits charnus et les fruits déhiscents des fruits indéhiscents.

1. Fruits apocarpés.

A. *Fruits apocarpés secs et indéhiscents.*

Fig. 226. — Achaine ou fruit du sarrasin (*Fagopyrum esculentum*).

1° *Caryopse.* — Le caryopse est un fruit sec ne renfermant qu'une seule graine, et dont le péricarpe, très mince, se confond avec la graine. C'est le fruit du blé, du seigle, du riz et de presque toutes les plantes de la famille des Graminées.

2° *Achaine* ou *akène*. — C'est un fruit qui diffère du caryopse, en ce que le tégument de la graine est distinct du péricarpe. Tel est le fruit des Composées, du sarrasin (fig. 226).

3° *Samare.* — La samare contient une ou plusieurs graines; c'est un achaine dont le péricarpe se prolonge extérieurement en une sorte de membrane appelée *aile.* L'aile entoure le fruit dans l'orme (*Ulmus*); elle ne s'étend que d'un seul côté dans le frêne (*Fraxinus*) et les érables (*Acer*) (fig. 227).

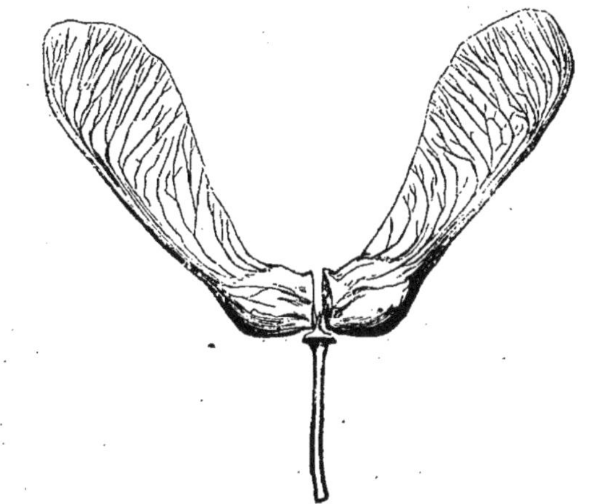

Fig. 227. — Samare de l'érable.

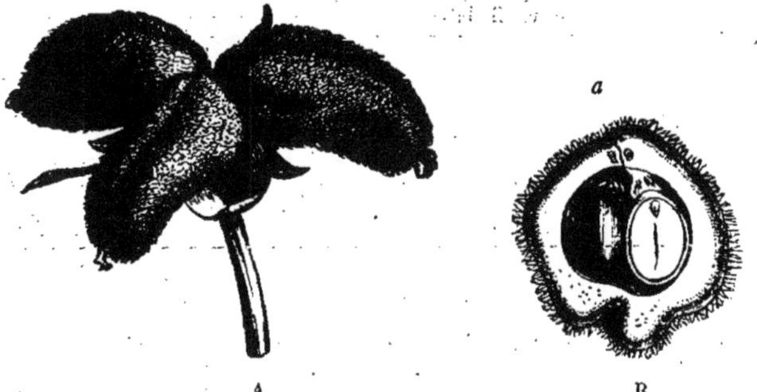

Fig. 228. — A, trois follicules de la pivoine officinale (*Pæonia officinalis*) produits par une fleur. — B, fruit coupé transversalement, montrant des graines à son intérieur, et en *a*, la suture par où se fera la déhiscence.

B. *Fruits apocarpés secs et déhiscents.*

4° *Follicule* (fig. 228). — C'est un fruit uniloculaire qui s'ouvre par sa suture ventrale en une seule valve représentant la feuille carpellaire étalée, ex. : l'ellébore (*Helleborus*), la dauphinelle ou pied d'alouette (*Delphinium Ajacis*).

5° *Gousse*. — La gousse, appelée aussi légume, diffère du follicule en ce que la déhiscence s'effectue au niveau de la

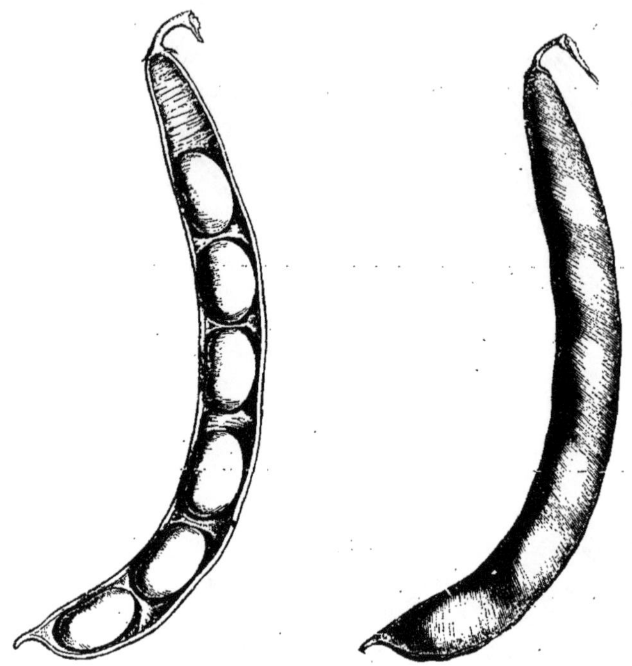

Fig. 229. — A, gousse entière du haricot flageolet (*Phaseolus vulgaris*); B, la même gousse ouverte et montrant six graines en place.

suture ventrale et de la suture dorsale. Chacune porte des graines le long de l'un de ses deux bords. Le haricot (fig. 229), le pois, les vesces et presque toutes les Légumineuses en offrent des exemples bien connus.

C. *Fruits apocarpés charnus*.

6° *Drupe*. — La drupe est un fruit charnu qui contient un

noyau uniloculaire, ex. : la cerise (fig. 230), la prune, la pêche, l'abricot, etc.

FIG. 230. — A, drupe ou cerise ; B, le même fruit coupé longitudinalement pour en montrer le noyau intérieur.

La noix diffère de la drupe par un mésocarpe plus coriace auquel on donne le nom de *brou*, ex. : le fruit du noyer (*Juglans*), de l'amandier (*Amygdalus*).

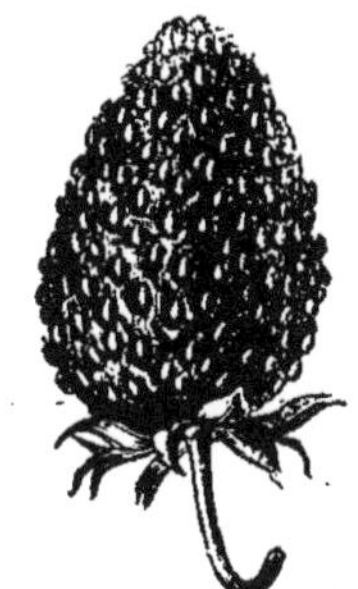

FIG. 231. — Fraise des quatre saisons montrant des petits fruits nichés dans des fossettes superficielles.

FRUITS AGRÉGÉS. — Une fleur peut renfermer plusieurs carpelles, qui deviennent autant de fruits apocarpés *distincts*. On donne à cet ensemble le nom de fruit agrégé. Celui du fraisier (fig. 231) renferme des achaines fixés dans le gynophore (1) accru et devenu succulent; le fruit agrégé de la ronce (*Rubus*) et celui du framboisier (*Rubus idæus*) sont composés de drupes, et celui de la pivoine (*Pæonia*), de follicules.

(1) Le gynophore est un organe qui soutient quelquefois le pistil ou gynécée au-dessus des autres organes de la fleur.

II. Fruits syncarpés.

A. *Fruits syncarpés secs et indéhiscents.*

7° *Gland.* — Bien que le gland ne renferme qu'une seule graine, il provient néanmoins d'un pistil composé, dans lequel

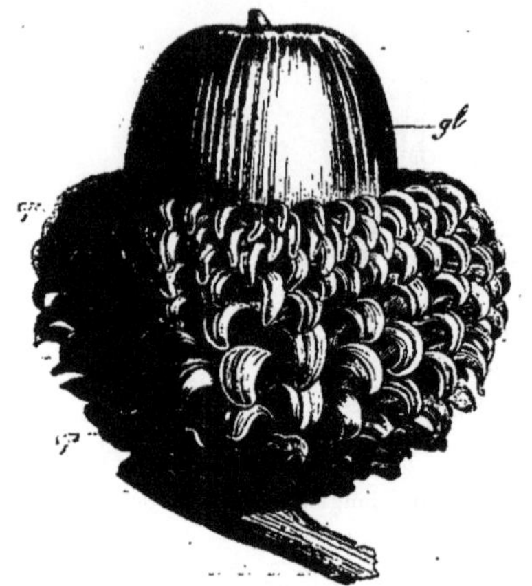

Fig. 232. — Gland du chêne velani (*Quercus Ægilops*).— *G*, gland ; *cp*, cupule.

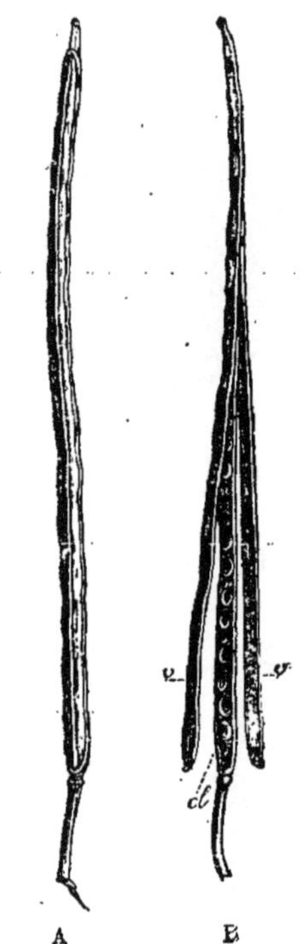

A B

Fig. 233. — Silique du *Moricandia arvensis*. — A, entière et fermée. — B, après sa déhiscence : *v*, *v*, ses deux valves; *cl*, sa cloison où sont attachées les graines.

un seul carpelle s'est développé. Il est enchâssé dans un involucre écailleux nommé cupule (fig. 232).

B. *Fruits syncarpés secs et déhiscents.*

8° *Silique et silicule.* — C'est un fruit à deux loges dont la cloison moyenne, formée par les placentas, sert de support aux graines qui s'attachent sur ses bords (fig. 233). Au moment de la déhiscence, le péricarpe se détache en deux valves qui s'écartent de bas en haut comme dans le colza, les choux et autres Crucifères. Dans la ravenelle, le fruit, étranglé de distance en distance, se rompt à la maturité en autant de fragments qu'il y a de graines. Quand la longueur du fruit ne dépasse guère sa largeur, on lui donne le nom de silicule (fig. 234), ex. : la bourse à pasteur, la drave printanière (*Draba verna*), le thlaspi (*Thlaspi*).

FIG. 234. — Silicule de la drave.

9° *Pyxide.* — C'est un fruit qui s'ouvre par une fente circulaire transversale, ex. : le mouron des champs (*Anagallis arvensis*) (voy. fig. 224).

10° *Capsule.* — Les fruits syncarpés, secs, déhiscents qui ne rentrent pas dans les catégories précédentes, sont des capsules ; on comprend que leurs formes soient extrêmement variables, ex. :

A

B

FIG. 235. — Capsule ou fruit de la violette. — A, avant la déhiscence ; B, après la déhiscence et montrant les graines à l'intérieur.

le fruit du muflier (*Antirrhinum*), de l'œillet (*Dianthus*), du tabac (*Nicotiana*), de la violette (*Viola tricolor*) (fig. 235), du pavot (*Papaver*), etc.

C. *Fruits syncarpés charnus.*

11° *Péponide.* — La péponide est un fruit charnu à une seule loge dont la cavité intérieure renferme les graines, que soutiennent de longs filaments du placenta, ex. : le melon, le potiron, la coloquinte (fig. 236) et les autres Cucurbitacées.

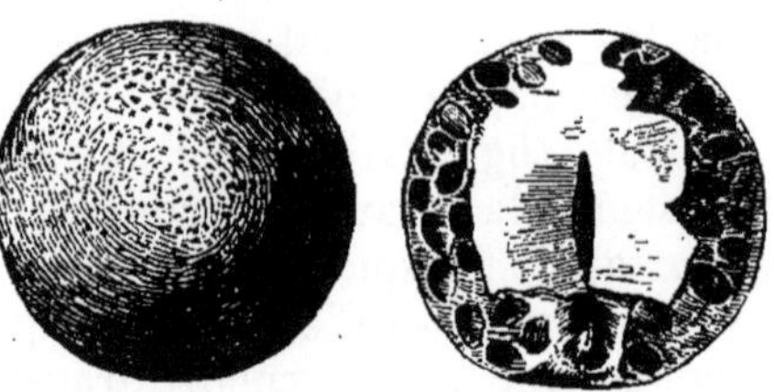

FIG. 236. — Péponide de la coloquinte; à droite coupée transversalement pour montrer les graines intérieures.

12° *Pomme.* — La pomme est un fruit charnu formé de plusieurs ovaires soudés au tube du calice, ex. : la pomme (fig. 237), la poire, le coing, la nèfle.

Le sarcocarpe de la pomme provient non seulement du péricarpe, mais encore du calice qui s'est épaissi.

L'endocarpe est cartilagineux dans la poire, le coing, etc.; il est osseux dans la nèfle. Ces petits noyaux sont en nombre égal à celui des ovaires; on leur donne le nom de *nucules*.

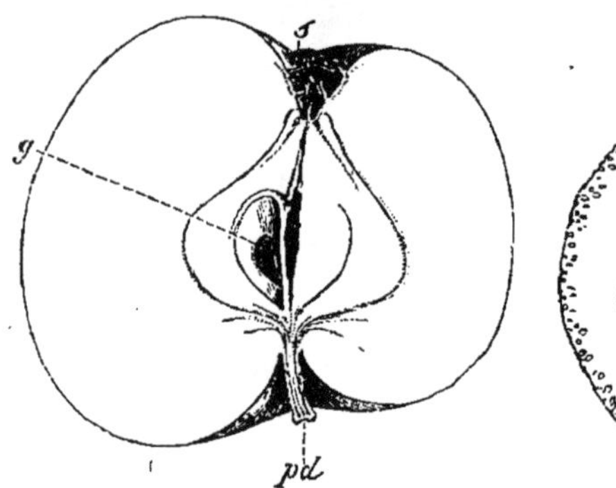

FIG. 237.— Pomme coupée longitudinalement. — *s*, calice persistant; *pd*, pédoncule; *g*, graine ou pépin en place.

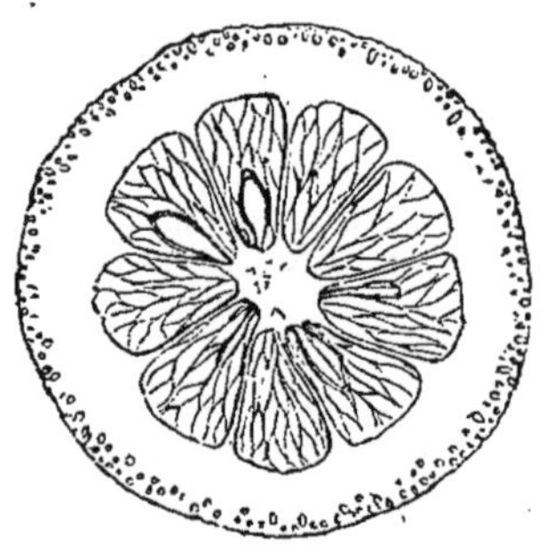

FIG. 238. — Orange coupée transversalement et laissant voir deux de ses graines.

13° *Orange ou hespéridie.* — L'orange est un fruit composé d'une enveloppe épaisse entourant une masse charnue qui peut être divisée sans aucun déchirement en un certain nombre de parties, ex. : l'orange (fig. 238), le citron.

La peau de l'orange représente l'épicarpe et le mésocarpe; l'endocarpe est formé par la peau membraneuse facilement dédoublable qui enveloppe sa pulpe. Quand on examine celle-ci dans une orange un peu âgée, on la voit composée de cellules fusiformes succulentes qui partent de l'endocarpe comme des sortes de poils.

14° *Baie.* — C'est un fruit charnu renfermant des graines disséminées dans la pulpe, ex. : les groseilles (fig. 239), les raisins.

Fig. 239. — Baie du groseillier coupée longitudinalement.

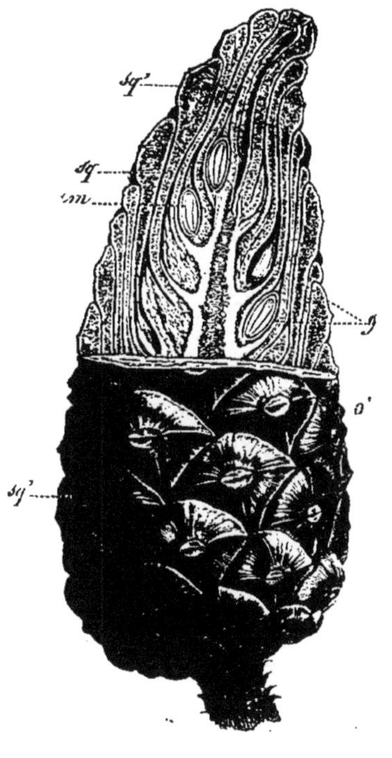

Fig. 240. — Cône de pin. — *sq*, *sq*, bractées ligneuses ; *g*, graines; *em*, embryon.

Fruits composés. — Les fruits composés proviennent non d'une fleur, mais d'une inflorescence entière dont les parties autres que le pistil se sont diversement modifiées. On a donné des noms spéciaux à ces agglomérations de fruits.

15° *Cône ou strobile.* — Le cône se compose d'achaines ou de samares situés à l'aisselle de bractées, ex. : le fruit du pin (fig. 240), du sapin, du mélèze, du cyprès, de l'aune, du bouleau.

Les bractées sont ligneuses dans les exemples que nout venons de citer; celles du genévrier sont charnues et le fruit globuleux offre l'aspect d'une baie, celles du houblon sont membraneuses.

16° *Sycone.* — C'est le fruit du figuier, du dorstenia. Il se compose d'un réceptacle charnu portant de petites drupes qui croquent sous la dent quand on mange une figue (fig. 241).

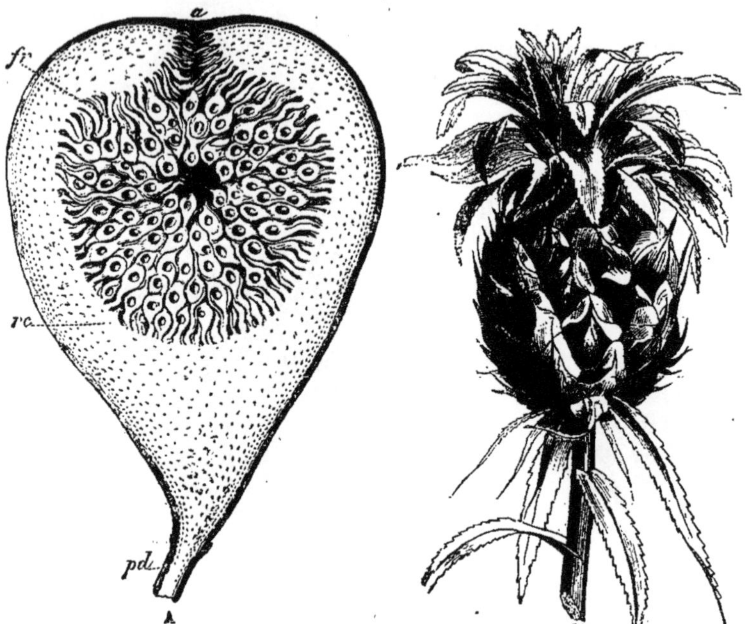

Fig. 241. — Sycone du figuier (*Ficus Carica*). — *pd*, pédoncule; *rc*, réceptacle, devenu charnu; *fr*, fruit; *a*, œil de la figue.

Fig. 242. — Sorose ou sommité fructifère de l'ananas (*Bromelia Ananas*).

17° *Sorose.* — On donne ce nom à plusieurs fruits réunis en un seul corps par l'intermédiaire des enveloppes florales qui deviennent charnues. L'ananas (fig. 242), le fruit du mûrier (fig. 243), de l'arbre à pain (1) en fournissent des

(1) L'arbre à pain, originaire des îles de l'Océanie, a été naturalisé

exemples. Dans l'ananas, les bractées charnues constituent un fruit ovoïde d'un jaune doré surmonté d'un panache de feuilles.

FIG. 213. — Sorose formé par la réunion des fruits et des calices accrus du *Morus nigra*.

La mûre se compose d'une réunion de drupes enveloppées chacune par un calice distinct devenu pulpeux ; le fruit de l'arbre à pain présente une organisation analogue.

Le tableau suivant résume la classification précédente.

					Exemples
FRUITS	I apocarpés	secs	indéhiscents	caryopse	Ex. : blé, seigle, riz, etc.
				achaine	Ex. : sarrasin, Composées, etc.
				samare	Ex. : orme, frêne, érable.
			déhiscents	follicule	Ex. : ellébore, pied d'alouette.
				gousse	Ex. : haricot, pois.
		charnus		drupe	Ex. : cerise, pêche, abricot.
	agrégés				Ex. : fraise, framboise.
	II syncarpés	secs	indéhiscents	gland	Ex. : chêne.
			déhiscents	silique et silicule	Ex. : choux, colza, etc.
				pyxide	Ex. : mouron.
				capsule	Ex. : muflier, œillet, tabac.
		charnus		péponide	Ex. : melon, potiron.
				pomme	Ex : pomme, poire, nèfle.
				hespéridie	Ex. : orange, citron.
				baie	Ex. : raisin, groseille.
	composés			cône	Ex. : pin, sapin, houblon.
				sycone	Ex. : figue, dorstenia.
				sorose	Ex. : ananas, mûre, arbre à pain.

dans les régions intertropicales de l'Asie et de l'Amérique. On utilise toutes ses parties : son bois est employé dans les constructions ; avec son liber on fabrique des toiles résistantes ; les feuilles servent à couvrir les habitations ; le fruit bouilli ou grillé est un aliment agréable, sain et nutritif.

§ 4. **Dissémination des fruits et des graines.** — Les fruits parvenus à leur maturité se détachent de la plante qui leur a donné naissance; le péricarpe laisse échapper les graines qui se développent dès qu'elles se trouvent placées dans des conditions favorables.

Peu de graines germent au pied de la plante mère; elles sont transportées, *disséminées* par des agents divers, à des distances souvent considérables.

Dissémination des fruits charnus. — Beaucoup de fruits charnus tombent sur le sol à l'époque de leur maturité; nous citerons comme exemples, les pommes, les pêches, etc.; dans d'autres, le péricarpe s'altère avant de se détacher de la plante, tel est le cas des cerises, des groseilles.

Les animaux sont les principaux agents de dissémination des fruits charnus dont ils consomment le péricarpe. Les graines, protégées le plus souvent par une enveloppe qui résiste à l'action des sucs digestifs, sont rejetées intactes et germent ensuite avec autant de facilité que si elles avaient conservé leur péricarpe.

Dissémination des fruits secs.— Les fruits secs consommés par les animaux se comportent quelquefois comme les graines des fruits charnus pendant le phénomène de la digestion : les déjections des chevaux nourris à l'avoine renferment presque toujours des graines susceptibles de germer. On connaît une avoine blanche dont l'enveloppe est tellement résistante qu'il faut absolument la concasser avant de la distribuer aux chevaux. Ce sont généralement des causes mécaniques qui favorisent la dissémination des fruits secs. Le vent transporte facilement les samares des ormes, des érables (fig. 244) et les achaines munis d'aigrettes : celles-ci restent attachées aux graines pendant très peu de temps; on peut s'en assurer en examinant celles qui voyagent dans l'air pendant les chaudes journées de l'été (fig. 245). Les aigrettes servent surtout, par un mécanisme des plus curieux, à détacher les graines du réceptacle; les poils humides réunis au sommet de chaque graine en un faisceau unique, se dessèchent à la maturité et s'étalent progressivement pour former une sorte de parasol renversé. En s'ouvrant, les parasols se pressent de plus en plus les uns contre les autres ils ébranlent les fruits, et finissent par les renverser et le

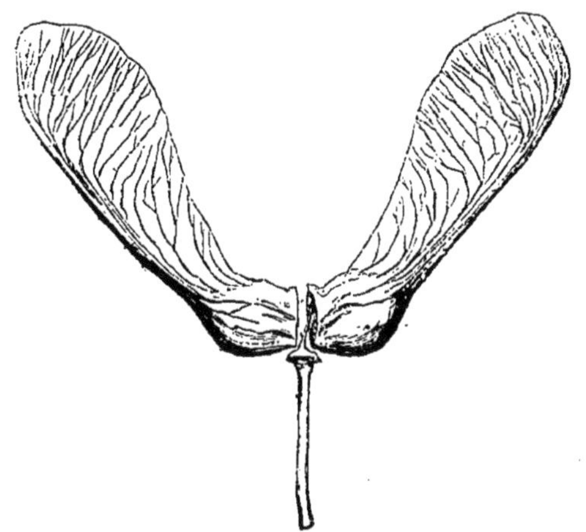

Fig. 244. — Samare d'érable, montrant des ailes qui servent au transport des graines.

isoler du réceptacle. Les fruits hérissés de pointes de la bardane (*Lappa*), du gratteron (*Galium Aparine*), de la caucalide fausse carotte (*Caucalis daucoïdes*) et de la luzerne (*Medicago*), etc., s'attachent aux poils des animaux et aux vêtements des hommes. Ce sont des graines de cette nature, attachées aux toisons, qui déprécient les laines d'Australie. Aux environs de Montpellier il existe un lavoir de laines en suint, appelé le port Juvénal. La flore des environs s'est enrichie de plusieurs centaines d'espèces de plantes provenant des graines contenues dans ces laines d'origine étrangère.

Fig. 245. — Fruit du salsifis, surmonté d'un calice à limbe en aigrette.

Dissémination des graines contenues dans les fruits secs et déhiscents. — Les capsules du pavot (*Papaver*), des

Linaires (*Linaria*) et en général toutes celles qui renferment un très grand nombre de petites graines peuvent être comparées à des sabliers qui n'abandonnent leur contenu que peu à peu même sous l'action des efforts les plus violents. Au lieu de tomber en totalité au pied de la plante mère, les graines se trouvent dispersées dans toutes les directions. Dans le saule, le peuplier, le cotonnier, etc., les graines sont rejetées en dehors du péricarpe par les poils dont elles sont garnies ; ceux-ci se comportent exactement comme ceux des Composées ; le vent les soulève et les transporte à des distances variables. Dans quelques fruits, le péricarpe s'ouvre brusquement et les valves se replient avec une force capable de projeter les graines à une distance de plusieurs mètres. Le fruit de la balsamine des jardins (*Balsamina hortensis*) (fig. 246) nous en offre un exemple.

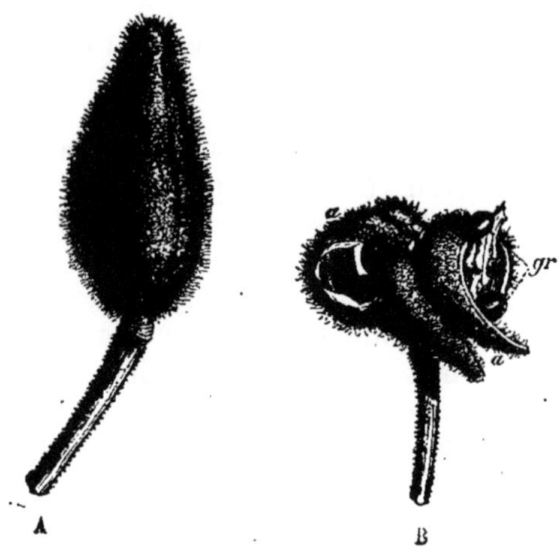

FIG. 246. — A, fruit de la balsamine avant la déhiscence. — B, le même fruit après la déhiscence : *a*, *a*, valve repliée ; *gr*, graines qui n'ont pas été lancées.

Les graines d'oxalis, en tombant sur le sol, sont renvoyées par un arille élastique à une certaine distance.

Le vent et les animaux ne sont pas les seuls agents de

dissémination : les eaux entraînent souvent des fruits et des graines qu'elles déposent ensuite sur le rivage.

La capsule d'une plante d'Amérique (*Hura crepitans*) (fig. 247) s'ouvre avec bruit et projette ses graines dans toutes les directions; quand, dans nos collections, on veut conserver ces dernières, il faut absolument serrer la capsule avec une ficelle afin de prévenir la déhiscence violente et subite.

Fig. 247. — Fruit du sablier élastique (*Hura crepitans*) ou arbre du diable.

L'homme contribue pour une grande part à la dissémination des végétaux; il s'efforce de réunir tous ceux qui peuvent lui être utiles ou agréables; la pomme de terre nous vient du Chili; le maïs, appelé improprement blé de Turquie, est une plante d'Amérique; à son insu, il propage aussi des espèces nuisibles : les coquelicots (*Papaver Rhœas*) et les bluets (*Centaurea Cyanus*) qui infestent nos moissons sont originaires du Levant.

En Amérique, aux environs de Montévideo, le chardon-Marie (*Silybum Marianum*) et notre cardon se sont tellement multipliés, qu'ils ont étouffé presque toutes les autres espèces qui formaient les pâturages de cette contrée.

§ 5. **Développement et maturation des fruits.** — La fécondation terminée, le fruit se *noue*, disent les jardiniers. La feuille carpellaire qui forme les parois de l'ovaire peut, en se développant, rester mince et devenir plus ou moins coriace à la maturité; le fruit qui en résulte est désigné sous le nom de *fruit sec*. Dans d'autres cas, elle s'épaissit considérablement; les cellules du parenchyme s'allongent et se multiplient, tandis que les faisceaux fibro-vasculaires cessent de s'accroître et ne sont plus représentés que par des filaments déliés composés surtout de trachées.

Lorsque le fruit encore vert a acquis son volume définitif, il renferme des acides, particulièrement de l'acide malique, tartrique, citrique, de la cellulose, de la fécule, de la glucose, du tannin et de la pectose.

Quand la maturité approche, le fruit change de couleur sous l'influence de la chaleur et surtout de la lumière ; il prend une teinte plus ou moins vive, jaune, rouge, etc. ; en même emps, sa composition chimique éprouve d'importantes modifications ; les acides s'unissent en partie à des bases telles que la potasse, la soude et la chaux ; ceux qui restent libres réagissent sur la fécule et la cellulose peu agrégée pour former de la glucose qui rend le fruit sucré. C'est principalement dans les raisins qu'il est facile d'observer une proportion croissante de sucre à mesure qu'on s'approche de la maturité et une diminution correspondante des matières acides. Ceux du Midi, mûris par un soleil ardent, deviennent tellement sucrés qu'il est avantageux de les récolter avant leur parfaite maturité, si l'on veut obtenir un vin plus riche en acides et en tannin, principes indispensables à sa conservation. Quant à la pectose, elle subit également, sous l'influence des acides et d'un ferment spécial, la *pectase*, une série de tranformations. Les substances qui en dérivent ramollissent le fruit : ce sont elles qui forment la base de toutes les gelées végétales.

Les fruits pauvres en acides ne renferment jamais qu'une petite quantité de glucose, leur chair farineuse est peu agréable au goût.

Outre les principes immédiats que nous venons d'énumérer, les fruits contiennent encore des matières albuminoïdes et un arome particulier à chaque variété, qui est dû à des éthers de diverses natures. Les chimistes sont parvenus à fabriquer des éthers dont le goût rappelle celui de la pomme, de la poire, de l'ananas et de la vanille ; aujourd'hui, tous les confiseurs en font usage.

Les fruits d'une même variété ne sont pas également savoureux. Les différences observées doivent être attribuées à l'influence de la chaleur, de la lumière, de l'humidité et du sol ; elles peuvent tenir aussi à l'arbre qui les a produits.

La chaleur et la lumière favorisent la production du sucre ; les fruits du Midi ont une saveur beaucoup plus douce que ceux de même espèce récoltés dans le Nord.

L'humidité a pour effet de rendre la sève très abondante et

aussi très aqueuse; les fruits deviennent volumineux, mais ils restent fades. Pendant les années pluvieuses, l'eau y afflue en quantité telle, que leur épiderme finit souvent par éclater (cerises, groseilles).

L'influence de l'humidité étant admise, on conçoit facilement que les arbres plantés dans un sol humide ne sauraient donner de bons fruits. Quelle que soit la nature du terrain dans lequel ils se trouvent, les jeunes arbres produisent toujours des fruits de qualité inférieure.

Le temps employé par les diverses espèces de fruits pour arriver à maturité est variable avec les espèces. Il faut deux à trois mois aux groseilles et aux cerises, six mois environ aux pommes, aux poires, aux pêches; les cônes de pins ne mûrissent qu'au commencement de la troisième année.

Nous avons déjà vu qu'on peut hâter le maturité du fruit en pratiquant des opérations désignées sous les noms d'*épamprement* et d'*incision annulaire*.

Dans les expositions d'horticulture qui ont lieu pendant l'hiver, on rencontre assez souvent des ceps de vigne couverts de raisins qui ne sont pas encore complètement mûrs. C'est en les maintenant dans un local éclairé et refroidi, dans un *frigidarium*, qu'on peut obtenir ce résultat qui semble plus curieux qu'avantageux.

Quand un fruit vert reçoit un choc, ou encore lorsqu'il devient *véreux*, il mûrit plus vite qu'un fruit sain. C'est là un fait curieux à noter : chaque fois qu'une plante est altérée par une cause quelconque, elle parcourt rapidement les diverses phases de sa végétation; on dirait qu'avant de mourir elle veuille produire des graines et s'assurer une postérité.

Les oranges mûrissent au bout d'un an; cependant on attend quelquefois la deuxième année pour en faire la récolte. Elles sont alors plus volumineuses, mais leur pulpe est moins délicate.

§ 6. **Récolte des fruits charnus.** — On choisit pour la récolte une chaude journée, et l'on attend que l'humidité ait entièrement disparu. La cueillette se fait à la main, et non à l'aide d'instruments qui meurtrissent les fruits et les empêchent de se conserver. Dans un panier garni de nousse sèche ou de feuilles, les fruits parfaitement sains sont léposés un à un sur plusieurs rangs toujours séparés par un it de feuilles. On les porte ensuite dans un local bien aéré ù ils sont placés sur des tables couvertes de mousse, en ıyant soin de les isoler les uns des autres. Les fruits qui *passent* vite, pour employer l'expression des jardiniers, sont laissés là jusqu'au moment de leur consommation. Les fruits de garde sont transportés à la fruiterie.

§ 7. **Récolte des fruits secs.** — Les fruits secs, du moins les plus importants au point de vue agricole (céréales, graines oléagineuses, haricots, sarrasin, etc.), qu'ils soient déhiscents ou non, peuvent être récoltés avant leur maturité parfaite, on ne risque pas alors d'en laisser une partie dans les champs; ils ne sont pas de moins bonne qualité que ceux récoltés plus tard, puisque dans les derniers temps, le grain ne tire plus aucune nourriture du sol et vit aux dépens des autres parties de la plante. Les tiges qui les portent ne sont emmagasinées qu'après leur complète dessication; autrement elles s'altéreraient rapidement. Les épis de maïs et les tiges des haricots nains qui sèchent très lentement, sont réunis en poignées et suspendus à des perches ou à des cordeaux.

§ 8. **Conservation des fruits.** — Nous diviserons notre étude en deux parties :

1° Conservation des fruits charnus;

2° Conservation des fruits secs.

1° *Conservation des fruits charnus.* — Nous avons suivi les fruits charnus jusqu'à leur maturité, et nous avons constaté qu'à cette époque ils renferment de la glucose en assez grande quantité. Une dissolution sucrée ne saurait se conserver indéfiniment en cet état, surtout lorsqu'elle se trouve comme dans les fruits en présence de ferments et de matières albuminoïdes. Dans les conditions ordinaires, il se produit d'abord, comme le prouve l'odeur vineuse qui se dégage d'une fruiterie, une fermentation alcoolique à laquelle succède une fermentation putride. Dans quelques espèces, dans certaines poires par exemple, le fruit *blettit,* c'est-à-dire que ses cellules se désagrègent, se gélifient, avant de pourrir; la cause de ce changement d'état, de cette gélification, nous est inconnue. Les nèfles et les cormes se consomment seulement lorsqu'elles arrivent à ce degré de consistance. En général, les fruits *blets* sont peu savoureux, car l'alcool et les éthers qui les parfumaient auparavant se sont échappés dans l'atmosphère.

Le temps employé par les fruits pour parcourir les diverses phases que nous venons d'indiquer est extrêmement variable; lorsqu'ils ont été blessés, elles se succèdent avec la plus grande rapidité; il y a des fruits tellement poreux qu'au bout de fort peu de jours la fermentation alcoolique est terminée.

Fruitier ou fruiterie. — Les poires, les pommes et les raisins sont les principaux fruits de garde. Les prunes, les cerises, les abricots, les pêches et les groseilles se consomment aussitôt après la récolte; les cerises et les groseilles qui mûrissent de bonne heure, peuvent être conservées assez longtemps en les laissant sur l'arbre qu'on entoure de paillassons ou de grosses toiles un peu avant la maturité complète des fruits. Par ce procédé, elles restent plusieurs mois sans s'altérer.

Le raisin peut se conserver sur la treille jusqu'à l'époque des grands froids. Au sommet du mur, on place des auvents qui font saillie de $0^m,40$, et l'on recouvre les grappes d'un paillasson ou d'une toile épaisse.

Dans le fruitier, le raisin est quelquefois déposé sur les tablettes couvertes de fougères sèches; on lui donne les mêmes soins qu'aux autres fruits. Plus souvent, après avoir débarrassé la grappe des grains altérés, on attache sa pointe à un petit fil de fer en S qu'on suspend à un cerceau ou encore à des tringles espacées de $0^m,20$.

A l'aide de ce procédé, on peut conserver les raisins pendant deux et trois mois; mais alors ils sont ridés et leur valeur commerciale se trouve amoindrie. On évite cet inconvénient en fixant des sarments munis de deux ou trois grappes dans de petits flacons (fig. 248) remplis d'eau, à laquelle on ajoute quelques cuillerées de charbon en poudre qui l'empêche de se putréfier. Sur la coupe supérieure du sarment on applique un peu de cire à cacheter. Les flacons sont attachés à de petits râteliers. La rafle se conserve verte, et les grains de raisins restent turgescents jusqu'en avril, si l'on a soin d'ajouter de l'eau dans le flacon au fur et à mesure qu'elle s'évapore.

Les considérations que nous avons développées précédemment, nous ont appris que les fruits fermentent lorsqu'ils sont abandonnés à eux-mêmes. Entravons, ou plutôt retardons cette fermentation, et le problème de la conservation des fruits sera résolu. On sait que trois circonstances principales favorisent les fermentations : l'air, la chaleur et l'humidité. Le local (fig. 249) qui recevra les fruits devra donc satisfaire aux trois conditions suivantes :

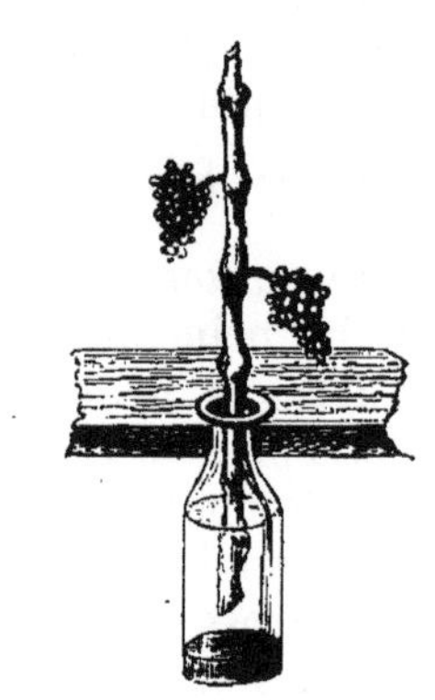

FIG. 248. — Sarment de vigne, portant deux grappes de raisin, et plongé par son extrémité dans un flacon contenant de l'eau.

1° *Son atmosphère ne doit pas être renouvelée.* — Cette condition est réalisée en fermant toutes les ouvertures avec une double porte : on ferme la première avant d'ouvrir la seconde. Pendant la fermentation, il se dégage de l'acide carbonique qui jouit comme on sait de propriétés asphyxiantes. On est assuré qu'il n'existe pas en quantité suffisante pour être dangereux, lorsqu'une bougie s'y conserve allumée; dans le cas où la flamme viendrait à s'éteindre, on renouvelle l'atmosphère en tenant les portes légèrement ouvertes pendant quelque temps.

2° *La température devra être maintenue entre* + 6° et + 8° *centigrades.* — Une température trop basse empêcherait toute fermentation, et la qualité des fruits ne s'améliorerait pas. Nous ajouterons que la température doit rester *constante*, autrement la substance du fruit éprouverait des contractions et des dilatations successives qui accélèrent la fermentation.

3° *L'atmosphère sera plutôt sèche qu'humide.* — Pour

maintenir la fruiterie suffisamment sèche on place dans un vase de zinc (fig. 250) un sel déliquescent, du chlorure de calcium. Le chlorure dissous s'écoule dans un vase inférieur fermé afin que la vapeur d'eau ne s'échappe pas de nouveau dans l'atmosphère. Ce liquide est conservé ; par évaporation, on en retire le sel qui peut être employé de nouveau.

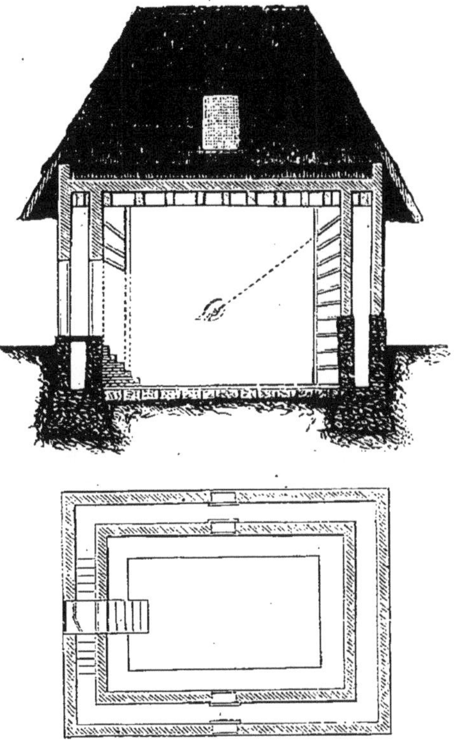

FIG. 249. — Coupe verticale et plan d'un fruitier.

La chaux absorbe également l'humidité, mais elle a le grave inconvénient d'absorber l'acide carbonique, lequel favorise la conservation des fruits. Il faut veiller à ce que la dessiccation de l'atmosphère ne soit pas poussée trop loin, car les fruits se rideraient et perdraient une partie de leur valeur. On a soin d'enlever le chlorure de calcium quand cette circonstance se produit.

L'absence de lumière est également nécessaire, car l'éclairement accélère la fermentation.

Fig. 250. — Entonnoir en zinc à bords très élargis, où l'on dépose le chlorure de calcium; en dessous on voit le vase qui reçoit le chlorure dissous.

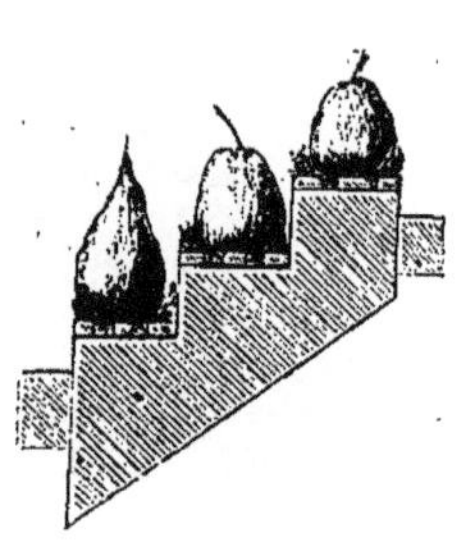

Fig. 251. — Tablette inclinée dont les gradins larges de 0m,15 sont formés de trois lattes non jointives.

Dans les exploitations de peu d'importance, un cellier bien sain peut servir de fruiterie; quand on récolte beaucoup de fruits, il est indispensable de construire un bâtiment spécialement destiné à leur conservation. Pour l'emplacement, on choisira un terrain sec exposé au nord, et assez élevé pour que l'eau s'en écoule facilement. Le sol sera planchéié et situé à 1 mètre au-dessous du terrain extérieur. Les murs seront construits en pierre jusqu'au-dessus du sol extérieur et parfaitement cimentés; pour la partie supérieure on emploiera du pisé ou des briques creuses (matériaux mauvais conducteurs de la chaleur). Afin de maintenir à l'intérieur une température constante on entoure le local de deux enceintes espacées de 0m,50 qui emprisonnent une couche d'air mauvaise conductrice. Le plafond est formé de pisé d'une épaisseur de 0m,30 environ; enfin on emploie du chaume pour la couverture. Les ouvertures seront pratiquées à 1m,50 au-dessus du sol, et fermées avec des volets doubles qui s'ouvrent, les uns en dehors et les autres en dedans. L'enceinte extérieure est munie d'une double porte : l'extérieure s'ouvre en dehors, et l'intérieure, qui se replie en deux, s'ouvre en dedans. La porte du mur intérieur est simple.

L'intérieur de la fruiterie est disposé comme il suit : à partir de $0^m,50$ du sol jusqu'au plafond, les murs sont garnis de tablettes larges de $0^m,50$ et distantes de $0^m,30$ environ. Elles sont formées de lattes non jointives larges de $0^m,04$; jusqu'à $1^m,50$ du sol, les tablettes sont horizontales ; les autres sont d'autant plus inclinées qu'elles se trouvent situées à une plus grande hauteur. Ces dernières, disposées en gradins (fig. 251) permettent d'apercevoir tous les fruits d'un seul coup d'œil. Au centre de la fruiterie, on peut disposer des tablettes doubles semblables aux précédentes. La fruiterie est visitée fréquemment, afin d'enlever les fruits qui commencent à s'altérer, et de s'assurer qu'elle se trouve dans de bonnes conditions de température et d'humidité.

2° *Conservation des fruits secs.* — Les fruits secs les plus importants sont ceux des céréales ; trouver le moyen de les conserver pendant un temps assez long, c'est prévenir les disettes, qui sont funestes également au producteur et au consommateur. Dans les pays du Nord, le grain est emmagasiné dans des greniers à l'abri des rongeurs. De temps en temps, on le déplace (pelletage) pour faire disparaître l'humidité qui l'imprègne, et empêcher les insectes de s'y multiplier. Dans le Midi, on procède plus simplement : le grain est déposé dans des silos ; ainsi abandonné à lui-même, il peut se conserver pendant un grand nombre d'années.

Les graines respirent ; elles absorbent de l'oxygène et dégagent de l'acide carbonique ; tout l'acide dégagé n'est pas seulement fourni par la respiration ; il provient aussi d'une véritable combustion de la substance des graines. L'air, la chaleur et l'humidité augmentent l'intensité de ces deux phénomènes de destruction, qui sont l'un d'ordre physiologique et l'autre d'ordre chimique ; mais c'est l'humidité qui joue le rôle le plus important ; lorsqu'elle est en excès, elle provoque la germination et la pourriture des graines.

Dans les petites exploitations, où les grains sont consommés ou vendus pendant l'année qui suit leur récolte, l'ancien procédé de conservation peut être adopté sans grands inconvénients ; il n'en est plus de même lorsqu'on possède une quantité considérable de grains qui doivent rester en magasin pendant un temps assez long ; outre que l'opération du pelletage devient alors très dispendieuse, les pertes dues à la respiration et à la combustion des graines accélérées par suite du renouvellement de l'air, sont loin d'être négligeables. De l'avoine conservée en sacs pendant trente mois a perdu en poids 7,2 pour 100 (1) de plus qu'une avoine de même nature conservée dans un silo ; la perte porte principalement sur l'amidon (6 pour 100) et sur les matières azotées, c'est-à-dire sur la partie la plus précieuse du grain. Dans les pays chauds, le grain et le sol étant suffisamment secs, on construit un silo sans grande précaution ; dans les pays tempérés et dans les pays froids, au contraire, il faut : 1° dessécher le grain, qui renferme presque toujours trop d'eau ; 2° entourer le silo, construit en tôle ou en ciment, soit de matières mauvaises conductrices de la chaleur, soit d'une double enveloppe qui emprisonne de l'air et maintienne le récipient sur toute sa longueur à une température constante. Si les parois du silo se trouvaient à des températures différentes, les points refroidis deviendraient autant de foyers d'altération, car la vapeur d'eau contenue dans l'atmosphère intérieure s'y condenserait comme cela se produit sur nos vitres pendant l'hiver ; 3° le silo devra être maintenu fermé ; l'acide carbonique qui se dégage de la masse, asphyxie les insectes qui peuvent s'y rencontrer.

Conservation des graines de Conifères. — Les cônes sont déposés dans un lieu sec et abandonnés pendant quelque temps. A l'époque des semis, ils sont déposés dans un séchoir maintenu à la température de 40 à 45 degrés centigrades. Les graines qui peuvent être alors extraites avec facilité, sont placées dans un sac que l'on agite vivement de manière à

(1) A. Muntz, *Annales de l'Institut national agronomique*, 1er fascicule, 1881

briser l'aile membraneuse qui les entoure. Cette opération est nuisible à la vitalité des graines, mais elle en facilite le transport. Dans le Midi, il faut préférer la chaleur naturelle à la chaleur artificielle pour l'extraction des graines.

CHAPITRE III

GRAINE

La graine est l'ovule fécondé et capable de reproduire par la germination une plante semblable à celle qui lui a donné naissance.

§ 1. **Structure de la graine.** — La graine se compose : 1° d'une enveloppe appelée *épisperme;* 2° d'une *amande* qui en est la partie fondamentale.

1° ÉPISPERME. — L'épisperme (de ἐπί, sur, σπέρμα, graine) est ordinairement formé de deux téguments qui sont en partant de l'extérieur : le *testa* (*testa*, coquille), et le *tegmen;* ils dérivent tous les deux des téguments de l'ovule. Le tegmen est une membrane mince de peu d'importance. Le testa, au contraire, donne à la graine son apparence. Il est tantôt lisse, comme dans le colza, tantôt il est couvert de sillons, de proéminences, de poils plus ou moins développés. Le coton provient de poils soyeux qui recouvrent le testa du cotonnier, arbrisseau de la même famille que les mauves.

Le testa porte toujours la cicatrice correspondant au point d'attache du funicule avec l'ovule et qu'on désigne sous le nom de *hile;* celui-ci est très apparent dans le haricot, et surtout dans le fruit du marronnier d'Inde.

Les graines sont parfois recouvertes d'expansions d'étendue variable; on donne à ces productions le nom d'*arilles;* elles émanent du placenta; on les désigne sous le nom d'*arillodes*, lorsqu'elles proviennent des téguments propres de la graine. L'enveloppe supplémentaire d'une belle couleur rouge observée dans le fusain (*Evonymus*) est un arille.

2° Amande. — L'amande contient l'*embryon* qui représente une plante en miniature formée, comme nous le savons déjà, de la *radicule*, de la *tigelle*, de la *gemmule* et des *cotylédons*. Libre dans les Dicotylédones, la radicule est emprisonnée chez les Monocotylédones sous une membrane nommée *coléorhize* (de κολεὸς, étui, ῥίζα, racine), qu'elle est obligée de déchirer pour pénétrer dans le sol. Dans le haricot (fig. 252), le pépin de pomme (fig. 253),

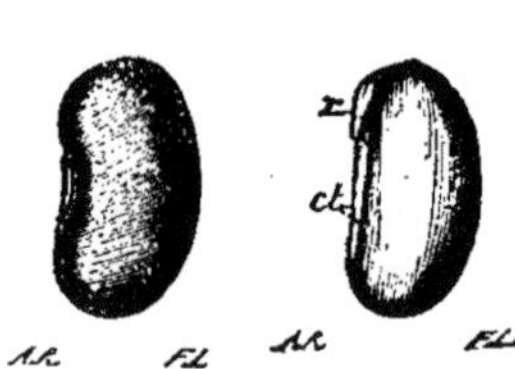

Fig. 252. — A, graine entière de haricot; B, la même dépouillée de son tégument; *ct*, les deux cotylédons; *r*, radicule.

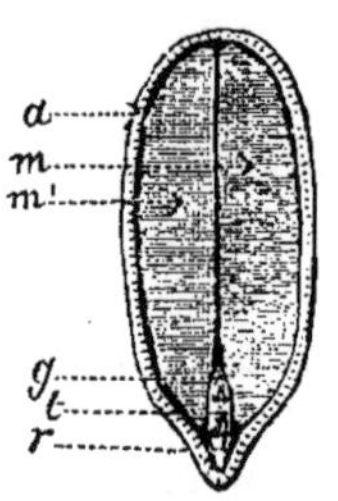

Fig. 253. — Coupe longitudinale d'un pépin de pomme. — *a*, testa et tegment; *m*, *m'*, cotylédons; *r*, radicule; *t*, tigelle; *g*, gemmule.

l'embryon forme toute l'amande de la graine; le plus souvent, il est accompagné d'un *albumen*, masse de tissu alimentaire destiné à nourrir la plantule pendant la germination (fig. 254).

L'albumen émane du sac embryonnaire, et rarement aussi du nucelle; quand le tissu solide de l'albumen n'occupe pas tout le sac embryonnaire, il reste au centre une partie du liquide qui, à l'origine, le remplissait tout entier. Dans les graines de cocotiers, ce liquide est appelé vulgairement: lait de coco.

A l'origine, toutes les graines renferment un albumen; mais il arrive que l'embryon, en se développant, le consomme en totalité ou en partie. Ce fait explique la proportion tellement variable du tissu albumineux dans les diverses graines.

La nature et la consistance de l'albumen varient d'une

graine à l'autre; parfois les parois de ses cellules restent minces et circonscrivent des cavités remplies de fécule (*albumen féculent*), comme dans le blé et les céréales alimentaires, ou d'huile (*albumen oléagineux*), comme dans le ricin.

Si l'épaisseur des parois cellulaires se développe considérablement aux dépens de la cavité intérieure, on obtient, suivant leur degré de consistance, des *albumens charnus* (épine-vinette) ou des *albumens cornés* (dattier).

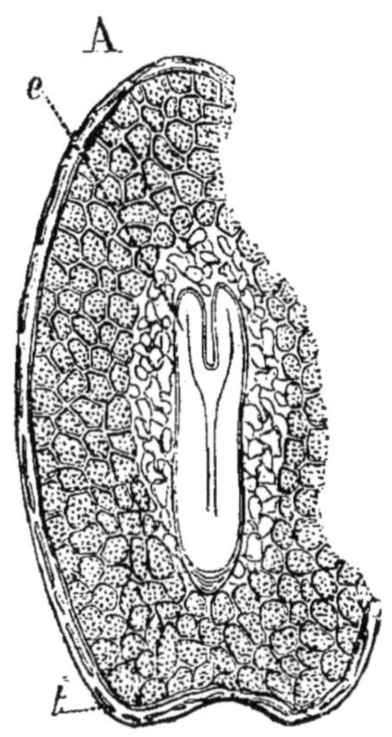

FIG. 254. — Coupe d'une graine de campanule montrant en *e* son embryon entouré d'un albumen. — *t*, testa.

Dans le commerce, on emploie pour la confection des boutons une substance blanche connue sous le nom de *corozo* ou d'*ivoire végétal;* le corozo est formé par l'albumen du *phytelephas* à gros fruits, arbre qui pousse au bord des cours d'eau de l'Amérique du Sud.

§ 2. Développement de la graine. — *Migration des matières organiques et minérales.* — Lorsqu'on suit le développement d'une graine, on la voit augmenter progressivement de volume. A cet accroissement, correspond un fait physiologique fort intéressant : les matières organiques et minérales accumulées dans la tige, dans les feuilles, émigrent en grande partie vers la graine, qui les emmagasine. Ce transport présente son maximum d'activité dans le dernier mois qui précède la maturation. Des expériences nombreuses de M. Isidore Pierre ont montré que pendant ce court intervalle de temps, les tiges et les feuilles du blé, par exemple, perdent, au profit de l'épi, les deux tiers de leur azote.

CONSÉQUENCE PRATIQUE. — *Récolte des plantes fourra-*

gères. — Les graines épuisant la tige et les feuilles qui forment la base des fourrages, ces derniers doivent donc être récoltés à l'époque où les plantes fleurissent ou peu de temps après ; un faible retard suffit pour que certaines graines arrivent à maturité, et comme elles tombent sur le sol pendant la fenaison, le foin récolté perd une grande partie de sa valeur nutritive ; il présente, en outre, l'inconvénient d'être plus dur et plus difficile à triturer par les animaux. Le seigle d'hiver, par exemple, coupé comme fourrage, contient en moyenne 9,8 pour 100 de matières azotées, tandis que, parvenu à sa maturité (abstraction faite des graines qui, nous l'avons déjà dit, se perdent presque toujours par suite des manipulations auxquelles on soumet les fourrages), il en contient environ 2 pour 100.

§ 10. **Maturation des graines.** — A l'approche de la maturité, le *funicule* se dessèche progressivement et empêche la sève d'arriver jusqu'à la graine. Celle-ci laisse échapper une partie de l'eau qu'elle contient et diminue de volume. En même temps, son tissu se consolide et change de couleur ; vert à l'origine, il devient généralement blanc.

Comme on le voit, la graine se suffit à elle-même lorsqu'elle est sur le point de mûrir ; la plante ne lui apporte plus de matières nutritives : elle lui sert simplement de support.

Application. — *Époque des moissons.* — Les cultivateurs attendent presque toujours que les graines des céréales soient complètement mûres pour en faire la récolte ; ils perdent ainsi bien souvent un temps extrêmement précieux. On doit toujours commencer la moisson de bonne heure, lorsque le temps est favorable ; les gerbes mises en moyettes mûrissent aussi bien leurs épis que si les chaumes étaient encore fixés au sol.

On objecte que cette pratique, si elle n'a aucune influence sur le poids et sur la valeur alimentaire des graines, peut nuire à leur faculté germinative. Des expériences nombreuses ont montré que cette crainte n'est pas fondée ; la faculté germinative des graines précède toujours leur maturité.

CHAPITRE IV

MULTIPLICATION NATURELLE

Les espèces végétales se multiplient et se propagent le plus souvent par les graines qu'elles produisent, mais beaucoup de ces dernières disparaissent avant d'avoir rencontré des conditions favorables à la germination; celles qui échappent à la dent des animaux et résistent à l'action destructive de la chaleur et de l'humidité sont en bien faible proportion. S'il en était autrement, quelques plantes suffiraient pour ensemencer, au bout de peu d'années, une contrée tout entière. On peut s'en convaincre facilement en comptant par exemple les graines si nombreuses renfermées dans les capsules du pavot ou les samares que produit annuellement un pied d'érable. Il est curieux de noter que les plantes les plus fécondes, sont aussi celles dont les graines rencontrent le plus de chances de destruction. Il s'agit ici, bien entendu, des graines de plantes spontanées abandonnées à elles-mêmes, car les plantes cultivées trouvent dans l'homme un protecteur puissant qui écarte les causes de destruction dans toutes les circonstances où il peut utilement intervenir. Nous avons parlé précédemment des soins apportés dans la récolte et la conservation des graines, il nous faut les suivre maintenant jusqu'à la germination, ce qui nous ramènera au point où nous avons commencé nos études.

§ 1. **Semis.** — *Choix des graines.* — Nous savons qu'une graine se compose de deux parties : 1° d'un magasin de matières nutritives représenté soit par l'albumen, soit par les cotylédons ; 2° d'un germe appelé embryon.

Voyons à quoi se mesure la valeur respective de ces deux parties :

1° *Réserve nutritive.* — Sa valeur est proportionnelle à son poids ; ainsi quand on possède un échantillon de graines bien semblables entre elles, il suffit de les peser; si, par hasard, l'échantillon n'est pas homogène, on peut, pour quelques espèces, jeter les graines dans l'eau : celles qui surnagent sont mauvaises. Il est bien entendu que nous nous occupons ici des graines conservées dans de bonnes conditions, car en les abandonnant par exemple pendant quelque temps dans un local humide, elles pourraient augmenter de poids, alors que leur valeur, comme semence, n'aurait pas changé ou même se trouverait amoindrie.

Il ne suffit pas, dira-t-on, de rechercher le poids de la réserve nutritive contenue dans les graines, la qualité n'est pas moins importante à considérer que la quantité. Nous répondrons que toute altération des substances nutritives entraîne celle de l'embryon, dont nous devons maintenant apprécier la valeur.

2° *Embryon.* — L'embryon doit être *vivant* et *bien contitué;* en faisant germer la graine, on s'assure qu'il satisfait à ces deux conditions. Lorsqu'on veut faire l'essai d'une grande quantité de graines, on prélève un premier échantillon qui représente exactement la valeur moyenne de l'ensemble; pour les faire germer, on procède de la manière suivante : dans un vase quelconque à moitié rempli d'eau ordinaire on place une feuille de liège ou de bois entourée de papier buvard, et sur ce papier humide on dépose les graines à essayer. Le tout est placé dans une serre ou dans un cellier; en maintenant ce petit germoir entre 10 et 15 degrés centigrades, on est promptement renseigné sur la proportion de graines douées de leur faculté germinative.

Les marchands de graines teignent quelquefois les graines noires d'épicéa, qu'ils vendent ensuite pour des graines de pin sylvestre, lesquelles sont rougeâtres. Cette fraude se reconnaît aisément dès la germination des graines : le pin sylvestre possède une tigelle rougeâtre et six feuilles séminales, tandis que la tigelle de l'épicéa, qui est jaunâtre, porte neuf feuilles séminales.

Les plantes bisannuelles, betteraves, carottes, etc., fructifient quelquefois dès leur première année; mais alors les racines qui représentent la partie vraiment utile, n'acquièrent que de faibles dimensions; leurs graines doivent être entièrement rejetées, car elles donneraient aussi naissance à des pieds dont la fructification serait anticipée.

En général, chaque plante reproduit les formes et les habitudes de ses ascendants. Si donc on en remarque une qui se distingue soit par son volume, sa richesse en sucre, en amidon, etc., ou toute autre qualité utile à fixer, on recueille ses graines avec soin pour les semer à part; dans les récoltes, on fait encore un choix pour effectuer de nouveaux semis et l'on continue de procéder ainsi jusqu'à ce que le caractère que l'on s'efforce de développer, semble rester stationnaire.

C'est par un choix judicieux et persévérant des graines et des porte-graines, c'est par *sélection*, que les agriculteurs sont parvenus à créer pour chaque espèce cultivée ces nombreuses *variétés* recommandables à tel ou tel égard.

Époque des semis. — On sème au printemps les plantes annuelles dont l'évolution dure environ six mois. Les maraîchers qui désirent obtenir des primeurs, les sèment quelquefois en hiver sur couches chaudes et sous châssis.

Les plantes annuelles, bisannuelles ou vivaces qui peuvent résister aux froids de l'hiver, se sèment à l'automne. Toutefois, dans les terres humides et exposées aux fortes gelées de l'hiver, il faut toujours donner la préférence aux semis de printemps.

Quantité de semence à employer. — Elle varie nécessairement avec chaque espèce de graine; on peut dire cependant que pour une même plante, elle est d'autant moindre que le sol est plus fertile et l'époque des semis plus favorable.

Profondeur des semis. — La profondeur à laquelle on enterre les graines, varie avec la nature du terrain, le climat et la grosseur des graines; c'est la question d'humidité qui doit guider dans cette opération.

Dans les terrains légers, exposés à la sécheresse, on enfouit les graines plus profondément que dans les terrains compacts et humides. Dans le Midi elles sont plus enterrées que dans le Nord.

Les grosses graines ont besoin de beaucoup d'eau pour ramollir leur tégument : aussi enfouit-on, par exemple, les châtaignes, les noix, à six, sept centimètres de profondeur, tandis que les petites graines du pavot, de l'aune, du bouleau sont à peine recouvertes de terre.

Divers procédés de semis. — On peut les diviser en trois catégories : 1° les *semis en place;* 2° les *semis en pépinière;* 3° les *semis stratifiés.*

1° *Semis en place.* — Les plantes doivent accomplir toute leur végétation au point où la graine a été semée ; on les pratique soit à la volée, soit en lignes, soit en poquets.

Nous n'insisterons pas sur la pratique de ces semis, qui est du ressort de l'agriculture proprement dite.

2° *Semis en pépinière.* — Les graines sont semées en grand nombre sur un espace limité, et déplantées pour être ensuite mises en place, d'une manière définitive.

On sème en pépinière principalement les plantes délicates qui pendant leur jeune âge sont exigeantes au point de vue du sol et surtout de la température.

Les semis en place doivent être préférés quand cela est possible, aux semis en pépinière, car les jeunes plants n'ont pas à redouter la transplantation qui retarde leur croissance et surtout diminue leur vitalité ; dans les forêts, on ne doit planter de jeunes arbres que dans les sols dénudés ou accidentés, qui ne pourraient fournir aux brins de semence l'abri dont ils ont besoin.

3° *Semis stratifiés.* — C'est une sorte de semis provisoire employé : 1° pour les graines qui sont entourées d'un noyau dur et osseux, et qui germent très lentement (noyaux de pêche, amandes, etc.) ; 2° pour celles qui perdent leur faculté germinative si on ne les sème dès leur maturité (glands, châtaignes, marrons, etc.). La stratification met les graines précédentes à l'abri des attaques des rongeurs et des influences climatériques défavorables ; ce mode de semis est surtout précieux en ce qu'il permet de déposer dans le sol des graines qui entrent immédiatement en activité, au lieu d'y rester inertes souvent pendant plusieurs années.

Les graines qui sont entourées d'un péricarpe charnu doivent en être débarrassées avant la stratification : les fruits étant abandonnés à eux-mêmes, le péricarpe entre en fermentation, et par un lavage énergique, on sépare les graines de la pulpe. En Normandie, les marcs des pommes employées à la fabrication du cidre, sont déposés dans un lieu sec, et par un criblage on en extrait les pépins.

Les graines ainsi préparées sont mélangées avec du sable fin ou de la terre légère, plutôt sèche qu'humide ; en plein air, sur un sol légèrement élevé on en forme un tas conique (fig. 255) qui est recouvert d'une couche de terre d'environ

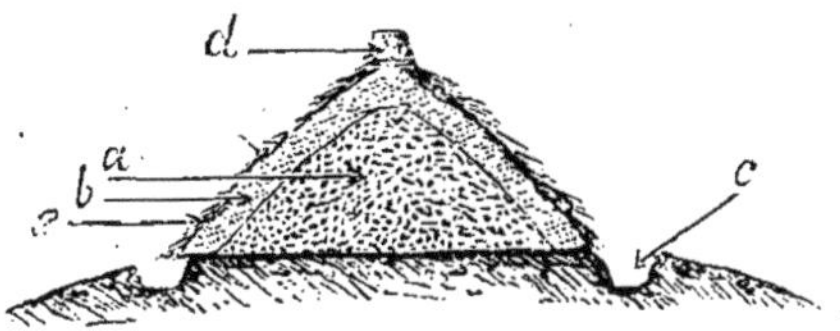

Fig. 255. — Tas de graines stratifiées. — *a*, graines mélangées de sable ; *b*, couverture de terre ; *c*, couche de paille ; *d*, pot de terre renversé ; *e*, rigole circulaire.

0m,50 d'épaisseur; par-dessus, on applique une légère couche de paille ; au sommet du monticule on renverse un pot de terre, qui retient les brins de paille et empêche l'eau de pénétrer à leur point de jonction; enfin autour de cette butte on creuse un fossé circulaire. Toutes ces précautions empêchent l'eau de pluie et la gelée de pénétrer jusqu'aux graines.

Si l'on n'a que peu de graines à stratifier, on les place, après les avoir mélangées avec du sable, dans un pot enterré de telle sorte que ses bords affleurent exactement au niveau du sol : on recouvre ensuite de terre et de paille comme précédemment.

Quand on pratique des semis stratifiés dans une serre, un cellier où la température est élevée, les graines de quelques espèces germent rapidement, et l'on est obligé de les mettre en place d'une manière définitive avant la fin des gelées de printemps qui peuvent les détruire complètement.

Les amandes, les noix développent parfois leur radicule pendant la stratification. Au moment de les mettre en place, on en coupe l'extrémité avec les ongles, afin d'obtenir un plant pourvu d'une racine ramifiée et non pivotante.

CHAPITRE V

HERBORISATIONS

On donne le nom d'herborisations à des excursions qui ont pour but la récolte des plantes spontanées. Elles sont le complément nécessaire d'un cours de botanique théorique, car

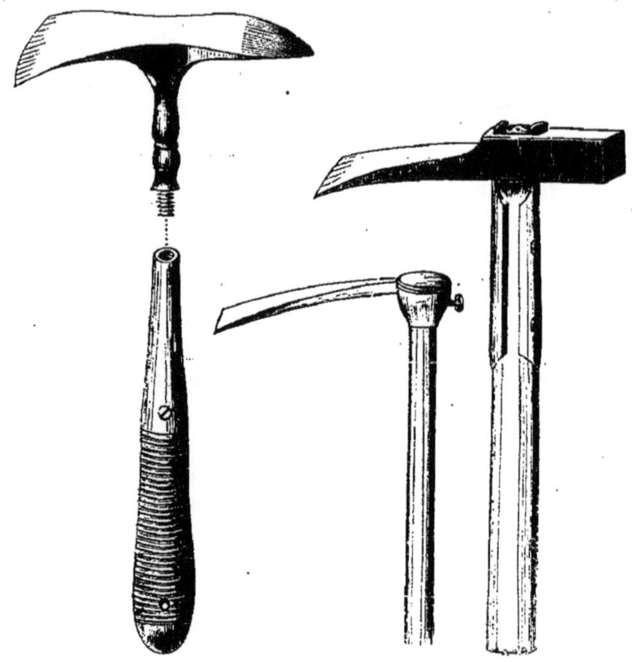

Fig. 256. — Modèles de pioches pour herborisations.

les figures, même les plus parfaites, ne sauraient rendre complètement la physionomie propre, le faciès d'un végétal. Les plantes à étudier sont recueillies pour en former une collection qu'on désigne sous le nom d'*herbier*.

Le botaniste qui herborise, doit se munir : 1° d'un ouvrage

peu volumineux sur la flore locale lui permettant de déter-

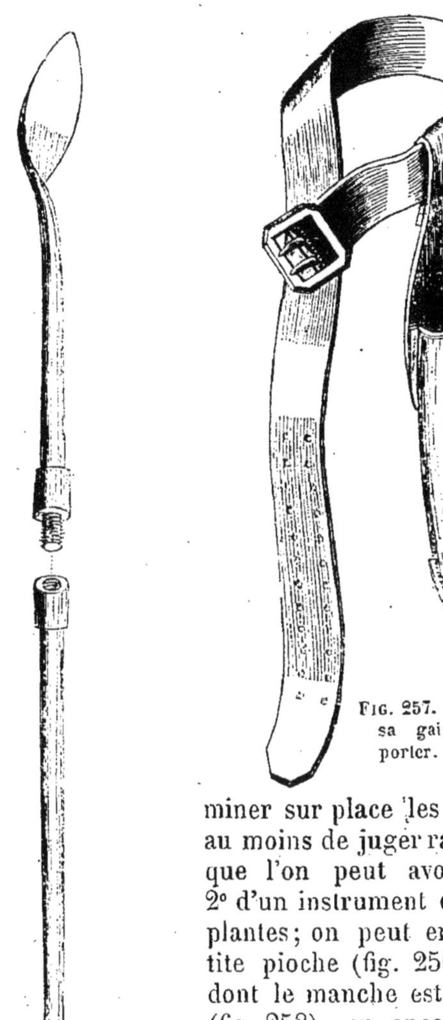

FIG. 257. — Couteau à lame épaisse, sa gaine, et la ceinture pour le porter.

FIG. 258. — Hachette et houlette se vissant l'une à l'autre.

miner sur place les espèces récoltées, ou au moins de juger rapidement de l'intérêt que l'on peut avoir à les recueillir; 2° d'un instrument destiné à arracher les plantes; on peut employer soit une petite pioche (fig. 256), soit une hachette dont le manche est muni d'une houlette (fig. 258), ou encore un couteau à lame épaisse et résistante (fig. 257) (1);

(1) Le *Guide du botaniste herborisant*, par M. B. Verlot, donne la description complète de ces

3° d'une boîte en fer-blanc, peinte en vert, formée d'un cylindre aplati de $0^m,60$ de long environ, et divisée en deux compartiments inégaux; le plus petit est destiné aux plantes délicates et de faibles dimensions; une courroie permet de la porter en bandoulière (fig. 259).

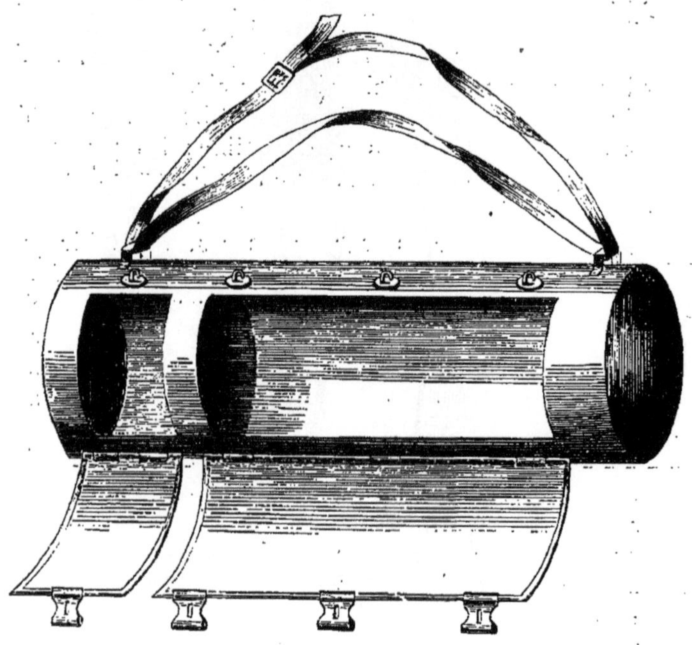

FIG. 259. — Boîte à herboriser.

Les plantes sont placées dans cette boîte immédiatement après la récolte; de temps en temps, on les asperge de quelques gouttes d'eau, afin qu'elles se conservent fraîches au moins pendant une journée. Quelques-unes se flétrissent presque immédiatement : nous citerons par exemple la plupart des plantes aquatiques, telles que certains potamogétons, la renoncule fluviatile, etc.; les lins, les Graminées, etc.,

divers instruments et des détails très complets sur les herborisations (Librairie J.-B. Baillière et fils, rue Hautefeuille, 19).

perdent très vite leurs pétales; il est bon, lorsqu'on suppose rencontrer beaucoup de ces dernières plantes, de remplacer la boîte à herborisation par un cartable dont les feuilles collées et résistantes sont séparées par d'épais onglets. Lorsque les échantillons sont appliqués sur les feuilles, on le serre fortement à l'aide de courroies à boucles.

Il est plus simple encore d'étaler les plantes récoltées sur des feuilles de papier gris non collé qu'on presse ensuite entre deux forts cartons à l'aide de courroies.

Choix des échantillons. — Les échantillons d'un herbier doivent être aussi complets que possible; les plantes de petites dimensions sont conservées en entier avec des fleurs et des fruits.

On se contente, pour les grandes espèces, de cueillir quelques rameaux portant des feuilles, des fleurs et des fruits. Beaucoup de personnes récoltent seulement les sommités fleuries : c'est un tort, car beaucoup de plantes se différencient de leurs congénères, soit par leurs racines (campanule raiponce), soit par la forme des feuilles radicales (campanule à feuilles rondes).

Préparation des plantes. — Les plantes sont placées, aussitôt qu'on le peut, chacune dans une feuille double de papier non collé, en évitant que les diverses parties se recouvrent mutuellement; quand les échantillons ont de faibles dimensions, on peut en appliquer plusieurs sur une même feuille; il faut enlever une partie de la substance des tiges trop épaisses et des bulbes; ces derniers qui resteraient longtemps vivants, sont préalablement plongés dans l'eau bouillante pendant quelques minutes.

On applique un coussin de papier non collé sur chaque échantillon; on forme ensuite un paquet qu'on presse entre deux planches; la plante cède au papier l'eau qu'elle renferme; au lieu de remplacer ce dernier dès qu'il est humide, on se contente chaque jour de l'étaler, avec les plantes qu'il renferme, sur le parquet, sur les meubles, etc.; au bout de quelques heures, on le presse de nouveau; si la température est peu élevée, il est nécessaire de prolonger la durée de l'exposition à l'air.

Herbier. — Les plantes sèches sont fixées sur des feuilles simples de papier bulle (papier gris clair) de $0^m,44$ de hau-

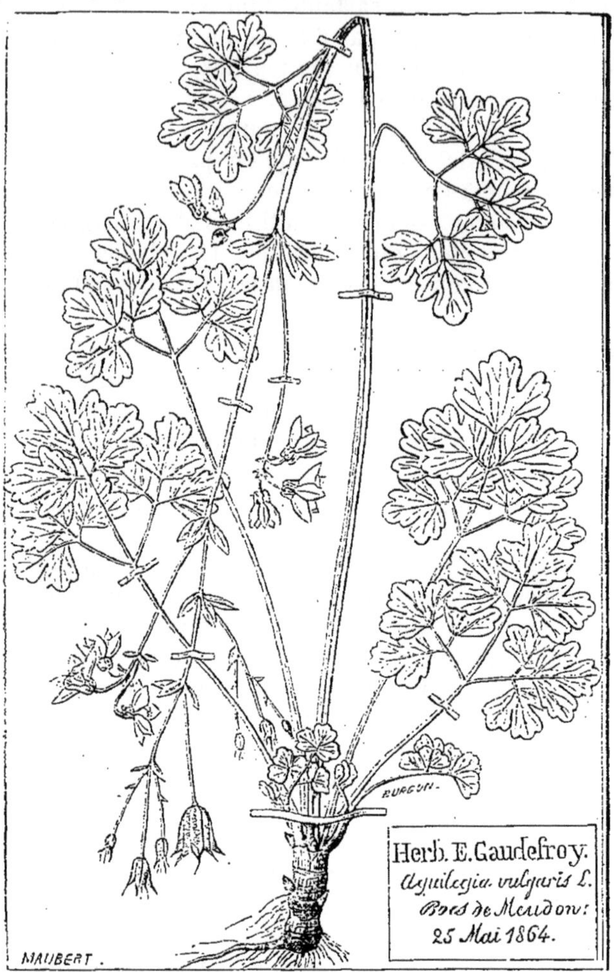

FIG. 260. — Plante sèche fixée sur une page de l'herbier.

teur sur $0^m,26$ de largeur, à l'aide de papier gommé large de quelques millimètres (fig. 260).

Chaque échantillon est accompagné d'une étiquette indiquant le nom du possesseur de l'herbier, la famille, le nom scientifique et le nom vulgaire de la plante, le lieu et l'époque de sa récolte, quelques observations sur sa valeur agricole, sur la nature du sol où elle se développe, etc.

On pourra adopter les modèles suivants :

HERBIER. — ANSIAU

Graminées

Anthoxanthum odoratum (Flouve odorante).

Récoltée le 20 mai 1881.
Prairies de Wargnies-le-Petit (Nord).
Cette plante produit peu, mais elle parfume le foin.

HERBIER. — SAUVAGE

Polygonées

Rumex acetosella (Petite oseille).

Récoltée aux environs de Chaumont le 6 juillet 1881.
Plante des sols calcaires; insignifiante.

Conservation de l'herbier. — Les herbiers doivent être conservés dans un endroit sec ; à l'humidité, les plantes ne tarderaient pas à se couvrir de champignons. Pour éloigner les insectes, on dépose entre les feuilles un peu de coton imbibé d'acide phénique ou de benzine.

Les herbes des prairies sont, de toutes les plantes spontanées, les plus utiles à connaître au point de vue agricole. Pour ce motif, nous donnons le résumé d'un mémoire publié par M. Boitel sur les prairies irriguées des Vosges, qui fournissent un foin d'excellente qualité. Sous une forme précise, on trouvera dans les tableaux suivants et les observations succinctes qui les accompagnent une foule de renseignements du plus haut intérêt (1).

Tableau général de la végétation spontanée des prairies dans les Vosges.

1re catégorie. — GRAMINÉES.

Nos d'ordre.	NOMS des espèces.	PROPORTION relative des espèces rencontrées.	OBSERVATIONS.
1.	Agrostide commune.	16	C'est l'espèce la plus répandue et non la meilleure. Elle est trop tardive et trop envahissante.
2.	Houlque laineuse...	15	Bonne plante comme précocité et comme abondance.
3.	Crételle...........	12	Fine, précoce, mais rend peu de foin.
4.	Flouve odorante. ..	11	Fine, précoce, parfume le foin, mais en donne peu.
5.	Dactyle pelotonné..	10	Bonne plante, précoce, donne un foin très abondant.
6.	Fétuque des prés...	9	Assez bonne, moins estimable que la houlque et le dactyle.
7.	Fétuque durette...	9	Moins bonne que la fétuque des prés.
8.	Ray-grass vivace...	8	Précoce, bonne plante pour l'abondance de son foin.
9.	Fromental.........	8	Précoce, très bonne plante, c'est elle qui rend le plus de foin.
10.	Pâturin commun...	8	Précoce, très fin et donnant un foin de première qualité, abondance moyenne.
11.	Fléole.............	7.	Tardive, bonne plante, mais s'accordant mal avec les espèces précoces.
12.	Brize......... ...	7	Très fine, mais rendant peu de foin.
13.	Avoine jaunâtre....	6	Très fine, rendement assez bon, préfère les terres calcaires.
14.	Vulpin des prés....	4	Bonne plante, jamais dominante, et se défendant mal contre les autres espèces.
15.	Phalaris coloré.....	4	Très forte plante, mauvaise pour le foin, pousse dans l'eau.
16.	Avoine des prés...	3	Bonne plante, rare dans les Vosges.
17.	Brome mou.......	3	Plante grossière, bisannuelle, peu recommandable.
198	Fétuque blanche...	1	Plante rare, inutile à propager.
19.	Orge des prés.....	1	Plante rare, inutile à propager.

(1) Prairies et irrigations des Vosges, par M. Boitel (*Annales agronomiques*, 1er fascicule, avril 1881).

20.	Manne de Pologne.	1	Recherchée du bétail, mais ne pousse bien que dans l'eau.
21.	Kœleria cristata...	1	Rare et inutile à propager.
22.	Canche gazonnante.	1	Plante dure des terres de bruyère, refusée par le bétail.
23.	Molinie bleue......	1	Mêmes défauts et même habitat que la précédente.
24.	Festuca myuros....	1	Rare et, n'a aucun mérite comme plante fourragère.

Les plus estimables sont :

La houlque laineuse................	Précocité et abondance de foin.
Le dactyle pelotonné...............	
Le fromental.......................	
Le pâturin.........................	

Puis ensuite, par ordre de mérite :

Ray-grass..........................	Donnent finesse au foin et parfum.
Flouve odorante....................	
Crételle...........................	
Avoine jaunâtre....................	
Brize..............................	
Agrostide..........................	N'est pas à multiplier. Trop tardive et trop gênante pour les autres espèces. Foin peu recherché par les animaux.
Fléole.............................	Plante tardive, peu abondante dans les Vosges.
Vulpin.............................	Peu abondant dans les Vosges.

Les autres ne valent pas la peine d'être propagées dans les prairies.

Les trois dernières sont mauvaises, et ne croissent que dans les prairies de mauvaise qualité.

2e catégorie. — LÉGUMINEUSES.

Nos d'ordre.	NOMS des espèces.	PROPORTION relative des espèces rencontrées.	OBSERVATIONS.
1.	Trèfle des prés....	11	Donne de la qualité au foin quand il est abondant.
2.	Trèfle blanc.......	10	Espèce excellente, fournit moins que le trèfle des prés.

3.	Petit trèfle jaune...	10	Le plus fin des quatre trèfles, très utile comme fond de pré.
4.	Lotier..............	8	Donne un bon fourrage et assez abondant.
5.	Minette...........	3	Annuelle, se ressème tous les ans, assez rare, excellent fourrage.
6.	Trèfle hybride.....	1	Vient bien dans les terrains jurassiques, fourrage excellent et assez abondant.

Toutes ces légumineuses sont des plantes estimées ; elles donnent de la qualité au foin et ne sont jamais trop abondantes dans les prairies.

3e catégorie. — PLANTES DIVERSES.

Nos d'ordre.	NOMS des espèces.	PROPORTION relative des espèces rencontrées.	OBSERVATIONS.
1.	Berce.............	12	Ombellifère très grossière, nuisible quand il y en a trop.
2.	Patience..........	11	Grossière et mauvaise qu'on devrait extirper.
3.	Renoncule.........	10	Nuisible et mauvaise quand elle devient dominante.
4.	Fleur de coucou...	10	Assez fine et n'est pas mauvaise dans le foin.
5.	Jacée.............	9	Assez fine et ajoute de la qualité au foin.
6.	Chrysanthème.....	9	Plante assez grossière ne faisant pas de mauvais foin.
7.	Scabieuse.........	9	Joue le même rôle que la chrysanthème.
8.	Crête-de-coq.......	8	Plante parasite qui épuise les Graminées et qu'il faut détruire.
9.	Plantain...........	7	Bon pour les animaux en vert et en sec.
10.	Bistorte...........	5	Mauvaise Polygonée dont il faut empêcher la multiplication.
11.	Barkhausse........	5	Plante grossière supportable dans le foin.
12.	Campanules........	4	Bonnes espèces en vert et en sec.
13.	Colchique.........	4	Plante vénéneuse qui ne devrait pas être tolérée.
14.	Reine des prés...	4	Bonne plante pour le foin et le regain.
15.	Joncs.............	4	Mauvaises espèces qui déprécient la valeur du foin.
16.	Scorsonère........	4	Acceptable dans le foin.

17.	Salsifis...........	3	Acceptable dans le foin.
18.	Cerfeuil...........	3	N'est pas mauvais et parfume le foin.
19.	Sanguisorbe.......	3	Ne nuit pas à la qualité du foin.
20.	Cardamine.........	3	Sa présence n'est pas désirable, elle est mûre et desséchée avant le fauchage.
21.	Alchemille........	3	Contribue à la qualité du foin.
22.	Peucedane........	2	Ajoute à la qualité du foin.
23.	Pimprenelle.......	2	Fait de bon foin.
24.	Carex divers......	2	Aussi mauvais que les joncs, déprécient le foin.
25.	Arnica............	2	Ne nuit pas au foin.
26.	Hypochæride......	2	Ne nuit pas au foin.
27.	Valériane.........	2	N'est pas mauvaise dans le foin.
28.	Phyteuma.........	1	N'est pas mauvaise dans le foin.
29.	Petite renoncule...	1	Mauvaise comme toutes les renoncules.
30.	Carum carvi.......	1	Ombellifère qui ne nuit pas au foin.
31.	Géranium..........	1	Ne nuit pas à la qualité de l'herbe.
32.	Ail...............	1	Rare et insignifiant.
33.	Gaillet jaune.......	1	Plante fine et bonne pour le foin.
34.	Galium mollugo....	1	Même propriété que la précédente.
35.	Léontodon.........	1	Ne nuit pas au foin.
36.	Silène............	1	N'est pas mauvaise dans le foin.
37.	Pédiculaire........	1	Mauvaise plante à détruire.
38.	Silaüs............	1	Ombellifère de bonne qualité.
39.	Bruyères..........	1	Mauvaise dans le foin.
40.	Mousses...........	1	Nuisent aux autres plantes de la prairie.
41.	Angélique.........	1	Ombellifère grossière, à détruire.
42.	Populage..........	1	Plante vénéneuse qu'il faut extirper.
43.	Jacobée...........	1	Assez grossière, rare dans les prairies.
44.	Bétoine...........	1	Labiée qui ne nuit pas au foin.

Beaucoup d'autres plantes rares et peu développées, n'exerçant aucune influence, ont été passées sous silence.

C'est par les engrais appropriés, les irrigations et l'assainissement du sol, qu'on maintient la prédominance des Graminées et des Légumineuses, et qu'on renferme la production des plantes diverses dans les proportions voulues pour obtenir constamment un foin abondant et bien composé.

En résumant les observations et les pratiques qui résultent de l'examen des meilleures prairies du département des Vosges :

Pour les Graminées, les 14 premières sont de bonne qualité, sous la réserve pour l'agrostide de ne lui permettre jamais un rôle dominant.

Les plus estimables de ces 14 sont :

La houlque........................	Viennent dans tous les terrains, demandent au sol fraîcheur et fertilité.
Le dactyle........................	
Le fromental........................	
Le ray-grass........................	
Le pâturin........................	
La flouve........................	
L'avoine jaunâtre........................	

Pour les **Légumineuses**, il n'y en a jamais assez sur les sols calcaires ; on y joindra avec avantage :

Le sainfoin.
L'anthyllide vulnéraire.
Un peu de luzerne dans les foins de bonne qualité.

Quant aux plantes diverses, inutile d'en semer : on se contente de celles qui viennent spontanément, ayant soin d'arrêter le développement des plus mauvaises espèces.

CHAPITRE VI

GÉOGRAPHIE BOTANIQUE

La géographie botanique est l'étude de la distribution des végétaux à la surface du globe et des lois qui président à cette distribution.

La répartition des plantes est, comme celle des animaux, subordonnée à l'influence du sol, de l'air, de la lumière, de la chaleur, de l'humidité et de la concurrence vitale.

Influence du sol. — Le sol, envisagé comme nous devons le faire ici, sur toute l'étendue de notre globe, joue un rôle bien secondaire dans la distribution des végétaux ; à plus forte raison dans une contrée de peu d'étendue, où les conditions de chaleur, de lumière, etc., sont identiques ; à des différences dans la composition minéralogique du sol doivent correspondre des différences de végétation presque insignifiantes, aux yeux du botaniste, qui recherche simplement l'existence de telle ou telle plante ; pour le cultivateur, au contraire, qui se préoccupe seulement de leur valeur économique, elles ont une importance capitale.

Influence de l'air. — L'air, en tous les points du globe, présente la même composition chimique ; nous devons donc seulement avoir égard aux mouvements qui l'agitent, le considérer simplement comme un agent mécanique. Les contrées où règnent des vents violents, les îles, par exemple, sont pauvres en espèces ligneuses si on les compare aux régions abritées. La Norvège possède de magnifiques forêts ; l'Islande, battue par les vents, présente çà et là quelques arbres rabougris et déformés.

Influence de la chaleur, de la lumière et de l'humidité. — Ces trois agents dérivent d'une même source, le soleil ; ils varient tous les trois dans le même sens : les pays les plus chauds sont aussi les plus humides et, en général, les plus éclairés. Leur action étant simultanée, il est assez difficile de démêler la part exacte qui doit être attribuée à chacun d'eux. On s'est principalement attaché à préciser le rôle de la chaleur dont on peut mesurer facilement l'intensité. Il est presque inutile cependant d'étudier son action, abstraction faite de la lumière, qui joue un rôle capital dans les phénomènes végétatifs : on sait, par exemple, qu'à Madère, la vigne ne possède pas encore de bourgeons à une température où à Bordeaux elle est déjà feuillée.

Plusieurs savants ont supposé qu'il fallait à chaque plante, quelle que soit d'ailleurs la contrée où on l'examine, une somme déterminée de chaleur pour parcourir les diverses phases de sa végétation. Cette *constante thermique*, ils l'obtenaient en multipliant le nombre de jours de la période végétative par sa température moyenne. Les nombres obtenus pour une même plante observée en différents points du globe présentent des écarts assez considérables (1). L'existence

(1) Voici quelques nombres empruntés à M. Boussingault :

Alsace....................	Blé d'été......	131 jours	à 15°,8 temp. moy.	2069°.
	Blé d'automne.	137	15°	2055°.
Alais....................	id.	146	14°.4	2102°.
Paris....................	id.	160	13°,4	2144°.
Vénezuéla, Turmero......	id.	92	24°	2208°.
Vénézuéla, Truxillo......	id.	100	22°,3	2230°.

d'une constante thermique est surtout loin de se vérifier lorsque les plantes en expérience, cultivées au même endroit, sont soumises à des éclairements différents (1).

Dans les recherches précédentes, on faisait entrer dans la moyenne les températures au-dessus de zéro avec le signe + et celles au-dessous de zéro avec le signe —. Il faut bien remarquer que la graduation de nos thermomètres est toute de convention ; leur zéro ne correspond nullement à celui de la plante, c'est-à-dire au moment précis où elle sort de son état de torpeur; il varie pour chaque espèce végétale : telle plante vit exclusivement dans l'eau presque bouillante des geysers d'Islande, telle autre fleurit au milieu des neiges éternelles. Nous disons plus, il faudrait un zéro pour chaque fonction. Chacune d'elles réclame en effet une température spéciale pour s'accomplir régulièrement. Au lieu de comparer une plante à un thermomètre, il serait plus exact de l'assimiler à une machine à vapeur qui développe un travail utile entre certaines limites de pression, et dont le maximum de rendement correspond à une tension comprise entre ces limites.

Dans ces sortes de recherches, il est extrêmement difficile d'apprécier la durée de la végétation. Le grain de blé, le bourgeon d'un arbre ne se réveillent pas instantanément; ce travail est lent à se produire. La vigne pleure avant que les bourgeons s'épanouissent, et il n'est pas rare de voir une branche déjà feuillée au milieu d'autres complètement nues.

Répartition de la chaleur, de la lumière et de l'humidité.

La chaleur versée par le soleil à la surface du globe, et avec elle la lumière et l'humidité, décroissent avec l'obli-

Alsace.................	Orge d'été....	92	19°,1	1757°.
	Orge d'hiver..	122	14°	1708°.
Alais..................	id.	137	13°,1	1794°.
Égypte.................	id.	90	21°	1890°.
Kingston (Amér. du Nord)	id.	92	19°	1748°.
Santa-Fé-de-Bogota......	id.	122	14°,7	1793°.

(1) Les nombres suivants ont été obtenus par M. Alphonse de Candolle :

	Au soleil.	A l'ombre.
Ibéride amère (Iberis amara).................	1754°	2219°.
Nigelle cultivée (Nigella sativa)................	1896°	2434°.

quité de ses rayons, qui va en augmentant de l'équateur aux pôles.

Si la terre était parfaitement sphérique et homogène dans sa composition, tous les points situés à une même latitude jouiraient du même climat et posséderaient une semblable végétation; les lignes *isothermes*, c'est-à-dire d'égale température moyenne, seraient parallèles entre elles et parallèles aux lignes de latitude; en outre, elles se confondraient avec les lignes *isothères* (d'égale température estivale) et les lignes *isochimènes* (d'égale température hivernale).

L'eau et la terre se partagent inégalement le globe et modifient profondément la direction des lignes idéales que nous avons appelées *isothermes*, *isothères* et *isochimènes*, lignes qui sont loin d'être parallèles entre elles.

Le voisinage des mers atténue les froids de l'hiver et les chaleurs de l'été; les climats marins sont des climats constants; les lignes *isothères* s'abaissentau voisinage des mers, tandis que les lignes *isochimènes* s'y relèvent.

Les climats des continents sont dits excessifs, c'est-à-dire que les étés y sont chauds et les hivers rigoureux.

Le relief du sol altère aussi l'influence de la latitude. Sur les montagnes, la température décroît proportionnellement à la hauteur. Il faut s'élever de 180 mètres environ, au-dessus du niveau de la mer, pour qu'elle s'abaisse de un degré.

En gravissant une haute montagne située dans les régions tropicales, le Chimboraço, par exemple, dans la grande chaîne des Andes, on peut admirer successivement la végétation des divers pays du globe situés entre l'équateur et les pôles.

La connaissance des climats géographiques guide dans les essais d'acclimatation de plantes nouvelles ; elle présente pour l'agriculteur moins d'intérêt que l'étude des climats locaux, lesquels sont influencés par le relief d'une montagne, l'orientation des lieux, le voisinage d'un lac, d'une rivière, de terres boisées et la direction des vents dominants.

Aperçu général des différences de végétation causées par la diversité des climats.

On donne le nom de flore à l'ensemble des espèces végétales qui croissent dans une contrée. La flore d'un pays varie nécessairement lorsqu'on passe d'un climat à un autre.

§ 1. **Zone torride.** — La zone torride, comprise entre les tropiques, est exempte d'hiver; la végétation, suspendue ou ralentie pendant la saison chaude, reprend son activité pendant la saison des pluies; partout, elle se montre avec une puissance, une richesse, une variété dont il est difficile de se faire une idée exacte. C'est la patrie des palmiers, des musacées, des pipéracées, des broméliacées, de la canne à sucre, de l'ébénier, de l'indigotier, du baobab, des plantes à épices, etc. Des fougères arborescentes et des graminées ligneuses, telles que les bambous, qui atteignent parfois 20 à 30 mètres de haut, contribuent encore à donner à la végétation de cette contrée un cachet de merveilleuse grandeur.

§ 2. **Zones tempérées.** — Les zones tempérées sont les plus favorables à l'agriculture; comprises entre les tropiques et les cercles polaires, elles présentent, au point de vue du climat, des différences si tranchées, qu'il est nécessaire d'y considérer plusieurs zones secondaires. Nous nous occuperons seulement de la zone tempérée boréale, celle de l'hémisphère austral comprenant des régions moins étendues et d'un moindre intérêt pour nous.

1° *Zone juxtatropicale.* — Elle a pour limite au nord le 30e degré de latitude environ; une grande partie des États-Unis, le nord de l'Afrique, un petit nombre de points de l'Europe méridionale et de l'Asie centrale appartiennent à cette zone; on y trouve encore quelques palmiers; en Asie et dans le nord de l'Afrique, le dattier et le bananier, sont une précieuse ressource pour l'alimentation des habitants; on rencontre également dans cette zone le cotonnier, la canne à sucre, le blé, l'orge, le seigle et le maïs, etc.

2° *Zone tempérée chaude.*— Dans le midi de l'Europe occidentale, cette zone s'étend jusqu'au 45e degré de latitude. Ce que nous savons relativement à la distribution de la température nous fait prévoir que ses limites s'abaissent nécessairement à l'est de l'Europe et en Asie qui sont des régions continentales. On y rencontre encore un palmier indigène : le palmier nain. La végétation y est presque continue ; les espèces à feuilles caduques sont peu nombreuses. On distingue surtout l'olivier, le figuier, la vigne qui produit des vins liquoreux ; le grenadier, le jujubier, l'amandier, le pêcher, l'abricotier, le riz, le maïs, le sorgho, le blé, l'orge, le seigle, l'avoine, les fourrages légumineux.

3° *Zone tempérée froide.* — Au nord de l'Europe, elle s'étend jusqu'au 60e degré de latitude. C'est la plus intéressante au point de vue agricole ; on y cultive en grand les céréales (blé, seigle, orge, avoine), la pomme de terre, la betterave, les navets, le chanvre, le colza, le houblon, le tabac les prairies naturelles et artificielles. Dans les vergers ont trouve le pommier, le poirier, le prunier, le cerisier, l'abricotier, le pêcher. Ce dernier n'est plus guère cultivé qu'en espalier.

La vigne mûrit ses fruits en Hongrie, sur les bords du Rhin, en Bourgogne et en Champagne, où elle produit d'excellents vins de table. C'est dans la zone tempérée froide qu'on rencontre les forêts renfermant les essences les plus utiles : le chêne, le hêtre, le charme, l'orme, le frêne, le bouleau, l'aune, le coudrier, le peuplier, le saule, le pin, le sapin.

La France est située dans la zone tempérée. Sa situation, à la fois continentale et maritime, la configuration de son sol, produisent cette diversité de climats qui fait de notre pays le plus riche de l'Europe en végétaux utiles et agréables.

Dans la région du Sud ou méditerranéenne croissent l'oranger, le citronnier, le jujubier, le pistachier, le lentisque, le laurier-rose, le myrte, l'amandier, la vigne, cultivée dans les plaines, le mûrier, le chêne-liège, le chêne-yeuse, le chêne kermès, le pin d'Alep. Des Labiées (thym, romarin, lavande, menthe), du géranium, on extrait des parfums ; aux environs de Nice, d'Hyères, on cultive dans le même but la violette de Parme et le jasmin.

Le Sud-Ouest peut être appelé la région du maïs. L'Est et

le Nord-Est jouissent d'un climat extrême; on y cultive la vigne sur les coteaux exposés à l'est et au midi, le houblon, le chanvre, le colza; le maïs y mûrit en quelques endroits; le Nord-Ouest est la région des herbages. La betterave, le colza, le houblon, le tabac, sont les principales plantes industrielles qui y sont cultivées. La vigne n'y mûrit plus. On y boit du cidre, du poiré ou de la bière.

Le sarrasin ne sert à l'alimentation de l'homme que dans l'Ouest, en Bretagne; le climat du littoral est caractérisé par la présence du figuier, du grenadier, du laurier rose et de plantes spontanées semblables à celles qui existent à Nice ou à Turin.

Le centre de la France est montagneux et caractérisé surtout par la culture du châtaignier, et du seigle.

Lorsqu'on gravit les Alpes, dans la région qui avoisine la Méditerranée, on observe en quelques heures la flore des diverses zones dont nous venons de parler; après l'oranger, on rencontre le pin d'Alep, qui s'élève jusqu'à 600 mètres environ au-dessus du niveau de la mer; le mûrier, la vigne, le chêne-rouvre, le châtaignier, le pin sylvestre, le sapin et les céréales ne dépassent pas 1000 mètres. La zone qu'on appelle *subalpine*, s'élève jusqu'à 1800 mètres. Elle est à la fois pastorale et forestière; on y trouve encore le hêtre, le sapin, l'épicéa, le pin à crochets, l'aconit et la gentiane jaune. Plus haut, jusqu'à 2500 mètres, s'étend la zone *alpine* qui possède encore l'épicéa, le pin à crochets, le mélèze et le pin cembro. C'est la région pastorale par excellence; il n'y a que peu de plantes annuelles dans les pâturages.

A un niveau plus élevé, on ne trouve plus que des plantes cryptogames et des plantes herbacées, dont le nombre et les dimensions vont sans cesse en diminuant jusqu'aux neiges éternelles où la vie s'éteint complètement.

§ 3. **Zone arctique.**—Elle a pour limite le cercle polaire du même nom; le soleil, qui reste longtemps à l'horizon pendant l'été, mûrit sur quelques points l'orge, l'avoine, le sarrasin; on y cultive encore çà et là la pomme de terre, le chou, le navet, l'ail, l'oignon; le framboisier et le groseillier donnent seuls des fruits. Le chêne et le hêtre ont disparu, on n'y rencontre plus que les pins, les sapins, le sorbier des oiseleurs, l'aune et le bouleau. Les plantes herbacées dont les racines sont protégées par la neige pendant l'hiver, se composent de Crucifères, de Rosacées, de Saxifragées, de Joncées, de Mousses et de Lichens.

En s'avançant davantage vers le nord, on ne trouve plus que de rares buissons, et des Lichens qui servent à la nourriture des rennes. Il faut encore citer une plante intéressante : le rhododendron, dont les fleurs ornent nos jardins d'agrément pendant l'hiver.

Influence de la concurrence vitale.

Les causes de dissémination des végétaux, nous le savons, sont très nombreuses : il arrive alors que beaucoup d'espèces différentes se trouvent réunies au même point; au lieu de se développer simultanément sous l'influence favorable du sol et du climat, les plus robustes seules s'emparent du terrain. Nos plantes annuelles herbacées, cultivées dans nos champs et nos jardins, nous rendent chaque jour témoins de ce fait ; quand l'homme n'a pu leur donner les soins qu'elles réclament, les mauvaises herbes (mercuriale, chardon, moutarde, bluets, coquelicots, etc.) les envahissent et les étouffent ; ces dernières, malgré le nombre considérable de graines dont elles peuvent couvrir le sol inculte, disparaissent à leur tour pour faire place d'abord à des espèces gazonnantes, puis dans un avenir plus ou moins éloigné à des espèces ligneuses.

Les diverses contrées du globe, situées à une même latitude, soumises à des influences climatériques identiques, sont loin de présenter la même végétation, ce qui autorise à croire que toutes les plantes n'ont pas le même berceau, mais des *centres de création* différents.

La *patrie* d'un végétal est la contrée où il se développe spontanément. Son *aire géographique* comprend l'étendue de pays occupée par tous les individus appartenant à la même espèce.

On désigne sous le nom de *station* d'une plante, les localités de l'aire géographique où se trouvent réunies les conditions favorables à son existence; la station d'une plante peut être la mer, un marais, une eau tranquille, un vallon abrité, une montagne, etc.

L'*habitat* ou habitation est le point géographique où on la rencontre. La patrie d'un végétal et son aire géographique ne peuvent être déterminées que par des voyageurs parcourant notre globe dans tous les sens. La connaissance de leur station et de leur habitat s'acquiert par des herborisations.

GÉOGRAPHIE BOTANIQUE AGRICOLE

Par Gustave HEUZÉ

AVEC UNE CARTE (1).

1° Limites septentrionales des végétaux cultivés.

A. ZONE DE L'ORANGER.

La zone dans laquelle l'oranger croît en pleine terre occupe le littoral de la Méditerranée depuis Menton jusqu'à Cannes, une partie des territoires d'Hyères, de Toulon et d'Ollioules, et la région maritime du Roussillon, depuis Perpignan jusqu'à Port-Vendre. Cette zone est limitée plus ou moins, quant à sa largeur, par les collines et les montagnes qui l'abritent des vents du nord. Elle est caractérisée par les plantes ci-après :

Palmier	Jujubier	Chêne liège
Agavé	Eucalyptus	Mimosa farnèse
Opuntia	Câprier	Poivrier d'Amérique
Pin d'Alep	Myrte	Datura en arbre
Caroubier	Lentisque	Phytolaca du Japon

On y cultive avec succès les végétaux suivants :

Citronnier	Olivier	Sparmannie du Cap
Oranger	Figuier	Rosier des Indes
Bigaradier	Cassie	Violette de Parme
Mandarinier	Néflier du Japon	Jasmin d'Espagne

(1) Extrait de la *France agricole*. Paris, 1875.

L'air y est embaumé par les fleurs de l'oranger, de la tubéreuse, de la violette, du jasmin, etc. Les rosiers y fleurissent pendant l'hiver, l'olivier à la mi-avril, les orangers en mai, et le narcisse odorant en novembre; on y récolte des petits pois en avril, des cerises en mai, et des abricots en juin. C'est dans la deuxième quinzaine de juin qu'on opère la moisson dans la zone où végète l'olivier.

Les orangers, les citronniers et les bigaradiers occupent 643 hectares dans les Alpes-Maritimes.

La Corse appartient, pour sa zone maritime, à la région de l'oranger. Le cédratier est cultivé en grand à Centuri, Berrotoli, Porto, etc.; l'oranger, à Ajaccio, Aregno, etc.; le citronnier, dans la Marona, le Nebbio, etc. Les oliviers y sont remarquables par leur grand développement. La Balagne en possède qui sont plusieurs fois séculaires.

B. ZONE DE L'OLIVIER.

La zone de l'olivier est comprise tout entière dans la région du Sud.

Cette vaste région est caractérisée par la lavande, le romarin, la marjolaine, plantes indigènes odorantes qui parfument l'air pendant une grande partie de l'année. En outre, on y remarque les végétaux ci-après :

Pin d'Alep	Arundo donax	Lentisque
Chêne vert	Micocoulier	Arbousier
Chêne kermès	Paliure	Genêt cendré
Chêne-liège	Aliboulier	Tamarix des Gaules

On cultive dans la région, outre la *vigne*, l'*olivier*, le *figuier* et le *mûrier*, qui y sont très répandus, les végétaux suivants :

Pistachier	Câprier	Garance
Amandier	Grenadier	Maurelle
Jujubier	Cognassier du Japon	Avoine d'hiver
Abricotier	Immortelle d'Orient	Pois chiche

Comme dans la région de l'oranger, la *cigale* est répandue pendant la belle saison dans toutes les localités situées dans les plaines et les vallées.

La culture des légumes a une grande importance dans la région de l'olivier. Elle occupe de grandes surfaces à Cavaillon, Perpignan, Saint-Remi, Pezénas. On y cultive principalement l'*artichaut*, l'*ail*, l'*aubergine*, la *tomate*, le *melon*, la *pastèque*, le *haricot-dolique*, etc. Ces diverses plantes potagères sont cultivées à l'arrosage.

Le *laurier-rose* est indigène dans les forêts du département du Var; le *myrte* est répandu dans les garrigues de la région.

C. ZONE DU MAÏS.

La zone dans laquelle le maïs végète librement est limitée au nord par une ligne qui part de la ligne de Luçon (Vendée), passse près de Bourges, pour aboutir à Hagueneau (Bas-Rhin). Toutefois, comme l'altitude du plateau central, la nature et la fertilité du sol du Berry et configuration des Vosges ne permettent pas toujours à cette plante de bien végéter et de mûrir ses graines, la *véritable limite* de cette zone est indiquée par la ligne sinueuse A, B, C, D, E, F, G, qui enveloppe une partie de la plaine du Poitou, contourne les montagnes du Périgord, du Quercy, et suit le revers méridional des Cévennes, et embrasse ensuite la plaine de Nancy, la vallée du Rhin et les premiers échelons des montagnes du Jura et du Dauphiné.

En résumé, la zone du maïs comprend la région de l'oranger, la région de l'olivier et une partie importante de la zone des vignes, c'est-à-dire toutes les plaines, les vallées ou les coteaux secondaires qui sont situés dans cette dernière région.

La zone du maïs, par la manière d'être de son climat, est très favorable à la vigne. C'est dans la région qu'elle occupe qu'on récolte les premiers *vins de table :* vins de Bordeaux, vins de Bourgogne, vins de l'Hermitage, etc.; les meilleurs *vins de liqueurs* et les *eaux-de-vie* les plus renommées.

Le maïs exige, pour arriver à maturité, de 2500 à 3000 degrés de chaleur accumulée. Le climat de Paris et d'Aurillac n'offre pas ordinairement, depuis le mois de mai jusqu'à la fin de septembre, une somme de chaleur aussi élevée.

C'est pourquoi sa culture est inconnue dans l'Ile-de-France et en Auvergne.

D. ZONE DE LA VIGNE.

La zone de la vigne est la plus importante; elle est limitée au nord par une ligne qui réunit Savenay (Loire-Inférieure) à Soissons (Aisne), en passant un peu au nord d'Angers et de Paris. Elle comprend la région de l'oranger, la zone de l'olivier et la région du maïs.

Cette grande zone n'est pas partout occupée par la vigne, mais sur tous les points où l'altitude du sol ne dépasse pas 500 à 600 mètres, cet arbrisseau y mûrit bien ses raisins dans les années ordinaires. Les vignobles du Blaisois, de l'Orléanais, de l'Ile-de-France, de la Champagne et de la Lorraine, sont situés sur les confins de cette région.

La partie comprise dans cette zone au nord de la limite vraie de la région du maïs offre des cultures très variées. Le *safran* est cultivé dans le Gâtinais; le *chanvre*, dans le val de la Loire et dans la Limagne; le *topinambour*, dans les sables de la Sologne, du Bourbonnais et du Maine; la *lentille d'Auvergne*, aux environs du Puy; la *lentille blonde* et le *haricot*, dans l'Orléanais et la Beauce; le *chou à vache*, dans la Vendée et l'Anjou; le *sarrasin* et le *navet*, dans le Limousin et en Auvergne, etc.

Les arbres fruitiers sont très nombreux dans la région de la vigne. Les plus importants sont les suivants :

Chasselas......	Thomery, Conflans, Sainte-Honorine, Montauban.
Abricot........	Côteaux de l'Agenais, vallée de la Limagne.
Prunier.......	Agenais, Touraine, Ile-de-France, Lorraine.
Cassis.........	Bourgogne, Ile-de-France.

Le *merisier* est répandu dans la partie orientale de la région : Vosges, Franche-Comté, etc. Ses fruits servent à la fabrication du kirsch.

La vigne commence à végéter quand la température, au printemps, s'élève à 8 ou 9 degrés, et elle mûrit ses raisins, suivant les années et les variétés, en septembre ou octobre. La somme minimum de chaleur qu'elle exige est de 3000 degrés. L'Ile-de-France lui en offre 3200; la Guyenne, 3800; le bas Languedoc, 4100. C'est pourquoi sa culture prend de l'extension à mesure qu'on s'éloigne du 49e degré de latitude et qu'on se rapproche des côtes de la Méditerranée ou des frontières d'Espagne.

E. ZONE DES ARBRES A CIDRE.

La zone des arbres à cidre comprend : la Bretagne, la Normandie, la Picardie, l'Artois et la Flandre, c'est-à-dire les contrées où la vigne mûrit très difficilement ses fruits. Cette zone est limitée par la Manche. On y rencontre de belles et vastes prairies naturelles ou herbages.

Cette région est moins tempérée pendant l'été, mais plus brumeuse que la partie septentrionale de la zone de la vigne; par contre, les hivers y sont toujours moins rigoureux.

On y cultive avec succès et très en grand les plantes suivantes :

Betterave à sucre.....	Flandre, Artois, Picardie.
Colza.................	Flandre, Picardie, Normandie, Bretagne.
Pavot-œillette.........	Flandre, Artois, Picardie.
Lin..................	Flandre, Picardie, Artois, Bretagne.
Tabac................	Flandre, Artois, Bretagne.
Sarrasin ou blé noir...	Bretagne, Normandie.

Les fruits du pommier et du poirier à cidre fournissent dans toute la région une boisson saine et agréable.

La moisson des céréales s'y fait trente à quarante jours plus tard que dans la Provence et le Languedoc.

F. ZONE DU CHATAIGNIER.

La zone du châtaignier considéré comme arbre fruitier est très étendue; elle occupe la partie comprise entre les rives de la Méditerranée et la ligne qui réunit Saint-Brieuc (Côtes-du-Nord) et Reims, en passant au sud d'Évreux. Au delà de cette ligne, sauf quelques localités exceptionnelles, le châtaignier ne peut plus être classé que comme arbre forestier.

Le châtaignier occupe d'importantes surfaces en Corse, dans les montagnes des Maures (basse Provence), dans les Cévennes, le Limousin, la Marche, etc.

2° Zone des arbres et arbustes à feuillage toujours vert.

La zone des arbres et arbustes à feuillage toujours vert est comprise entre la côte océanienne et une ligne qui part à l'ouest de Cherbourg, passe au nord d'Angers, de Niort, de Montauban, et se réunit, près de Lodève (Hérault), à la ligne qui limite au nord la région dans laquelle on cultive l'olivier.

En résumé, cette zone s'étend de Menton à Carcassonne et de cette ville à Saint-Pol-de-Léon (basse Bretagne).

La douceur des hivers de la partie située le long de l'Océan est telle, qu'on peut y cultiver *l'avoine d'hiver* et le *lin d'hiver*. Toutefois, si le *maïs* mûrit bien ses grains depuis Tarbes jusqu'à Niort, le *sarrasin* ou *blé noir* le remplace très avantageusement dans la Vendée, la Bretagne, l'Anjou et l'Avranchin.

Cette partie de la zone des arbres et arbustes à feuillage toujours vert est caractérisée par les plantes suivantes, qui y végètent très bien en pleine terre sans le concours d'aucun abri :

Araucaria	Laurier-tin	Aralie du Japon
Camellia	Chêne vert	Fusain d'Amérique
Myrte	Chêne occidental	Pittosporum de la Chine
Grenadier	Thé	Lantana
Magnolia	Laurier-rose	Arbousier

Le houx est commun en Bretagne, et l'ajonc marin est très répandu depuis Saint-Malo jusqu'à Bayonne, dans toutes les parties qui ne sont pas calcaires. On rencontre aussi dans les landes de la Bretagne la *phalangère bicolore* et le *buisson ardent*, plantes originaires de pays tempérés. Le magnolia et le camellia acquièrent dans toute la zone des développements remarquables. Enfin, le *tamarix gallica*, si commun sur les bords de la Méditerranée, est remplacé, depuis Carcassonne jusqu'à Brest, par le *tamarix anglica*.

Le *pin maritime* réussit très bien dans les landes et les dunes de la Bretagne, de l'Angoumois et de la Guyenne. Dans la zone de l'olivier, on lui a substitué sur un très grand nombre de points le *pin d'Alep*.

La région produit de bons et beaux fruits. Les *poires* des

environs d'Angers, les *cerises* de Targon (Gironde), les *prunes* et les *abricots* des coteaux de l'Agenais, le *chasselas* de Montauban, les *pêches* de Sauveterre et de Cadillac et les *figues* de Bordeaux sont très estimées. La *culture des légumes* a une grande importance à Roscoff, Angers, Niort et Bordeaux.

Le lilas fleurit à Bordeaux, le 5 avril ; l'aubépine, le 10 avril, et les cerises mûrissent vers le 20 mai.

3° Limites altitudinales des végétaux agricoles.

L'altitude a une grande influence sur la vie des plantes qui intéressent le cultivateur. Cela est si vrai que, lorsqu'on s'élève dans les montagnes, on ne rencontre plus à chaque étage la même température, ni les mêmes plantes, ni les mêmes cultures.

Au point de vue botanique, on remarque trois régions distinctes :

Région des Labiées et des Caryophyllées. Température moyenne : hiver, + 4° ; *été,* + 22°. — Olivier, vigne, lentisque, pin d'Alep, lavande, romarin, chêne vert, etc.

Région des Crucifères et des Ombellifères. Température moyenne : hiver, — 2°,5 ; *été,* + 14°. — Tilleul, châtaignier, orme, érable, pin, sapin, bouleau, etc.

Région des Saxifrages et des Mousses. Température moyenne : hiver, — 6°,5 ; *été,* + 2°,5. — Pâturages, gentiane, saxifrages, rhododendron, bouleau nain, saule vert, etc.

Au point de vue agricole, on observe quatre régions :

Zone provençale ; altitude maxima, 650 *mètres :* Pin d'Alep, chêne yeuse, chêne kermès, olivier, vigne, cistes, genêts d'Espagne, froment, etc.

Zone moyenne ; altitude maxima, 1000 *mètres :* Châtaignier, chêne rouvre, hêtre, pin sylvestre, sapin, buis, lavande, thym, genêt cendré, froment, etc.

Zone subalpine ; altitude maxima, 1800 *mètres :* Hêtre, sapin, épicéa, pin à crochets, gentiane jaune, arnica, lis martagon, aconit, seigle, pommes de terre et pâturages.

Zone alpine ; altitude maxima, 2500 *mètres :* Epicéa, pin à crochets, pin cembro, mélèze, aune vert, pâturages.

La région des neiges perpétuelles commence à 2700 mètres dans les Alpes, et à 2800 mètres d'altitude dans les Pyrénées.

Voici, d'une manière générale, les limites auxquelles cessent de végéter les plantes qui intéressent l'agriculteur et le forestier :

Caroubier, figuier	300 mètres.
Pin d'Alep, lentisque, chêne pédonculé	500
Olivier, chêne kermès, chêne vert	550
Vigne, châtaignier	600
Houx, lavande, mûrier, tilleul, froment	800
Noyer, ajonc marin, pin maritime	1000
Cerisier, prunier, orge, poirier	1200
Hêtre, pin sylvestre, pommier	1400
Érable, sorbier, pin laricio	1500
Sapin argenté, avoine	1600
Epicéa, seigle, pomme de terre	1900
Mélèze, pin , genécembrovrier	2000

L'exposition, la nature du sol et la latitude modifient parfois très sensiblement ces données générales. Les derniers villages, dans les Alpes, sont situés à une altitude de 2050 à 2074 mètres. A Ribiers (Hautes-Alpes), à 600 mètres d'altitude, on moissonne le seigle, alors qu'il est en pleine fleur au col du mont de Genève, à 1860 mètres d'altitude.

On peut conclure de ce qui précède :

1° Que les végétaux ligneux sont plus nombreux et les espèces plus variées dans la zone méridionale que dans la région septentrionale;

2° Que les plantes annuelles ou bisannuelles existent en plus grand nombre dans la zone du Nord que dans la région du Midi;

3° Que l'agriculture septentrionale cultive moins d'espèces dicotylédonées que la culture méridionale.

En général, les espèces de la famille des Cypéracées, celles des Joncées, des Graminées, des Amentacées et des Crucifères vont en augmentant du midi au nord; par contre, les espèces appartenant aux Rubiacées, Labiées, Ombellifères, Composées, Malvacées et Légumineuses vont en augmentant du nord au midi.

FIN

GÉOGRAPHIE BOTANIQUE AGRICOLE

CARTE DE FRANCE

dressée par

GUSTAVE HEUZÉ.

La partie située au Nord Est de la ligne AB est labourée en planches; celle située au Sud Ouest est labourée en billons.
La partie située au N.O. de la ligne CD détermine la limite orientale de la culture du pin maritime; la partie située au S.E. de cette ligne comprend toutes les autres espèces résineuses.

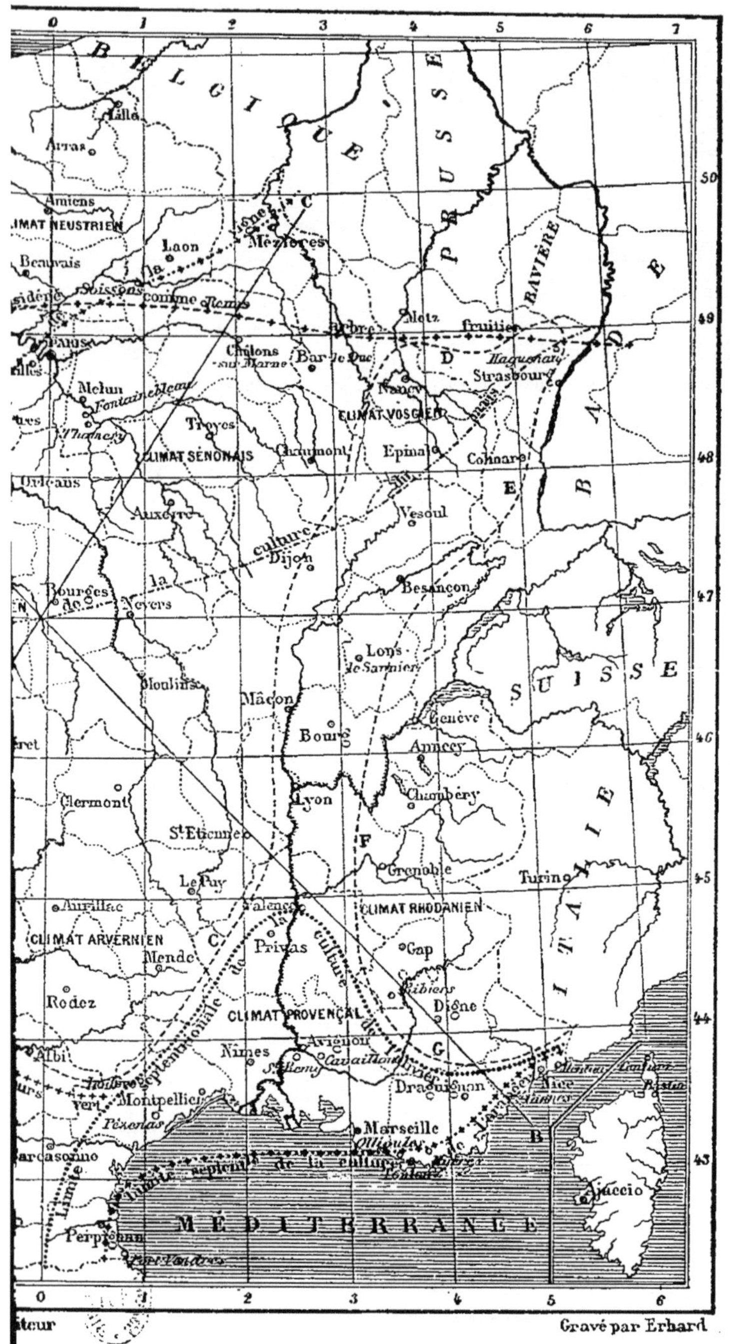

Gravé par Erhard

TABLE ALPHABÉTIQUE

DES TERMES ET DES MOTS TECHNIQUES

FIN DE LA TABLE ALPHABÉTIQUE DES TERMES ET DES MOTS TECHNIQUES

PARIS. — IMPRIMERIE EMILE MARTINET, RUE MIGNON, 2.

www.ingramcontent.com/pod-product-compliance
Ingram Content Group UK Ltd.
Pitfield, Milton Keynes, MK11 3LW, UK
UKHW021847190726
13855UKWH00001B/186